DELIUS KLASING

Tony Corlett

# Porsche 911

## Die legendäre G-Serie
1973–1989

Delius Klasing Verlag

S JL 9591

BB PW 981

E106 WON

# DER PORSCHE 911

Diese Geschichte ist einmalig und emotional. Sie handelt nicht allein von der Entdeckung, Rettung und Wiederauferstehung eines einmaligen Autos, sondern führt uns zurück zu den Anfängen der Marke Porsche und zu unseren eigenen Anfängen als Sammler und Museumsgründer.

Ich besaß einige verschiedene Porsche-Modelle im Laufe der Jahre, vom 356 bis zum 996. Doch den speziellen Charakter der luftgekühlten 911er finde ich ganz besonders attraktiv. Mein erstes Porsche-Buch, *The Last of the Evolution*, war dem 911 Carrera 3.2 gewidmet. Damit stieg meine Begeisterung für den 911. Besonders angetan hat mir die Art der Weiterentwicklung des Modells ab dem Jahrgang 1974. Mit diesem hier vorliegenden Buch will ich noch tiefer in die Materie einsteigen und die G-Serie des 911 und die Menschen dahinter in den Blickpunkt rücken.

Mit sorgfältiger und zeitaufwendiger Recherche und sehr viel lehrreicher Kommunikation ist nun ein fundiertes Buch entstanden. Wie bei meinem ersten Buch wäre dies nicht ohne die Unterstützung der Porsche AG und ihren Archiven möglich gewesen, aber nicht zuletzt musste ich auch an mich selber glauben. Als ich im Jahr 2005 mit Klaus Parr sprach, dem damaligen Leiter des Archivs bei Porsche, meinte dieser, dass nicht er es sei, der über den 911 Carrera 3.2 bestens Bescheid wisse, sondern ich. Das war eine hohe Auszeichnung für mich, aber eine, die die Schwierigkeit widerspiegelt, frühere »offizielle« Porsche-Informationen und -Dokumente aufzuspüren.

Als ich *The Last of the Evolution* verfasste, lernte ich den ehemaligen CEO der Porsche AG, den leider bereits verstorbenen Peter Schutz, kennen. Wir konnten den Kontakt leider nicht ausbauen und es blieb viel unausgesprochen. Für das hier vorliegende Buch bot mir seine Familie Unterstützung an und wir rekonstruierten mehr aus seiner Zeit bei der Porsche AG sowie über seine enge und dynamische Beziehung mit Ferry Porsche und Helmuth Bott – eine Phase, vielleicht eine Ära, die sich nach meiner Einschätzung nie wiederholen wird.

Ich wurde von Peters Entschlossenheit mitgerissen. Er war zudem sehr nahbar und froh, mir den richtigen Weg zu zeigen. Aus vielen Gründen, nicht zuletzt wegen seines Vermächtnisses bei der Rettung dessen, was wir heute als die größte Porsche-Ikone kennen, habe ich mich entschlossen, dieses Buch als Hommage an ihn, den Mann Peter Schutz, für seine Hartnäckigkeit, aber vor allem als Dankeschön für die Rettung des 911 anzubieten.

Dies ist einmal mehr ein nostalgischer Blick zurück, um eines der großartigsten Autos, das jemals gebaut wurde, näher zu beleuchten und um viel mehr über den 911, seine Ursprünge, die Schlüsselpersonen und die Porsche AG in den 1970er- und 1980er-Jahren zu erfahren.

Nun hoffe ich, dass sie beim Lesen ebensoviel Vergnügen haben werden wie ich es beim Schreiben hatte.

*Tony Corlett*

YMN911

PORSCHE

Dr. Ing. h.c. F. Porsche Aktiengesellschaft · Porscheplatz 1 · 70435 Stuttgart

Mr.
Tony Corlett

Dr. Ing. h.c. F. Porsche
Aktiengesellschaft
Presse und Öffentlichkeitsarbeit
Porscheplatz 1
70435 Stuttgart
Telefon +49 (0) 711 911 – 5985
Telefax +49 (0) 711 911 – 6133
e-mail: Klaus.Parr@porsche.de

| Ihre Nachricht vom | Ihre Zeichen | Unsere Zeichen | Datum |
|---|---|---|---|
| | | GOA/kp | 29.09.2004 |

Dear Tony,

with this letter I will send y

the german pricelists (M-co

Also I send the CD-rom with p

Best regards

Dr. Ing. h.c. F. Porsche
Aktiengesellschaft
Presse und Öffentlichkeitsarbeit

Klaus Parr
Historisches Archiv

F.GO.005-00.09

Dr. Ing. h.c. F. Porsche Aktiengesellschaft
Sitz der Gesellschaft: Stuttgart
Registergericht:
Amtsgericht Stuttgart HRB-Nr. 5211

Vorsitzender des Aufsichtsrats:
Prof. Dr. Helmut Sihler

Vorstand: Dr.-Ing. Wendelin Wiedeking, Vorsitzender
Holger P. Härter, Harro Harmel, Michael Macht,
Wolfgang Dürheimer, Hans Riedel

# DANKSAGUNG

Mein aufrichtiger Dank gilt allen, die bei der Porsche AG mitgeholfen haben. Mein besonderer Dank gilt dabei den Herren Frank Jung, Jens Torner und Tobias Mauler vom Museum, dem Unternehmensarchiv und dem Bild- und Motorsport-Archiv, sowie Julian Hoffmann vom Porsche Newsroom. Nicht zuletzt danke ich Klaus Parr, der leider nicht mehr unter uns weilt, für seine zurückliegende Hilfe, die einen wesentlichen Einfluss auf dieses Buch hatte.

Besonderer Dank für die gute Zusammenarbeit geht an meinen Lektor Hanno Vienken. Es war mir ein Vergnügen, mit ihm und dem Team vom Delius Klasing Verlag zu arbeiten.

Gleichfalls danke ich der Familie von Peter Schutz, seiner Frau Sheila, seiner Tochter Lori und dem Schwiegersohn Rick Riley für die wertvollen Informationen über den Schutz-Speedster sowie die Einblicke in Schutz' Zeit als Vorstandsvorsitzender der Porsche AG. Und mein Dank gilt Peter Schutz selbst, auch wenn er nicht länger unter uns weilt, für seine wertvolle Unterstützung bei meinem früheren Buch.

Informationen über die Modelle und deren Technik stammen direkt aus Quellen der Porsche AG. Die Bildauswahl wurde sorgfältig abgewogen und das Material aus den Porsche-Archiven herausgesucht: So gibt es viele historische Fotos offizieller Werksfotografen und Beispiele aus Werksbroschüren, die zwar nicht unbedingt mit bester Bildqualität, aber durch ihre Authentizität und inhaltliche Korrektheit überzeugen.

Würdigen möchte ich auch den Porsche-Kenner Paul Frère, der nicht nur als talentierter Journalist überzeugte, sonden auch als ehemaliger Formel-1-Pilot und Le-Mans-Sieger. Seine Kenntnisse über die Entwicklung des 911, von den ersten Fahrzeugen bis hin zu späteren Evolutionsstufen, waren enorm und etwas, auf das ich auf der Suche nach Antworten immer wieder zurückgriff. Leider ist er nicht mehr unter uns, aber sein Vermächtnis an Fachwissen ist in seiner 911-Enzyklopädie, der viele historische 911-Referenzen und Faktenüberprüfungen zu verdanken sind, festgehalten.

### Titelbild

Die Gulf Oil Company sponserte den Rennsport bereits ab den 1960er-Jahren mit Ford und später Porsche mit dem 917 in Zenith-Blau und Orange. Trotz der ikonischen Farbgebung für die Historie von Porsche war es vielleicht Steve McQueens berühmter Le-Mans-Film, der dieses Blau-Orange in den Köpfen der Porsche-Enthusiasten unsterblich machte. Die Farbe wurde ab dem Modelljahr 1972 als Gulfblau 328 angeboten und war 1973/1974 auch eine der IROC-Farben.

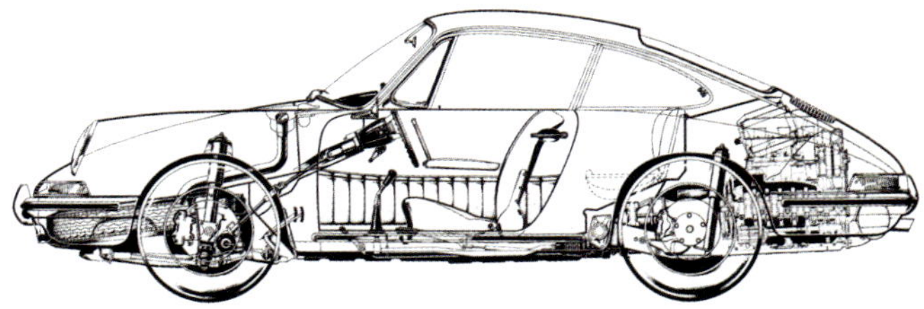

# GEBURT EINER LEGENDE

Im September 1963 präsentierte Porsche sein neues Modell im Rahmen der Internationalen Automobil-Ausstellung in Frankfurt mit der Typbezeichnung 901. Das noch nicht ganz serienreife Fahrzeug wurde im gleichen Jahr auf der Motor Show in Paris, der Motor Show in London und der Motor Show in Turin vorgestellt wie auch im März 1964 auf dem Genfer Autombilsalon.

### Vom 901 zum 911

Porsche entwickelte den 901 weiter und im Mai 1964 galt das Modell als serienreif. Im September des Jahres startete die Produktion. Wieder stand der 901 auf dem Porsche-Stand bei der Motor Show in Paris. Jetzt aber intervenierte der französische Hersteller Peugeot und beklagte sich über die Modellbezeichnung. Schließlich glaubten sie sich im Besitz der Namensrechte bei dreistelligen Typenbezeichnungen mit einer 0 in der Mitte wie etwa beim Modell 404. Porsche taufte seinen 901 daher einfach um in 911, obwohl die ersten 901 bereits produziert worden waren. Laut Zuffenhausener Unterlagen waren bis zur Namensänderung bereits 82 Fahrzeuge vom Band gelaufen.

### Erste Evolution der Jahrgänge 1964 bis 1973

In den Jahren von 1964 bis 1967 baute Porsche den 911 »0«. Mit dem Jahrgang 1968 wurde der 911 zum Modell A, um dann in der Folge in weiteren Jahren bis 1973 als Modell B, C, D, E und F bezeichnet zu werden.

Während dieser Baujahre blieb der 911 technisch weitgehend unverändert und wurde als Coupé und Targa angeboten. Der Radstand war 1969 um 61 Millimeter vergrößert worden. Der Hubraum des Motors wuchs von 2,0 auf 2,2, dann 2,4 und schließlich 2,7 Liter, wobei letzterer nur im RS eingesetzt wurde. Erst zum Modelljahr 1974 gab es die ersten größeren Veränderungen. Bis dahin hatte Porsche immerhin 111.995 Fahrzeuge des Modells gefertigt.

### Zweite Evolution der Jahrgänge 1974 bis 1989

Die nächste Evolution des 911 brachte zum Modelljahr 1974 beim jetzt »G«-Modell genannten Fahrzeug vorn und hinten deutlich ausgeprägtere Stoßfänger. An dieser Gestaltung sollte sich lange Zeit, bis einschließlich des Modelljahres 1989, nichts ändern. Die Modellbezeichnung »G« wurde vor allem deshalb gewählt, um das neue Design der Stoßfänger im Vergleich zu früheren 911-Modellen zu betonen. Zu den äußerlichen Änderungen zählten auch die Stoßstangenhörner hinten und ein Porsche-Schriftzug zwischen den Rückleuchten. Vorn waren die Blinkleuchten nun

**Das luftgekühlte Heckmotor-Konzept des 901 entsprach dem des Vorgängers 356, brachte aber große Fortschritte bei Leistung und Alltagstauglichkeit.**

| Modell | Modelljahr | ISO | Produktionsdatum | |
|---|---|---|---|---|
| 0 Modell | 1964 - 1967 | | September 1963 | 2.0 Liter |
| A Modell | 1968 | | September 1967 | |
| B Modell | 1969 | | September 1968 | |
| C Modell | 1970 | | September 1969 | 2.2 Liter |
| D Modell | 1971 | 1 | September 1970 | |
| E Modell | 1972 | 2 | September 1971 | 2.4 Liter |
| F Modell | 1973 | 3 | September 1972 | 2.7 Liter RS |

Ab Modelljahr 1971 wurden die Modelljahreszahlen in Übereinstimmung mit der International Standards Organisation (ISO) angegeben

im Stoßfänger integriert. Beim Modelljahrgang 1987 zeigte Porsche mit dem 959, wie ein 911 mit verbesserter Aerodynamik aussieht, wobei dieses Modell mit Allradantrieb und aktivem Fahrwerk ausgestattet war.

Schon die Einführung von Heckspoiler (Entenbürzel) und Frontspoiler beim Carrera RS von 1973 hinterließ einen ästhetisch veränderten Eindruck, der später weiterentwickelt und beim 911 Turbo sowie den Sportversionen verwendet wurden. Die wichtigsten Karosserieänderungen bestanden in der Einführung des Breitbaus, des Cabriolets, des Turbo-Looks, des Speedster und des aerodynamisch ausgefeilten 959.

Bis zum Modelljahr 1979 entsprechen Jahreszahlen dem Modelljahr und sind Teil der Fahrgestellnummer. Ab 1980 lautet die ISO-Kennzeichnung dann jedoch »A«, wie es in der Zeichentabelle der Internationalen Normungsorganisation (ISO) für die Bezeichnung des Jahres vorgesehen ist.

Die zweite Evolutionstufe des 911, die von September 1973 für das Modelljahr 1974 bis zum Modelljahr 1989 produziert wurde, umfasste während seiner sechzehnjährigen Produktionszeit die Modelle 2.7, 2.7 S, Carrera 2.7, Carrera 3.0, Carrera RS 3.0, Turbo 3.0, Turbo 3.3, SC, Carrera 3.2 und 959. Dabei wurden im Zeitraum von 1973 bis 1989 insgesamt 198.496 Fahrzeuge produziert.

## Der 911 SC

Die Bezeichnung »SC« taucht erstmals 1964 beim 356 SC auf. Der »Super« C markierte beim 356 das Ende der Modellbauzeit. Ab 1972 verwendete Porsche die Bezeichnung Typ 911 SC, wie es anschließend bis Anfang der 1980er-Jahre als »Typ« auf die 911-Fahrgestellschilder geprägt wurde. Vor 1972 wurde ab 1963 der Typ 911 und ab 1969 der Typ 911 S verwendet. Der Code »C« wurde 1972 nach dem »S« hinzugefügt und der Typ 911 SC wurde später für die Homologation der »G«-Modellreihe verwendet.

Porsche homologierte den 911 SC im Februar 1974 (Chassis 911 460 0001) mit einem 2,7-Liter-Motor, der 210 PS leistete, mit Fünfgang-Schaltgetriebe vom Typ 915, unter der FIA-Dokumentennummer 3062. Fotos zeigen die Vorder- und Rückseite des Wagens mit einem Carrera-Logo auf dem serienmäßigen Motordeckel, sowie den neuen Stoßstangen. Das Dokument zeigte auch den Schriftzug »SC Carrera USA« und einen zusätzlichen GFK-Spoiler (Entenbürzel) am Heck. Dieses Dokument wurde später geändert, um einen 3,0-Liter-Motor einzubeziehen, wobei der Heckspoiler gezielt gestrichen wurde. Bezeichnenderweise erhielt die gesamte 911-Baureihe mit Saugmotor vom Modelljahr 1978 bis zum Modelljahr 1983 die Modellbezeichnung SC.

## Der 911 Turbo

Zum Modelljahr 1975 sorgte der Motor vom Typ 930 durch die Turboaufladung für ein neues Leistungsniveau bei dem ersten straßenzugelassenen

| Modell | Modelljahr | ISO | Produktionsdatum | |
|---|---|---|---|---|
| G Modell | 1974 | 4 | September 1973 | |
| H Modell | 1975 | 5 | September 1974 | 3.0 Liter Turbo |
| I Modell | 1976 | 6 | September 1975 | 3.0 Liter |
| K Modell | 1977 | 7 | September 1976 | |
| L Modell | 1978 | 8 | September 1977 | 3.3 Liter Turbo |
| M Modell | 1979 | 9 | September 1978 | |
| N Modell | 1980 | A | September 1979 | |
| A Programm | 1980 | A | September 1979 | |
| B Programm | 1981 | B | September 1980 | |
| C Programm | 1982 | C | September 1981 | |
| D Programm | 1983 | D | September 1982 | |
| E Programm | 1984 | E | September 1983 | 3.2 Liter |
| F Programm | 1985 | F | September 1984 | |
| G Programm | 1986 | G | September 1985 | |
| H Programm | 1987 | H | September 1986 | 2.8 Twin-Turbo |
| J Programm | 1988 | J | September 1987 | |
| K Programm | 1989 | K | September 1988 | |

Ab dem Modelljahr 1971 wurden die Modelljahrnummern gemäß der Zeichentabelle der Internationalen Normungsorganisation (ISO) angegeben, die zur Bezeichnung des Jahres verwendet wird.

F.A. »Butzi« Porsche mit seiner Mannschaft (Heinrich Klie, Heinz Unger, Ernst Bolt, Horst Handke, Hans Ploch und Hans Springmann) und dem Prototyp T8 des 901.

Präsentation des Porsche 901 bei der IAA in Frankfurt, 1963.

Der »Zitronenfalter« – das Messeauto von Frankfurt.

**Blick zurück: Die »Faltenbälge« des Modelljahrs 1974 (r.) definierten die klassische Silhouette neu.**

turbogeladenen Fahrzeugen der Marke. Der 911 Turbo bereitete den Weg für den künftigen 911 S mit dem Dreiliter-Triebwerk und war gleichzeitig der erste Serien-911 mit Breitbau-Karosserie.

Der Hubraum des Turbomotors wurde zum Modelljahr 1978 auf 3,3 Liter erweitert und mit einem Ladeluftkühler versehen. So leistete er 300 PS und war damit der hubraumstärkste Sechszylinder-Boxermotor im 911. Bis zum finalen Modelljahr 1989 hatte der 911 Turbo ein Viergang-Schaltgetriebe. Danach kam das G50-Fünfganggetriebe zum Einsatz.

### Typ 930

Der aus dem 911 Turbo hervorgegangene Typ 930 mit Saugmotor und drei Litern Hubraum startete im Modelljahr 1976. Die Dreiliter-Autos machten acht Jahre lang den Hauptanteil der 911-Produktion aus, gefolgt von weiteren sechs Jahren mit den 3,2-Liter-Autos, die breitere hintere Radkästen hatten, um die sieben und acht Zoll großen Räder aufzunehmen. Hinzu kam eine sportliche Ausstattung mit aerodynamischen Spoilern vorn und hinten. Der Typ 930 setzte den Standard für den 911 bis zum Modelljahr 1989.

Im Modelljahr 1987 wurde das effizientere und stärkere Getrag-Getriebe vom Typ G50 eingeführt, als Ersatz für das hauseigene Porsche-Getriebe vom Typ 915 mit hydraulischer Kupplung. Das Getriebe vom Typ 915 wurde ersetzt, da es sich an der Grenze seiner Leistungsfähigkeit befand, aber der Motor vom Typ 930 blieb mit seinem Hubraum von 3,2 Litern erhalten, obwohl die Möglichkeit bestand, ihn auf 3,5 Liter zu vergrößern.

Der 3,2-Liter-Motor war das am längsten gebaute und leistungsstärkste Triebwerk und wurde mit der

Einführung der hydraulisch betätigten Steuerkettenspanner ab dem Modelljahr 1984 zum zuverlässigsten 911-Motor, der je gebaut wurde.

### Typ 959

Eigentlich war der 959 mit Allradantrieb als Gruppe-B-Fahrzeug für Wettbewerbe gebaut, doch er basierte auf dem 911. Dank seiner fortschrittlichen Technik wurde der 959 so zum Über-911. Karosserietechnik, Aerodynamik und Styling, sequentieller doppelt turbogeladener Motor, elektronisch gesteuerter Allradantrieb, aktives Fahrwerk mit verstellbaren Dämpfern und Niveauregulierung machten ihn zum herausragenden 911, der weltweit Begeisterung auslöste.

Es blieb bei einer kurzen Bauzeit ohne Renneinsätze. Nach der Herstellung einer limitierten Stückzahl endete die Episode 959 im Jahr 1987.

### Der 911 lebt

Der 911 sollte durch die Frontmotor-Baureihe 928 ersetzt werden. Trotz des geplanten Endes widersetzte sich der 911 dem Todesurteil des damaligen Vorstandsvorsitzenden Ernst Fuhrmann und lebte nach der Intervention seines Nachfolgers Peter Schutz im Carrera 3.2 weiter. Der Name Carrera wurde ab dem Modelljahr 1984 offiziell verwendet, und der neue 3,2-Liter-Carrera wurde als Nachfolger des Dreiliter-SC angeboten, bis schließlich der Typ 964 die G-Serie ersetzte.

Dieser letzte Showdown hätte das Ende der Baureihe 911 bedeuten können. Stattdessen hatte der 959 für einen kurzen Moment die Nase vorn und war der technisch wie aerodynamisch fortschrittlichste 911.

# MODELLENTWICKLUNG

## 1973 bis 1989

Die zweite Evolutionsstufe und erste signifikante Überarbeitung des 911 wurde im Herbst 1973 als G-Modell des Modelljahres 1974 vorgestellt und ist erkennbar an den Stoßfängern vorn und hinten. Sie knüpfte an den Carrera RS 2.7 des Modelljahres 1973 an – den ersten Elfer mit 2,7 Litern Hubraum, den ersten 911 Carrera, den ersten 911 RS, den ersten 911 mit aerodynamischen Front- und Heckspoilern und den ersten 911 mit verbreiterten hinteren Radhäusern. Die Kombination dieser Elemente bildete die Entwicklungsgrundlage für die überarbeitete Version.

## Modelljahre

Alle 911-Modelle, denen gemäß der Zeichentabelle der Internationalen Normungsorganisation (ISO) ein bestimmtes Modelljahr (MJ, engl. MY) und ein Modell- oder Programmcode zur Bezeichnung des Jahres zugewiesen wurde, kamen im September des jeweiligen Vorjahres auf den Markt. Ein 911 der G-Serie mit Modelljahr 1974 war also erstmals Ende 1973 erhältlich. Das gilt entsprechend für die nebenstehenden Tabellen.

| Abkürzungen |
|---|
| AUS = Australien |
| CAL = Kalifornien |
| CDN = Kanada |
| CH = Schweiz |
| J = Japan |
| S = Schweden |
| USA = Vereinigte Staaten |

## Übersicht G-Modelle

| Modelljahr 1974 |
|---|
| 911 Coupé |
| 911 Targa |
| 911 S Coupé |
| 911 S Targa |
| 911 Carrera Coupé |
| 911 Carrera Targa |
| 911 Carrera Coupé (USA)(CDN) |
| 911 Carrera Targa (USA)(CDN) |
| 911 Carrera RS 3.0 Coupé |

| Modelljahr 1975 |
|---|
| 911 Coupé |
| 911 Targa |
| 911 S Coupé |
| 911 S Targa |
| 911 Carrera Coupé |
| 911 Carrera Targa |
| 911 S Coupé (USA)(CDN) |
| 911 S Targa (USA)(CDN) |
| 911 Carrera Coupé (USA)(CDN) |
| 911 Carrera Targa (USA)(CDN) |
| 911 S Coupé (CAL) |
| 911 S Targa (CAL) |
| 911 Carrera Targa (CAL) |
| 911 Carrera Coupé (CAL) |
| 911 Turbo Coupé |

**Modelljahr 1978: ein 911 SC 3.0 Coupé (hinten) und ein 911 Turbo 3.3 Coupé**

**Modelljahr 1976**

911 Coupé
911 Targa
911 Carrera Coupé
911 Carrera Targa
911 Carrera 3.0 Coupé
911 Carrera 3.0 Targa
912 E Coupé (USA)(CDN)
911 S Coupé (USA)(CDN)
911 S Targa (USA)(CDN)
911 S Coupé (CAL)
911 S Targa (CAL)
911 Coupé (J)
911 Targa (J)
911 S Coupé (J)
911 S Targa (J)
911 Turbo Coupé
911 Turbo Coupé (J)
911 Turbo Carrera Coupé (USA)(CDN)

**Modelljahr 1977**

911 Coupé
911 Targa
911 Carrera 3.0 Coupé
911 Carrera 3.0 Targa
911 S Coupé (USA)(CDN)
911 S Targa (USA)(CDN)
911 S Coupé (J)
911 S Targa (J)
911 Turbo Coupé
911 Turbo Coupé (J)
911 Turbo Carrera Coupé (USA)(CDN)

**Modelljahr 1978**

911 SC Coupé
911 SC Targa
911 SC Coupé (USA)(CDN)(CAL)
911 SC Targa (USA)(CDN)(CAL)
911 SC Coupé (J)
911 SC Targa (J)
911 Turbo Coupé
911 Turbo Coupé (J)
911 Turbo Coupé (USA)(CDN)(CAL)

**Modelljahr 1979**

911 SC Coupé
911 SC Targa
911 SC Coupé (USA)(CDN)(CAL)
911 SC Targa (USA)(CDN)(CAL)
911 SC Coupé (J)
911 SC Targa (J)
911 Turbo Coupé
911 Turbo Coupé (J)
911 Turbo Coupé (USA)(CDN)(CAL)

**Modelljahr 1980**

911 SC Coupé
911 SC Targa
911 SC Coupé (USA)(CDN)
911 SC Targa (USA)(CDN)
911 SC Coupé (J)
911 SC Targa (J)
911 Turbo Coupé
911 Turbo Coupé (J)

**Modelljahr 1981**

911 SC Coupé
911 SC Targa
911 SC Coupé (USA)(CDN)
911 SC Targa (USA)(CDN)
911 SC Coupé (J)
911 SC Targa (J)
911 Turbo Coupé
911 Turbo Coupé (CDN)

**Modelljahr 1982**

911 SC Coupé
911 SC Targa
911 SC Coupé (USA)(CDN)
911 SC Targa (USA)(CDN)
911 SC Coupé (J)
911 SC Targa (J)
911 Turbo Coupé
911 Turbo Coupé (CDN)

**Das Trio des Modelljahres 1975: ein 911 Targa (l.) ein 911 S Coupé (M.) und ein 911 Carrera Coupé (r.).**

**Modelljahr 1983**

911 SC Coupé
911 SC Targa
911 SC Cabriolet
911 SC Coupé (USA)(CDN)
911 SC Targa (USA)(CDN)
911 SC Cabriolet (USA)(CDN)
911 SC Coupé (J)
911 SC Targa (J)
911 SC Cabriolet (J)
911 Turbo Coupé
911 Turbo Coupé (CDN)

**Modelljahr 1984**

911 Carrera Coupé
911 Carrera Targa
911 Carrera Cabriolet
911 Carrera Coupé (J)
911 Carrera Targa (J)
911 Carrera Cabriolet (J)
911 Carrera Coupé (USA)(CDN)
911 Carrera Targa (USA)(CDN)
911 Carrera Cabriolet (USA)(CDN)
954 SCRS Coupé
953 4x4 Coupé
911 Turbo Coupé
911 Turbo Coupé (CDN)

**Modelljahr 1985**

911 Carrera Coupé
911 Carrera Targa
911 Carrera Cabriolet
911 Carrera Coupé M298
911 Carrera Targa M298
911 Carrera Cabriolet M298
911 Carrera Coupé (AUS)(S)(CH)
911 Carrera Targa (AUS)(S)(CH)
911 Carrera Cabriolet (AUS)(S)(CH)
911 Carrera Coupé (J)
911 Carrera Targa (J)
911 Carrera Cabriolet (J)
911 Carrera Coupé (USA)(CDN)
911 Carrera Targa (USA)(CDN)
911 Carrera Cabriolet (USA)(CDN)
911 Turbo Coupé
911 Turbo Coupé (CDN)

**Modelljahr 1986**

911 Carrera Coupé
911 Carrera Targa
911 Carrera Cabriolet
911 Carrera Coupé M298
911 Carrera Targa M298
911 Carrera Cabriolet M298
911 Carrera Coupé (S)(CH)
911 Carrera Targa (S)(CH)
911 Carrera Cabriolet (S)(CH)
911 Carrera Coupé (J)
911 Carrera Targa (J)
911 Carrera Cabriolet (J)
911 Carrera Coupé (USA)(CDN)
911 Carrera Targa (USA)(CDN)
911 Carrera Cabriolet (USA)(CDN)
911 Turbo Coupé
911 Turbo Coupé (CDN)
911 Turbo Coupé (USA)

**Modelljahr 1987**

911 Carrera Coupé
911 Carrera Club Sport Coupé
911 Carrera Targa
911 Carrera Cabriolet
911 Carrera Coupé (J)
911 Carrera Targa (J)
911 Carrera Cabriolet (J)
911 Carrera Coupé (USA)(CDN)
911 Carrera Club Sport Coupé (USA)(CDN)
911 Carrera Targa (USA)(CDN)
911 Carrera Cabriolet (USA)(CDN)
911 Turbo Coupé
911 Turbo Targa
911 Turbo Cabriolet
911 Turbo Coupé (USA)
911 Turbo Targa (USA)
911 Turbo Cabriolet (USA)
911 Turbo Coupé (CDN)
911 Turbo Targa (CDN)
911 Turbo Cabriolet (CDN)
959 Coupé
959 S Coupé

**Modelljahr 1988**

911 Carrera Coupé
911 Carrera Club Sport Coupé
911 Carrera Targa
911 Carrera Cabriolet
911 Carrera Coupé (J)
911 Carrera Targa (J)
911 Carrera Cabriolet (J)
911 Carrera Coupé (USA)(CDN)
911 Carrera Club Sport Coupé (USA)(CDN)
911 Carrera Targa (USA)(CDN)
911 Carrera Cabriolet (USA)(CDN)
911 Turbo Coupé
911 Turbo Targa
911 Turbo Cabriolet
911 Turbo Coupé (USA)(CDN)
911 Turbo Targa (USA)(CDN)
911 Turbo Cabriolet (USA)(CDN)
959 Coupé
959 S Coupé

**Modelljahr 1989**

911 Carrera Coupé
911 Carrera Targa
911 Carrera Cabriolet
911 Carrera Speedster Cabriolet
911 Carrera Coupé (USA)(CDN)
911 Carrera Targa (USA)(CDN)
911 Carrera Cabriolet
911 Carrera Speedster Cabriolet (USA)(CDN)
911 Turbo Coupé
911 Turbo Targa
911 Turbo Cabriolet
911 Turbo Coupé (USA)(CDN)
911 Turbo Targa (USA)(CDN)
911 Turbo Cabriolet (USA)(CDN)

KA TL 138H

# FAHREN IN SEINER SCHÖNSTEN FORM

## Der 911

Der Porsche 911 besticht durch die Kombination von Leistungsstärke, präzisem Handling, gewaltiger Verzögerung und hohem Komfort.

Der als Coupé konzipierte 911 blieb seinem ursprünglichen Design treu, und trotz einiger evolutionärer Änderungen über die Jahre blieb er dem Konzept des 901 treu. Nach dem ursprünglichen 911 mit 2,0 Litern Hubraum boten alle Nachfolgemodelle mit 2,2, 2,4, 2,7 und 3,0 Litern, als 3,0 Turbo, mit 3,2 Litern oder als 3,3 Turbo und 2,8 Twin-Turbo eine verbesserte Leistung und Straßenlage. So wurde der 911 weiterentwickelt, blieb aber im Grundsatz ein Sportwagen mit 2+2 Sitzen und praktischen Talenten.

## Funktion

Unter der Leitung von Ferry Porsche, dem Vater des 356, hatte der neue 911 einige präzise Vorgaben des Lastenhefts zu erfüllen. Er sollte ein echter 2+2-Sitzer sein, der Kofferraum sollte groß genug für einen Satz Golfschläger sein und er sollte auch mehr Komfort und ein besseres Fahrverhalten als der 356 bieten. Vorgabe war außerdem, dass er die Leistung des größten 356 Carrera mit zwei Litern Hubraum und das gute Fahrverhalten des kleinsten 356 mit 60 PS haben sollte. Nicht zuletzt sollte er weniger Wartungsaufwand erfordern. Es wurde jedoch nicht erwähnt, dass er gut auszusehen hätte.

Aber der 911 sah klasse aus. Die Form, die Kompaktheit und der optische Gesamteindruck des Elfers sind das Verdienst von Butzi Porsche, der alle Wünsche seines Vaters erfüllte und ein Auto entwarf, dessen Form ästhetisch sehr ansprechend war.

## Form

Das Design des 901 lehnt sich unverkennbar an den 356 an und ist puristisch und funktional. In seinen frühen Entwürfen präsentierte Butzi Porsche unter anderem den Typ 7 als vollwertigen Viersitzer mit einem Radstand von 2.400 Millimetern, aber der spätere 901 war kompakter und entsprach dem sportlichen Charakter seines Vorgängers.

Jeder Industriedesigner kennt den Leitsatz »Form folgt Funktion«, ein schlichter Grundsatz, der das Design dem Zweck unterordnet. Bei dem Versuch, so vielseitig wie möglich zu sein, gelang Porsche beim 911 eine nahezu perfekte Lösung. Er bot ausreichend Platz für zwei Erwachsene und zwei weitere, kleinere Passagiere. Der 901 war schnell, komfortabel, bot Platz für großes Gepäck, war zuverlässig und kostete kein Vermögen im Unterhalt.

**Grund zu feiern: Die Präsentation der zweiten 911-Generation fiel mit dem 25-jährigen Firmenjubiläum zusammen.**

Als Dr. Ferdinand Porsche den KdF-Wagen entwarf, den später »Käfer« genannten Volkswagen, legte er auch das Konzept des luftgekühlten Heckmotors für den späteren 911 fest. Daran orientierte sich sein Enkel 1963. Dieses Grundprinzip sorgte für ein äußerst günstiges aerodynamisches Profil, denn da der luftgekühlte Motor im Heck untergebracht war, mussten keine Kühllufteinlässe an der Fahrzeugfront vorgesehen werden. Die frühen 911 verfügten jedoch über zwei kleine Lufteinlassgitter neben den Blinkern, die vom 356 übernommen wurden, aber mit dem Einsatz der kräftigeren Stoßfänger bei der G-Serie entfielen.

Abgesehen von einem horizontalen Lufteinlass in der vorderen Haube, durch den Frischluft in den Innenraum strömte, hatten die Elfer nach dem Baujahr 1974 keine Lufteinlässe an der Fahrzeugfront. Dieses Konzept wurde nur durch die Notwendigkeit einer verbesserten Kühlung aufgeweicht: Der RSR des Modelljahrs 1973 wies einen Ölkühler mit einer Öffnung im unteren Bereich der vorderen Stoßstange auf. Später, mit dem Aufkommen der wassergekühlten Zylinderköpfe beim 959, wurde ein Lufteinlass mit Lamellen über die gesamte Breite der Fahrzeugfront angebracht, um dahinter Wasser- und Ölkühler zu verbauen.

Ähnlich wie beim 356 wurde bei allen 911ern, einschließlich des 911 Turbo und des 959, ein Lufteinlassgitter in die hintere Haube integriert, um Luft in den Motorraum zu leiten und die notwendige Kühlung zu gewährleisten. Dieser »Kühlergrill« störte die ästhetische Gesamtlinie der reinen 911-Form nicht und wurde auch in Verbindung mit den frühen Heckspoilern des Carrera RS 2.7 und des 911 Turbo verwendet. Bei den 911 Turbo-Modellen nach dem Baujahr 1978 und den 911ern, die mit einem weiterentwickelten Heckspoiler ausgestattet waren, war der Kühlergrill horizontal im Spoiler selbst angeordnet und mit Rillen versehen, um die Luft in den Motorraum zu leiten. Beim 959 blieb der Kühlergrill innerhalb der Linie des viel größeren Motordeckels mit seinem Heckspoiler, der quer über die Breite des Wagenhecks verlief. Dank des luftgekühlten Heckmotors war es möglich, dem 911 eine besonders saubere aerodynamische Form zu geben.

## Motor und Getriebe

Der luftgekühlte Sechszylinder-Boxermotor war das Herz des 911. Dieser Antrieb wurde mit den Jahren zwar verbessert und erhielt mehr Hubraum, blieb aber dem ursprünglichen Konzept treu. Dank kontinuierlicher Weiterentwicklung wurde der Antrieb des 911 zu einem der effizientesten, ökonomischten und umweltverträglichsten leistungsstarken Motoren auf dem Markt.

Während der Entwicklungsarbeit am 911 war klar geworden, dass ein neuer, verbesserter Motor benötigt würde. Die Vorgabe an Butzi Porsche kam von seinem Vater Ferry, der bestimmt hatte, dass der neue Motor nahtlos an das Leistungsvermögen des Zweiliter-Fuhrmann-Motors vom 356 Carrera anschließen müsse und dabei ruhig und leise zu laufen habe. Das Ziel wurde mit dem Sechszylinder-Boxer und seinen obenliegenden Nockenwellen erreicht.

Nach der Fertigstellung des luftgekühlten Sechszylinder-Boxers wurde das Triebwerk kontinuierlich weiterentwickelt. Prinzipiell blieb der Motor in den Abmessungen kompakt und dank Einsatz von Aluminium relativ leicht. Der Vorteil des Boxermotor-Layouts mit horizontal gegenüberliegenden Zylindern war und ist der niedrige Schwerpunkt. Diese ausgewogene Konfiguration sorgte in Kombination mit dem Einbau hinter der Hinterachse besonders beim Beschleunigen und Bremsen für Vorteile.

Das originale Layout mit dem Heckmotor und davor verbautem Getriebe sollte sich über die gesamte Bauzeit des 911 nicht ändern. Das gilt auch für die Turbos vom Typ 930 und 959 oder verwandte Motorsportversionen.

Zum Einsatz kamen handgeschaltete Vier- und Fünfganggetrieben oder, auf Wunsch, eine Drei- oder Viergang Halbautomatik, die Sportomatic. Alle Getriebe lagen direkt vor dem Motor. Die Kraftübertragung erfolgte über das Schwungrad und eine Einscheiben-Trockenkupplung sowie Halbwellen auf die hinteren Räder. Das Sechsgang-Getriebe des 959 war technisch fortschrittlicher und übertrug die Kraft an das Allradsystem.

Frühe 911 wurden bis zum Modelljahr 1971 mit handgeschalteten und seilzugbetätigten Getrieben der Typen 901, 902 und 911 ausgerüstet. Danach kam der verbesserte Getriebetyp 915 zum Einsatz, weiterhin seilzugbetätigt. Ab dem Modelljahrgang 1987 setzte Porsche beim 911 das fortschrittlichere Getrag G50-Fünfganggetriebe mit hydraulischer Betätigung ein. Im 959 wurde ein G59-Sechsgangetriebe verbaut, ebenfalls hydraulisch betätigt. Die Sportomatic wurde erstmals beim Modelljahrgang 1967 angeboten. Ohne Kupplungspedal ließ sich der 911 damit bis einschließlich Fahrzeugen des Modelljahrgangs 1980 fahren. Zuletzt gab es die Sportomatic also beim 911 SC.

**Das Modellprogramm 1974: ein Carrera Coupé mit schwarzen Zierleisten und Scheinwerfereinfassungen in Wagenfarbe, ein 911 S Coupé und Targa mit Chromzierrat. Man beachte die ausstellbaren Dreiecksfenster beim Targa.**

### Aufhängung, Bremse und Lenkung

Alle 911er verfügten über Einzelradaufhängung und Drehstäbe rundum. Letztere waren vorn in Längsrichtung angeordnet, im Gegensatz zu denen des 356, um mehr Platz im Kofferraum zu gewinnen, und hinten in Querrichtung. Diese grundsätzliche Drehstab-Konstruktion blieb von 1963 bis 1989 unverändert und sicherte präzises Fahrverhalten und Komfort im Einklang mit der ständig steigenden Leistung. Markantes Karosseriemerkmal des 911 waren die beiden runden Abdeckungen für die Entnahme der Drehstäbe im unteren Bereich der Schweller vor den hinteren Radkästen.

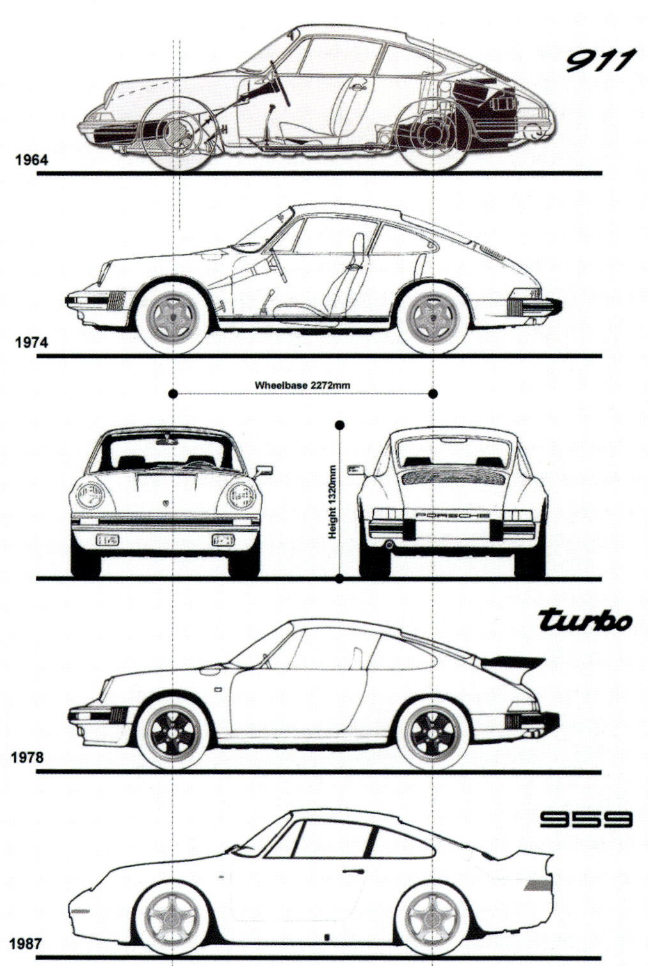


**Trotz mannigfaltiger Änderungen im Detail ist die Verwandtschaft von F-Modell bis 959 klar erkennbar.**

Die Aufhängungsanordnung wurde für den 959 im Modelljahr 1987 durch obere und untere Querlenker mit Doppeldämpfern und Schraubenfedern pro Rad ersetzt. Dies ermöglichte ein aktives Aufhängungssystem, bei dem sich die Dämpfungsrate und die Fahrhöhe entsprechend der Fahrdynamik des Fahrzeugs anpassen ließ.

Der 911 war rundum mit Scheibenbremsen ausgestattet, anfangs als Einkreissystem, zusammen mit Kolbenbremssätteln. Ab Modelljahr 1967 verbaute Porsche ein Zweikreissystem. Die Handbremse wirkte nur auf die Hinterräder, wofür eine separate Trommel innerhalb des Scheibengehäuses zuständig war. Zum Modelljahr 1966 wurden belüftete Scheiben eingeführt, die dann bei allen 911 Standard wurden. Mit zunehmender Motorleistung stieg auch die Bremsleistung. Für den 911 Turbo von 1977 wurde Rennbremstechnologie verwendet, ebenso wie beim 959 ein ABS implementiert wurde.

Eine präzise und direkte Lenkung wurde durch ein traditionelles Zahnstangensystem erreicht, mit dem das Schnecken- und Rollensystem des 356 abgelöst wurde und das bei allen 911 zur Standardausstattung gehörte. Der 959 des Modelljahrs 1987 war zusätzlich mit einer Servounterstützung ausgestattet. Der Fahrer fühlte den direkten Kontakt zu den Vorderrädern und zur Straße, denn jede Bewegung wurde direkt über das Lenkrad übertragen. Durch die präzise Rückmeldung bekam der Fahrer ein exaktes Gefühl für das Fahrverhalten des 911.

### Karosserie, Stärke und Ästhetik

Die Form des 911 war dominant und aus jedem Blickwinkel unverkennbar. Als klassische, stromlinienförmige Mischung aus Zweckmäßigkeit und Ausgeglichenheit war der 911 ein ansehnliches, bulliges Auto, ein Eindruck, der bei den Modellen Carrera, 911 Turbo, Turbo-Look und 959 weiter verstärkt werden konnte.

Eine verwindungssteifes einteiliges Monocoque aus verzinktem Stahl bildete den Grundrahmen, der die Grundstruktur der Karosserie enthielt, einschließlich des vorderen Rahmens, der Bodengruppe, der unteren Seiten- und Querträger, des Dachrahmens sowie der vorderen und hinteren Radkästen. Beim

**Auf diesem Pressefoto ist ein 959 von zwei 911 des Modelljahrs 1987 flankiert: links ein 3.2 Carrera Cabriolet, rechts ein 3.3 Turbo.**

911 waren das Stahldach und die hinteren Radhäuser Teil der Struktur, während die vorderen Kotflügel, die vordere Haube, die hintere Haube und die Türen unabhängig von der Karosserie waren. Beim 959 wurden das Dach, die vorderen und hinteren Kotflügel, die hintere Motorabdeckung, die vorderen und hinteren Stoßstangen und die Unterbodenverkleidungen aus Verbundwerkstoffen hergestellt, die alle mit dem Grundrahmen des 911 verbunden waren.

Die klassische Linienführung des 911 Coupé wurde nur viermal variiert:

- ▷ erstmals im Modelljahr 1973 durch den Anbau des Entenbürzels und der weiter ausgestellten Radhäuser,
- ▷ zum zweiten Mal im Modelljahr 1974 mit der Einführung der ausgeprägteren Stoßfänger,
- ▷ zum dritten Mal bei der Einführung des Turbo im Modelljahr 1975 mit der breiteren Karosserie,
- ▷ zum vierten Mal im Modelljahr 1987 nach der Entwicklung der aerodynamisch ausgefeilteren Karosserie des 959.

Trotz der Modifikationen durch Heck- und Frontspoiler bei verschiedenen Entwicklungsstufen blieb der optische Charakter des 911 erhalten.

Zum Modelljahr 1969 hatte Porsche den Radstand durch eine Verlängerung der hinteren Längslenker um 61 Millimeter vergrößert. Mit dem Modelljahr 1973 wurde zunächst beim Carrera RS 2.7 eine leichte Verbreiterung der hinteren Radkästen eingeführt, um sieben Zoll breite Hinterräder aufnehmen zu können, die anschließend bei allen Carrera- und SC-Modellen verwendet wurde.

Karosserie und Gesamterscheinung des 911 waren beeindruckend. Unübertroffene Verarbeitungsqualität und Passgenauigkeit sorgten dafür, dass das Erlebnis 911 schon vor der ersten Fahrt begann.

### Aerodynamik, Front- und Heckspoiler

Butzi Porsche optimierte die Aerodynamik des ursprünglichen 901 und der Luftwiderstandsbeiwert belief sich anfangs auf $c_w$ 0,381. Die Form des 911 sollte aerodynamisch günstig sein und einen geringen Luftwiderstand bieten, doch es gab auch unerwünschten Auftrieb. Windkanaltests bei Geschwindigkeiten bis 230 km/h zeigten an der Vorderachse einen Auftrieb von 83 Kilogramm und hinten 115,5 Kilogramm. Die hauseigenen Aerodynamiker experimentierten mit vorderen Luftleitblechen und hinteren Abtriebsflächen, die den Gesamtauftrieb bei hohen Geschwindigkeiten deutlich verringerten und auch die Turbulenzen am Unterboden

**Das US-Programm für das Modelljahr 1987, erkennbar an den Halogenscheinwerfern, größeren Blinkern und den Stoßstangenhörnern.**

reduzierten. So konnte der Auftrieb auf 46,5 Kilogramm vorn und 80,5 Kilogramm hinten reduziert werden. Der Luftwiderstandsbeiwert stieg beim Carrera RS 2.7 durch den Front- und Heckspoiler geringfügig auf $c_w$ 0,397. Durch den »Bürzel« konnte aber die Traktion der Hinterräder bei hohen Geschwindigkeiten um 20 Prozent verbessert werden. Zusammen mit dem Frontspoiler betrug das Verhältnis des Auftriebs an Vorder- und Hinterachse 45 zu 55 Prozent, was in etwa der Gewichtsverteilung des Fahrzeugs entspricht.

Diese Aerodynamikhilfen, also Spoiler (aus dem Englischen, to spoil: verderben), hatten den Effekt, ungewünschte Luftturbulenzen zu vermeiden. Sie gehörten beim Carrera RS 2.7 ab dem Modelljahrgang 1973 zur serienmäßigen Ausstattung. Der Heckspoiler wurde bald vom Volksmund Entenbürzel genannt. In jedem Fall sorgte die Aeroydynamikhilfe vorn und hinten am Fahrzeug für eine deutlich verbesserte Fahrstabilität bei hohem Tempo. Trotz dieser offensichtlichen Vorteile und aufgrund unterschiedlicher behördlicher Vorgaben wurde der Heckspoiler umgestaltet und nahm die Form eines flachen Tabletts an. Das galt als sicherer. Vorherige Versuche mit größerem Frontspoiler in Verbindung mit einem breiteren Spoiler hinten bewährten sich dann beim Carrera RS 3.0 und dem 911 Turbo.

Die Kombination aus hinterer Motorhaube und Spoiler war evolutionär und wurde bis 1989 in folgenden Varianten angeboten:

- ▷ Serienmäßig bei allen 911: Motorhaube aus Stahl mit Lufteinlass.
- ▷ Carrera RS der Modelljahre 1973 und 1974: Entenbürzel und Haube aus Kunststoff mit integriertem Lufteinlass (homologiert nach FIA 637).
- ▷ Turbo 3.0 der Modelljahre 1974 bis 1978: Frontspoiler aus glasfaserverstärktem Kunststoff, Motorhaube aus Stahl, mit einer abgesenkten

Oberfläche, in die das serienmäßige Lüftungsgitter integriert ist und mit einem umlaufenden Polyurethan-Rand, der im Gegensatz zum Entenbürzel horizontal verläuft. Diese Form war erstmals beim Carrera RS 3.0 und Carrera 2.7 des Modelljahres 1974 zu sehen (homologiert unter B-207), später dann beim Turbo (Mj. 1975) und Carrera 3.0 (Mj. 1976), später dann noch beim SC »Weissach Edition« (Mj. 1980). Für den 911 Turbo gab es außerdem einen Heckdeckel mit einem schmaleren, kleineren Lüftungsgitter mit fünf Lamellen und einem internen Luftkanal, der zum Lüfter führt, um die Motorkühlung zu verbessern. Es gab aber auch ein größeres Lüftungsgitter mit zehn Lamellen, um dann auch die Klimaanlage mit Frischluft versorgen zu können. Der 911 wurde ebenfalls mit dem Lufteinlass mit fünf und zehn Lamellen ausgerüstet. Alternativ wurde eine komplett schwarze Ausführung aus Polyurethan angeboten, in die der Lufteinlass integriert war.

- Der Turbo 3.3 der Modelljahre 1978 bis 1989 hatte einen größeren Heckspoiler, der Platz für den Ladeluftkühler gewährte (homologiert unter FIA 3076, mit Intercooler). Ein farblich gekennzeichneter Metall-Heckspoiler mit gepresstem, schwarz lackierten Belüftungsgitter und einer schwarzen, stromlinienförmigen, umlaufenden Polyurethan-Kante mit hohem Rand. Diese Ausführung war auf der Standard-Motorhaube montiert. Erstmals eingesetzt wurde diese Version beim 911 Turbo des Modelljahres 1978 und konnte bei Bestellung des Turbo-Looks (Code M 491) bei Fahrzeugen der Modelljahre 1984 bis 1989 zum Einsatz kommen. Ihn gab es auch für den 911 SC von 1978 als Teil der Sport-Ausstattung (Code M473). Angeboten wurde als »Sonderausführung USA« ab dem Modelljahr 1980 ein einteiliger, farblich zur Wagenfarbe passender 911-Heckspoiler aus Glasfaser mit erweitertem Rand.
- Der Carrera 3.2 aus den Modelljahren 1984 bis 1989 konnte mit der Sport-Ausstattung (Code M473) einen farbcodierten Heckspoiler aus Metall haben mit schwarz lackiertem Lüftungsgitter aus gepresstem Metall und einem schwarzen, flachen, stromlinienförmigen, umlaufenden Polyurethan-Rand. Diese Spoilerkombination wurde an der serienmäßigen Motorhaube angebracht und ersetzte das serienmäßige Lüftungsgitter.

Für alle Fahrzeuge mit Standard-Karosserie der Modelljahre 1974 bis 1989 gab es einen schwarzen Polyurethan-Frontspoiler, der direkt an der Frontschürze befestigt ist und bis zu den vorderen Radkästen reicht, in Kombination mit einem Flügel hinten. Bei allen Wide-Body- und M491-Fahrzeugen (MJ 1975 bis MJ 1989) wurde der Frontspoiler mit dem Faltenbalg der vorderen Stoßstange an den breiten vorderen Radkästen verbunden.

Obwohl alle späteren 911 mit Front- und Heckspoiler erhältlich waren, baute Porsche nie ein aerodynamisches Hilfsmittel ohne das andere ein. Man behauptete, dass das Fahrverhalten bei hohen Geschwindigkeiten nachteilig sei, wenn einer der beiden Spoiler weggelassen würde. Die Option M473 mit Front- und Heckspoiler wurde vom Modelljahr 1978 bis zum Modelljahr 1989 angeboten. Für die M471 Turbo-Look-Fahrzeuge ab dem Modelljahr 1984 gab es die Option M470, bei der keine Spoiler montiert waren.

Der im Windkanal entstandene Serien-959 hatte einen Luftwiderstandsbeiwert von nur $c_w$ 0,31 inklusive der aerodynamischen Karosseriedetails und einem glatten Unterboden.

## Stoßfänger

Vorn und hinten hatten alle 911 ab 1963 umlaufende, in Wagenfarbe lackierte Stoßstangen. Dieser Designaspekt blieb auch bei der Einführung der Stoßstangen im Modelljahr 1974 erhalten.

Die Einführung der neuen Stoßfänger, die als Ersatz für die vorherigen aus gepresstem Stahl eingesetzt wurden, war eine notwendige technische Lösung, um nordamerikanischer Gesetzgebung in den USA und Kanada zu entsprechen. Sie waren vorn und hinten auf stoßabsorbierenden Dämpfern (Option M058) montiert, die so konstruiert waren, dass sie Stöße abfedern und in die Ausgangsform zurückkehren konnten. Für die Märkte im Rest der Welt (Rest-of-World, RDW) wurden die Aufpralldämpfer auf Aufprallrohren montiert und nicht auf stoßabsorbierenden Dämpfern, die

**Ab 1975 war Vollverzinkung Porsches Lösung für die Langzeit-Haltbarkeit der Bleche. Die Kunden profitierten außerdem von verlängerten Garantiezeiten.**

so konstruiert waren, dass sie bei einem Aufprall bei niedrigen Geschwindigkeiten zusammengedrückt oder verformt wurden und nach einem Zusammenstoß ausgetauscht werden mussten. Die Option M058 war auch für RDW-Märkte erhältlich.

Die neuen Aufpralldämpfer aus stabilem aber leichtem Aluminiumblech wurden mit etwas Abstand zu der Karosserie montiert und mit Faltenbälgen versehen, um eine seitliche Bewegung des Stoßfängers zu ermöglichen. Dadurch entstand eine Gleitfläche, auf der sich der Stoßfänger bei einem Aufprall seitlich und unabhängig von der Karosserie bewegen konnten. Nach strengen Tests, sowohl bei niedrigen als auch bei hohen Geschwindigkeiten, zeigten die Ergebnisse, dass die Karosserie bei 8 km/h (5 mph) überhaupt nicht beschädigt wurde, während die Schäden bei hohen Geschwindigkeiten, auf ein Minimum reduziert wurden.

Die neuen Stoßfänger erforderten vorn eine einteilige, flexible Dichtung, die unter der Kante der vorderen Haube verbaut wurde, wie auch eine einteilige untere Schürzenverkleidung. Für die hinteren Stoßfänger war eine dreiteilige untere Schürzenverkleidung mit unteren Seitenwänden und Stoßfängeraufsätzen erforderlich. Ab dem Modelljahr 1984 wurden in der unteren Frontschürze Nebelscheinwerferöffnungen vorgesehen.

Die Integration der neuen Stoßfänger musste sorgfältig geplant werden. An der Fahrzeugfront nutzten die Designer die obere Kante der Blinkleuchten als neue Höhenausrichtung für den Stoßfänger und passten die Karosserie entsprechend an. So wurde auch die vordere Haube gekürzt und mit einer ausgeprägteren Kante versehen. Über die ganze Breite wurde eine flexible, scharze Dichtung oberhalb des Stoßfängers angebracht, mit der die Anbindung zur Karosserie kaschiert wurde. Die Stoßstangenhörner und Durchlässe für die Hupe entfielen, während die Blinkleuchten in den Stoßfänger integriert wurden. Hinten entfielen die Stoßstangenhörner als Teile der

Karosserie, aber es wurden größere Elemente in den neuen Stoßfänger integriert. Zwischen den Rückleuchten wurde der Porsche-Schriftzug integriert und für einen sanften Übergang zur Motorhaube gesorgt.

### Verzinkte Langlebigkeit

Als Teil eines Entwicklungs-Versuchs verzinkte Porsche 1973 eine 911-Karosserie und lagerte sie unlackiert und jeder Witterung ausgesetzt im Freien. Rostbefall war selbst in den 1980er-Jahren nicht erkennbar.

Zwei Jahre später, also ab 1975, wurde die gesamte Karosserie einschließlich der vorderen Kotflügel, der Türen, der vorderen Haube und der Motorabdeckung, bei allen Serien-Elfer-Modellen vollständig mit einer vor Rost schützenden Zinkbeschichtung, der so genannten Feuerverzinkung, überzogen, um die Langlebigkeit der Stahlteile zu gewährleisten. Diese Beschichtung gewährte eine potenzielle Lebensdauer von mindestens zwanzig Jahren und hatte das Problem der Korrosion praktisch gelöst. Zuvor waren nur die empfindlichen Metallteile behandelt worden. Porsche bot zunächst eine sechsjährige Korrosionsschutzgarantie an, die 1981 auf sieben Jahre erweitert wurde.

Das einteilige Chassis des 911, bestehend aus Karosserie, Bodengruppe und Fahrgestell, wurde zusammen mit den vorderen Kotflügeln, den Türen, der Front- und der Motorhaube chemisch gereinigt und vollständig in eine flüssige Zinklösung getaucht. Bei dieser Feuerverzinkung wurden rosthemmende Zinkschichten auf das Stahlblech sowohl von Außenals auch den Innenflächen und innerhalb der Hohlprofile aufgetragen, um die Langlebigkeit der Stahlteile zu gewährleisten. Die Schicht reparierte sich selbst, wenn sie beschädigt wurde, um das Grundmetall zu schützen, war stoß- und abriebfest und konnte eine wartungsfreie Lebensdauer von 50 Jahren oder mehr haben. Dies erhöhte nicht nur die Lebensdauer eines 911, sondern schützte auch die strukturelle Integrität und die Crashsicherheit des Monocoques. »Vollverzinkt« wurde zu einem Schlagwort für 911-Besitzer, um das sie von anderen Sportwagen-Besitzern beneidet wurden. Die Verzinkung festigte beim 911 den Ruf eines langlebigen Autos.

### Spezifikationen

Während der Bauzeit erhielten die 911-Modelle verschiedene Bezeichnungen zur Unterscheidung der Modellvarianten (s. Tabelle unten).

### Endergebnis

Der von innen nach außen gestaltete Porsche 911 war ein ausgezeichnetes Beispiel für das Prinzip, nach dem die Form der Funktion folgt. Das Konzept verdeutlicht die Vorteile des luftgekühlten Motors im Heck und die aerodynamischen Möglichkeiten. Die Entwicklungsingenieure stellten sicher, dass die Gesetze der Physik ausgelotet wurden und präsentierten schließlich mit dem 911 ein Ergebnis, mit dem sich zügig fahren ließ.

| Abkürzung und Bezeichnung | | Modelljahr | Merkmale | offizielle Bezeichnung |
|---|---|---|---|---|
| S | Super | 1967 bis 1974 | Mehr Motoreistung | 911 S |
| T | Touring | 1967 bis 1973 | Einstieg mit weniger Leistung | 911 T |
| L | Luxury | 1968 | Mehr Ausstattung | 911 L |
| E | Einspritzung | 1969 bis 1973 | Kraftstoffeinspritzung | 911 E |
| RS | RennSport | ab 1973 | Motorsportversion | 2.7 & 3.0 RS |
| SC | Super Carrera | 1973 bis 1980 | 911 Typenbezeichnung | Alle 911 S |
| SC | Super Carrera | 1978 bis 1983 | 911 Typenbezeichnung | 911 SC |
| L | Leistungssteigerung | 1978 bis 1989 | 911 stärkerer Motor | 911 SC |
| CS | Club Sport | 1987 bis 1989 | Gewichtsreduziert | 3.2 Carrera |
| S | Sport | 1978 bis 1989 | Mehr Motorleistung | 911 Turbo, 959 |
| SE | Special Edition | 1987 bis 1989 | Flachschnauze | 911 Turbo |
| LE | Limited Edition | 1989 | Mehr Motorleistung | 911 Turbo |

PORSC

HE 911
Dr. Ing.h.c.F. Porsche AG Stuttgart-Zuffenhausen · Printed in Germany ·

# DIE PORSCHE AG

Ferry Porsche wandelte 1972 die Porsche KG in die Porsche AG um. Als Vorsitzender des Aufsichtsrats dieser Porsche AG erlebte er dann, dass die Firma nicht mehr von Mitgliedern der Familien Porsche und Piëch geleitet wurde. Die Cousins Butzi Porsche und Ferdinand Piëch schieden bei Porsche aus und verfolgten eigene Ziele. Butzi Porsche machte sich selbstständig und gründete das Studio Porsche Design. Ferdinand Piëch ging als Entwicklungschef zu Audi.

Seit diesem Umbruch leiteten verschiedene Vorstandsvorsitzende das Unternehmen. Zunächst war die Reihe an Professor Ernst Fuhrmann, den Ferry Porsche 1972 berufen hatte.

### Die Ära Fuhrmann (1972 bis 1980)

Nach seinem Ingenieursstudium kam Prof. Dr.-Ing. Ernst Fuhrmann im Jahr 1947 zu Porsche. 1950 promovierte er mit einer Untersuchung über Ventiltriebe von hochdrehenden Motoren. Er war mit Leib und Seele Ingenieur – eine Eigenschaft, die Ferry Porsche sehr schätzte. 1952 erhielt Fuhrmann den Auftrag, die Entwicklungs-Leitung für einen Hochleistungs-Rennmotor zu übernehmen. Die Aufgabe erledigte er mit Bravour: Der Motor vom Typ 547 mit obenliegender Nockenwelle kam zunächst im Porsche 550 Spyder 1953 zum Einsatz und war bei vielen Rennen erfolgreich. Ab 1955 kam der Motor mit vier Nockenwellen beim 356 Carerra 1500 zum Einsatz und wurde bis 1964 dort verbaut. Dessen Leistungsniveau erreichte dann der neue Sechszylinder-Boxermotor beim 901.

Trotz seiner Erfolge zog Fuhrmann den Kürzeren, als Klaus von Rücker zum Technischen Direktor ernannt wurde, so dass er Porsche im Jahr 1956 verließ und die Entwicklung des 901/911 verpasste. Doch 1972 kam er auf Anfrage von Ferry Porsche zurück, anfangs als Technischer Direktor und dann, nachdem sich die Familie aus der Leitung des Unternehmens zurückgezogen hatte, wurde er der erste Vorstandsvorsitzende der Porsche AG. Das Amt hatte er von 1972 bis 1980 inne.

Während seiner Amtszeit förderte er die Entwicklung des 911 Turbo, und mit seinem ausgeprägten Interesse am Motorsport ließ er die Rennfahrzeuge 934 und 935 Turbo homologieren. Sein Anliegen war es, das teure Prototypen-Rennprogramm zu begrenzen und stattdessen eher den 911 für Renneinsätze weiter zu entwickeln. Erste Ergebnisse daraus zeigten sich im Carrera RS von 1973 und später im 911 Turbo. Aus diesen Modellen entstanden der homologierte RSR und Rennfahrzeuge des Carrera RSR sowie die beiden mit Turbo aufgeladenen Modelle 934 und 935.

Von der Sorge getrieben, der 911 könne aufgrund von Sicherheitsbedenken nicht mehr in den USA zugelassen werden, konzentrierte sich Fuhrmann auf die Entwicklung des neuen Serienmodells 928, der Fuhrmanns Einschätzung nach mit flüssigkeitsgekühltem Frontmotor und seinem Weissach-Fahrwerk ein potenzieller 911-Ersatz sein konnte. Obwohl der 928 ein ausgesprochen leistungsfähiges und fortschrittliches Auto war und 1977 zum »Car of the Year«, Auto des Jahres, gewählt wurde, verzichtete Fuhrmann auf die Erfüllung seines Vertrags und machte 1980 Platz für den in Deutschland geborenen Amerikaner Peter W. Schutz.

Ernst Fuhrmann hat unbestreitbare Verdienste als Verantwortlicher für den 356-Motor mit vier Nockenwellen und den 911 Turbo. Als Ingenieur und leidenschaftlicher Motorsportfreund, aber gelegentlich als etwas schwierig geltender Mensch, glaubte er, die Zeit für den 911 wäre langsam zu Ende und auch, dass mit dem ab 1972 in Entwicklung befindlichen Modell 928 die Zukunft der Firma Porsche gesichert

**Schon in den ersten Wochen seiner Amtszeit entschied Peter Schutz, dass der 911 fortbestehen würde.**

PORSCHE
S GO 990

**Ferry Porsches 75. Geburtstag wurde mit großem Aufgebot in der Porsche-Villa in Stuttgart gefeiert. Ganz links Peter Schutz, links neben Ferry steht Helmuth Bott.**

sei. Bedauerlicherweise dauerte es bis 1977, bevor der Verkauf des 928 startete. Zudem war der 911 nicht länger durch amerikanische Sicherheitsbedenken bedroht. Gleichzeitig blieb der 911 bei den Verkaufszahlen vor dem 928. Richtig verkraftet hat Fuhrmann diese Entwicklung nicht, und trotz seiner guten Absichten verfehmte mancher ihn als 911-Henker.

### Die Ära Schutz (1980 bis 1987)

Den neuen Vorstandsvorsitzenden rekrutierte Ferry Porsche im April 1980. Peter W. Schutz, ein in Deutschland geborener Amerikaner, wurde im September 1980 berufen und begann seine Arbeit bei Porsche am 7. Januar 1981. Nur Wochen nach seinem Amtsantritt einigte er sich mit Ferry Porsche auf die Entwicklung eines 911 Cabrios, wobei gleichzeitig eine Verlängerung der Bauzeit für die Baureihe festgelegt wurde. Bereits acht Monate später war der 911 in Frankfurt auf der Internationalen Automobil-Ausstellung im September 1981 zu bestaunen.

Die Beziehung zwischen Schutz und Ferry Porsche entwickelte sich dynamisch. Schutz sollte später erklären, dass er während seiner Zeit bei Porsche stets von Ferry Porsche unterstützt wurde. Ernst Fuhrmann hatte Ferry Porsche von der Zentrale in Stuttgart-Zuffenhausen ins Ersatzteillager nach Ludwigsburg ausquartiert, doch Schutz holte ihn zurück. Morgens setzten sie sich regelmäßig beim Kaffee zusammen. Anders als Fuhrmann, der den Großteil seines Arbeitslebens bei Porsche verbracht hatte, war Schutz ein Firmenneuling. Doch er lernte von Ferry Porsche alles Wichtige über die Organisation der Firma, deren Verdienste und die Markenphilosophie. Als Ferry Porsche einmal bei einer Pressekonferenz gefragt wurde, welches sein Lieblings-Porsche sei, grätschte Schutz dazwischen: »Den haben wir noch nicht gebaut.« Das Zitat wurde später Ferry Porsche zugeschrieben. Bei öffentlichen Auftritten waren sich Schutz und Ferry Porsche jedoch stets einig.

Im März 1984 verkündete die *New York Times*, dass »die Porsche AG, der führende westdeutsche

Sportwagenhersteller unter der Leitung eines Amerikaners ist und deren Hauptabsatzmarkt die USA sind, an die Börse gehen will«. Offenbar unter dem Druck zweier arabischer Banken erklärte Heinz Branitzki, der damalige stellvertretende Vorstandsvorsitzende und Finanzchef von Porsche sowie spätere Vorstandsvorsitzende nach dem Ausscheiden von Schutz, die beiden Banken hätten sich bereit erklärt, ihre Bemühungen um den Erwerb von 19 Prozent der von zwei Familienmitgliedern gehaltenen Anteile an Porsche aufzugeben. Infolgedessen wurden 30 Prozent des Unternehmens in Anteilen angeboten und 50 Prozent für den späteren Handel registriert.

Unter der Leitung von Schutz konnte Porsche wachsen. Als er das Amt des Vorstandsvorsitzenden 1981 übernahm, machte Porsche schwierige Zeiten durch. Erstmals in der Firmengeschichte kam es zu Verlusten. Im Laufe von fünf Jahren schaffte es Schutz, den jährlichen Fahrzeugabsatz von 28.000 Einheiten im Geschäftsjahr 1980/81 auf rund 53.000 Einheiten im Jahr 1986 zu steigern. Der Umsatz stieg von 850 Millionen D-Mark auf 3,7 Milliarden. Unter Schutz wurde nicht nur der 911 aktualisiert, er führte auch das 911 Cabriolet ein, erweiterte das Modellangebot des 944 um eine Turboversion und das Cabriolet, präsentierte den 959, setzte sich für den 911 Speedster ein, leitete das Flugmotor-Projekt konnte Bestleistungen im Motorsport vorweisen. Er reinvestierte das verdiente Geld in die Firma und verbesserte die Produktionsanlagen einschließlich der Einrichtung einer neuen Fertigungsstätte sowie einer neuen Lackiererei und einer neu aufgestellten Ersatzteilversorgung. Das Entwicklungszentrum in Weissach bekam einen modernen Windkanal, ein neues Designzentrum und erweiterte Testeinrichtungen. Für das Personal wurden ein neues Trainingszentrum und eine neue Kantine geschaffen. Er schmiedete eine neue Strategie für den amerikanischen Markt und machte aus Porsche wieder ein profitables Unternehmen. 1986 konnte die Firma die besten Absätze der Unternehmensgeschichte vorweisen, und Schutz hatte alles richtig gemacht.

Die Wirtschaftskrise von 1987 traf die Absatzzahlen von Porsche schwer, die Exportergebnisse sanken und ebenso die Absatzzahlen in den USA. Das Betriebsergebnis ging drastisch zurück und nicht zuletzt durch den hohen Aufwand für den technisch fortschrittlichen 959 war Porsche in Bedrängnis.

Nachdem Schutz das Unternehmen gegen Ende des Jahres 1987 verlassen hatte, übernahm Heinz Branitzki das Ruder als dritter Vorstandsvorsitzender der Firma.

### Helmuth Bott

Der Mann war ein Grundpfeiler in der Fahrzeug-Entwicklung bei Porsche. Während Schutz ganz klar für den Betrieb und die Kontrolle des Tagesgeschäfts verantwortlich war, eng durch Ferry Porsche unterstützt, kümmerte sich Prof. Helmuth Bott unermüdlich um die Entwicklungsaufgaben. Als guter Freund von Ferry Porsche und leidenschaftlicher Ingenieur wurde er nicht nur von seinen Kollegen bewundert, sondern auch von Schutz. Der sollte später einmal sagen, dass Bott der klügste Mann sei, den er je getroffen hätte, und beschrieb ihn als einen Giganten auf seinem technischen Gebiet, den er zutiefst respektiere und bewundere. In seiner Zeit bei Porsche leitete Bott praktisch alles, was entwickelt wurde, oder war zumindest verantwortlich dafür. Nicht zuletzt war Bott auch für die Planung und Entstehung des Entwicklungszentrums in Weissach entscheidend. Ein absoluter Höhepunkt seiner Karriere war sicher der 959: Mit der Projektleitung von Anfang bis Ende schuf er die Basis für neue Evolutionsstufen künftiger Porsche-Modelle.

Forschung und Entwicklung unter der Leitung von Bott spielten eine wichtige Rolle für den Erfolg der Fahrzeuge von Porsche. Als ausgebildeter Ingenieur, früher in Diensten von Daimler-Benz und Bosch, kam Bott 1952 als Betriebsassistent zu Porsche. Seine erste Aufgabe war das Getriebe des 356. 1962 wurde er leitender Testingenieur, der eng mit Ferdinand Piëch zusammenarbeitete. Er stieg 1971 zum Leiter Forschung und Entwicklung auf. Die Position gab er 1988 mit seinem Ausscheiden aus der Firma auf.

Bott war ein geradliniger Ingenieur ohne Scheu, Problemlösungen zu finden. Beispielsweise liefen die Tests für den Gruppe-C Porsche 956 im März 1982 in Paul Ricard völlig reibungslos. Als ihm seine Mitarbeiter froh davon berichteten, antworte Bott trocken: »Kommt mir nicht nach Hause, ohne dass etwas kaputt gegangen ist.« Ausreichendes Testen war Teil

seiner Philosophie, die er bei Porsche und vor allem im Testzentrum Weissach verankerte. Als einer der Gründerväter von Weissach überwachte Bott persönlich die gesamte Porsche-Entwicklung und war ein Fels in der Brandung zwischen technischem Erfolg und Misserfolg.

Helmuth Bott kümmerte sich praktisch um alle bei Porsche gebauten Fahrzeuge, ob Rennfahrzeuge oder Serienmodelle, vom 917 bis zum 959. Es war seine Expertise, die den technischen Erfolg des 911 sicherstellte – und nicht nur den.

### Hans Mezger

Es gibt einen Namen bei Porsche, der mit allen 911-Motoren in Verbindung steht. Hans Mezger, der verantwortliche Mann für die Entwicklung des Sechszylinder-Boxermotors für den 901 und alle Saugmotoren für 911 und 930 sowie für die Motoren mit Turbolader. Er liebte den Motorsport und entwarf den Zwölfzylinder-V-Motor für den 917, intern als Typ 912 bekannt, aber auch die Turbomotoren für die CanAm-Autos 917/10 und 917/30, die Turbomotoren von 935 und 936, die Turbomotoren für die Gruppe-C-Boliden 956 und 962, den McLaren TAG Formel-1-Motor und den Sauger vom Typ 3512 als V-Zwölfzylinder für das Arrows Formel-1-Team.

Als passionierter Porsche-Mensch war Mezger eine der wichtigsten Personen bei der Entwicklung des 911. Er kam 1956 zu Porsche und arbeitete anfangs unter Klaus von Rücker am Motor des 356, half bei der laufenden Entwicklung des Fuhrmann-Motors vom Typ 547, um dann neben der Arbeit an anderen Motoren den Sechszylinder-Boxermotor für den 901/911 zu entwickeln. Er setzte sich für die Serienfertigung des Motors mit obenliegenden Nockenwellen ein, weil damit höhere Drehzahlen, mehr Leistung und ein geschmeidigerer Lauf erreichbar waren.

1965 wurde er zum Leiter der neuen Motorsport-Abteilung ernannt, wo er unter Ferdinand Piëch zusammen mit Helmuth Bott den vielleicht großartigsten Porsche Rennwagen entwickelte, den 917.

**Das Modellprogramm Ende der 70er-Jahre: Die Heckmotoren von 911 Turbo (o.l.), 911 SC Targa (o.r.) und 911 SC Coupé rahmen die Transaxle-Baureihen 928 und 924 ein.**

**Ab den 70er-Jahren bündelte das Entwicklungszentrum Weissach (EZW) die Bereiche Forschung und Entwicklung und verfügte auch über eine hauseigene Teststrecke.**

Bei den Fortschritten der 911-Motoren vom Zweiliter bis zum 3,3-Liter ist sein Einfluss erkennbar, und seine Erfahrungen mit dem CanAm-Turbomotor flossen bei der Entwicklung des Antriebs vom 911 Turbo ein. Eine vermutlich signifikante Bedeutung hat seine Entwicklung des wassergekühlten Zylinderkopfes mit zwei obenliegenden Nockenwellen und vier Ventilen pro Zylinder. Damit stellte er sicher, dass sein Name noch lange im Zusammenhang mit der jüngeren Porsche-Historie genannt wird.

## Weissach

Der 911 wurde, wie alle Porsche-Modelle, im firmeneigenen Entwicklungszentrum in Weissach entwickelt. Dort wurden alle Bestandteile eines neuen oder weiterentwickelten Modells erforscht und konstruiert. Die Arbeit in Weissach startete Anfang der 1960er-Jahre. Bis 1974 war die komplette Forschung und Entwicklung von Zuffenhausen hierher verlegt worden. Weissach wurde im Laufe der 1970er- und in den frühen 1980er-Jahren weiter ausgebaut und auf dem modernsten Stand gehalten. Es wurde nicht nur an den eigenen Modellen im Sinn von »Fahren in seiner schönsten Form« gearbeitet, sondern auch für externe Kunden. Seit 1959, als Ferry Porsche den Kauf des 38 Hektar großen Grundstücks zwischen Flacht und Weissach veranlasste, entwickelte sich das Entwicklungszentrum Weissach (EZW) immer weiter zu einem führenden Standort. Helmuth Bott setzte das Projekt »Weissach« im Januar 1960 auf. Ab 1961 erfolgte der Aufbau der Teststrecken inklusive einer Kreisbahn und einer Schleuderplatte. Im Laufe der 1960er-Jahre nahm die Nutzung des Testareals stetig zu, und so entstanden Pläne für den Bau eines integrierten Test-und Entwicklungszentrums. Dazu gehörte die Zusammenlegung von Abteilungen und Gewerken in Zuffenhausen und Weissach selbst, und 1969 wurde mit dem Bau des EZW Weissach begonnen. 1971 zog die Entwicklungsabteilung und die Herstellung von Rennsportfahrzeugen nach Weissach um, wo dann ungefähr 500 Mitarbeiter beschäftigt waren. 1972 zog auch die Designabteilung nach Weissach, wo bis 1974 der Bau eines »sechseckigen« Bürogebäudes vollendet werden konnte, in dem dann viele Think-Tanks ihre Bleibe fanden.

Seit er 1971 zum Leiter von Forschung und Entwicklung berufen wurde, nutzte Helmuth Bott Weissach in seinen Jahren bei Porsche äußerst gewinnbringend. Das Modell Porsche 911 SC Weissach Edition war dann auch eine Huldigung an ihn und seine Mitarbeiter, die als Ingenieure und Techniker dort arbeiteten.

### Produktion

Verantwortlich für die Produktion des 911 war Friedrich Betzner, der 1954 als Lehrling bei Porsche begann. Er gehörte zu Helmuth Botts ersten Mitarbeitern und war einer der langjährigen Porsche-Ingenieure. Er leitete dann das 911-Team und blieb bis 1989 verantwortlich für die Fertigung des 911. Ihm zur Seite stand ab 1982 Bernd Kahnau, der bei Porsche zunächst in der Fertigung des 924 GTS und später als Produktionsplaner beim Chassis des 928 tätig war. Die beiden arbeiteten bei der kontinuierlichen Weiterentwicklung des 911 im entsprechenden Zeitraum eng zusammen. Kahnau übernahm dann im Jahr 1989 die Verantwortung für die 911-Fertigung von Betzner.

Das Monocoque und die Karosserie des 911 bestanden aus rund 50 Stahl- und Aluminium-Bauteilen. Der Zusammenbau dauerte rund 35 Stunden und beinhaltete rund 600 Schweißpunkte unter Verwendung von etwa zehn Metern Schweißdraht.

Die Struktur bestand aus einer einteiligen Stahlkarosserie in Monocoque-Bauweise, die den vorderen Teil der Karosserie und den Windschutzscheibenrahmen, die Bodengruppe, den Tunnel und die Längsträger, die Seitenteile für Coupé, Cabriolet oder Targa sowie den Dachrahmen und das äußere Dach für das Coupé umfassten. Alles wurde komplett verschweißt und mit einer rostschützenden Zinkbeschichtung versehen. Zusammen mit den vorderen Kotflügeln, den Gepäckraum- und Motorabdeckungen sowie Türen, ebenfalls verzinkt, bildeten sie die komplette Karosserie.

**1986 wurden pro Tag durchschnittlich 30 Porsche 911 gebaut, immer noch fast ausschließlich in Handarbeit.**

PORSCHE

Langzeit-Garantie

für das von Ihnen erworbene Porsche-Fahrzeug

Das Fahrzeug wurde unter Verwendung verzinkter Bleche für die Karosserie und unter Anwendung modernster Korrosionsschutzverfahren gefertigt. Damit wird Ihr Fahrzeug bei Beachtung unserer **Hinweise zur Wagenpflege** auch durch starke klimatische und chemische Einflüsse auf längere Zeit nicht beeinträchtigt.

Porsche garantiert Ihnen deshalb für Ihr Fahrzeug

7 Jahre

gegen Durchrostung der Karosserie gemäß den nebenstehenden Bedingungen.

Dr. Ing. h. c. F. Porsche Aktiengesellschaft

**Porsches Langzeit-Garantie wurde vom Vorsitzenden Peter Schutz und von Rudi Noppen, dem Vorstand für Produktion und Qualitätssicherung unterschrieben.**

Der Karosseriespezialist Baur aus Stuttgart, ebenfalls verantwortlich für die Fertigung leichter Bauteile für den 911 R und das Rohrrahmen-Chassis des 917, wurde engagiert, um die Karosserie aus Verbundwerkstoffen für den 959 herzustellen, auf die einteilige verzinkte Rohkarosserie montiert wurde.

1967 wurden auf der Suche nach korrosionsfestem Stahl für den Automobilbau versuchsweise drei 911 aus rostfreiem Stahl hergestellt. Obwohl dieser rostgeschützte Aufbau 50 Kilogramm leichter war, blieb es in der Serienfertigung bei den normalen Blechen. 1973 testete Porsche die Feuerverzinkung, bei der eine flüssige Zinklösung aufgebracht wurde, um so einen effektiven Rostschutz zu erreichen. Um die Wirksamkeit dieser Maßnahme zu beobachten, wurde in Weissach eine unbehandelte Karosserie des 911 dauerhaft der Witterung ausgesetzt. Noch über zehn Jahre später zeigten sich keinerlei Korrosionsspuren.

In der Folge wurden ab 1975 alle 911 feuerverzinkt. Das Verfahren erreichte alle Oberflächen, Außen- wie Innenseiten und auch das Innere der Hohlprofile. Nach Beschädigungen reparierte sich das Material selbst und der Zink schützte den Stahl. Er haftete ausgezeichnet und versprach ein wartungsfreies Leben für 50 Jahre und länger. Nach der Metallverarbeitung und dem Schweißen wurde die 911-Karosserie zusammen mit den vorderen Kotflügeln, den Türen, dem Gepäckraumdeckel und der

**Links: Produktion eines 911 S 2.7 Sportomatic mit 175 PS, rechts: einbaufertige Heckleuchten für den 911.**

**Rohkarosserie eines rechtsgelenkten 911 Turbo, 1975.**

Motorhaube chemisch gereinigt und vollständig in die rosthemmende Zinkschmelze getaucht, bevor sie weiter vorbereitet und lackiert wurde. Als Ergebnis dieses Prozesses haben 911-Modelle nach 1975 eine bemerkenswerte Lebensdauer, wenn sie richtig gewartet werden.

Porsche hat mit dem Verfahren Rostprobleme bei seinen Autos nachhaltig beseitigt und konnte sofort eine sechsjährige Garantie gegen Durchrostungen anbieten. Dieser Zeitraum wurde in der Folge noch erweitert.

1986 baute Porsche täglich etwa 30 Stück vom 911. Jeder Wagen wurde fast vollständig in Handarbeit hergestellt. Allein bei der Beschickung und Entleerung der Maschinen für die Kurbelgehäusebearbeitung kamen neu installierte Roboter zum Einsatz. Alle Bauteile wurden in Handarbeit gefertigt nach präzisen Vorgaben. Zur Unterstützung der Qualitätskontrolle der angelieferten Teile gab es eine computergestützte Qualitätskontrolle, bei der alle Bauteile vor Erreichen der Fertigungslinie überprüft wurden.

Von der Karosserienaht und dem Punktschweißen über die Montage und den Einbau des Motors, die Herstellung und die Montage des Fahrwerks, die Nähte im Innenraum und die Endbearbeitung bis hin zum Auftragen der Lackierung war jeder Aspekt der mehreren tausend Arbeitsschritte der 911-Produktion Handarbeit. Unter der Leitung von Schutz sorgten die gut ausgebildeten und hochmotivierten Arbeiter für die Einhaltung der Produktqualität und einen flexiblen Produktionsablauf, der laut Porsche eben nur mit Handarbeit erreicht werden konnte.

## Tests

Vor seiner Auslieferung musste sich jeder 911 einer intensiven Überprüfung unterziehen lassen. Erfahrene Werks-Testfahrer checkten die Autos im Stadt-, Überland- und Fernverkehr, wobei über 40 Prüfkriterien kontrolliert wurden. Einzelne, zufällig ausgewählte Autos mussten sich auch auf dem Skidpad in Weissach bewähren, wobei Beschleunigung, Bremsen, Wankbewegungen und Lenkwinkel mit G-Kräften überprüft wurden. Diese Tests deckten Produktionsfehler in Bezug auf Leistung, Beschleunigung, Bremsen und Kraftstoffverbrauch auf verschiedenen Straßenbelägen auf, einschließlich Geschwindigkeits- und Tachofehlerprüfungen.

Nicht zuletzt gab es umfangreiche Crashtests, deren Ergebnisse mit Hochgeschwindigkeitskameras festgehalten wurden. Die Auswertung erlaubte den Ingenieuren Rückschlüsse auf die Auswirkungen von Unfällen.

Sicherheit war eine der Stärken des 911. Ein wesentlicher Vorteil bestand in der steifen Monocoque-Struktur, die eine stabile Sicherheitszelle für die Insassen bot. Bei Frontal- wie Seitenaufprallsituationen erwies sie sich als sehr zuverlässig. Die vordere Knautschzone konnte bei einem Frontalaufprall Energie aufnehmen, wobei die vordere Haube so ausgelegt war, dass sie sich in vorbestimmter Weise verformte und nicht in den Fahrgastraum eindrang. Da der Benzintank vorn montiert war, hatte Porsche den Behälter crashsicher ausgelegt. Durch ein geschlossenes Entlüftungssystem und geschützte Leitungen wurde sichergestellt, dass nach einem Überschlag kein Kraftstoff austrat. An den Türen gab es ein Sicherheitssystem, um sicherzustellen, dass sie bei einem Unfall geschlossen und in ihrer Position blieben. Bei einem Frontalaufprall mit 30 Meilen, knapp 50 km/h, blieb die Sicherheitszelle so stabil, dass sich die Türen noch öffnen ließen und die Anlenkpunkte der Anschnallgurte intakt blieben. Die stabilen Dachsäulen stellten einen wirkungsvollen Überrollschutz dar. Bei Crashtest-Versuchen wurde der 911 bei einem Tempo von 30 Meilen zur Seite geschleudert und überschlug sich mehrfach, um einen heftigen Unfall zu simulieren. Dabei erwies sich die Sicherheitszelle als so stabil wie gewünscht, wobei die Türen geschlossen blieben. Trotzdem erhielt der 959 mit Sport-Ausstattung zusätzlich einen Überrollkäfig.

Auch im Fahrzeuginneren stand Sicherheit beim 911 im Fokus, etwa durch die Verwendung von energieabsorbierenden und brandhemmenden Materialien an allen kritischen Stellen. Nicht zuletzt wurden Anschnallgurte und Sicherheitsverglasung rundum vergebaut. Für den äußeren Fußgängerschutz gab es klappbare Spiegel mit Gummirand und Gummikarosserieteile.

Die Sicherheitsgurte und die Sicherheitsverglasung wurden rundum eingebaut.

**Jeder 911 wurde vor der Auslieferung ausgiebig getestet, um eine gleichbleibend hohe Qualität zu sichern.**

CW-LH 99

**Schon früh war bei Porsche eine Werksabholung möglich. Hier übergibt Verkaufsleiter Harald Wagner (l.) dem Kunden einen neuen 911 Carrera 2.7 mit breitem Heck und Fuchs-Felgen.**

# KAROSSERIE-VERSIONEN

### Coupé

Das Coupé entspricht am ehesten dem ursprünglichen Design des 911, wie es 1963 mit dem 901 präsentiert wurde. Es erzählt also die umfassendste Geschichte des 911 über alle Generationen hinweg.

Das Erbe des 911 ist unverkennbar. In Anlehnung an den KdF-Wagen, der später als VW Käfer bekannt wurde, und an den 356, ermöglichte der Heckmotor eine aerodynamischere und glattere Frontpartie, auch ohne Kühlluftöffnungen oder eine voluminöse Motorhaube zur Unterbringung des Motors. In aerodynamischer Hinsicht war das 911 Coupé ein gutes Beispiel für ein Design mit geringem Luftwiderstand, was durch den hinten montierten, luftgekühlten Motor erheblich erleichtert wurde.

Ferry Porsche erkannte die Notwendigkeit für einen 356-Nachfolger. Sein ältester Sohn Ferdinand Alexander »Butzi« Porsche entwarf die Form des 911 Coupés. Abgesehen von wenigen kleinen Änderungen blieb die Form von 1963 bis 1989 nahezu unverändert. Der Radstand war von 2.211 Millimetern auf 2.272 Millimeter gewachsen, doch die größte Änderung erfolgte zum Modelljahr 1974 mit der Einführung der Stoßfänger für diese zweite Generation.

Die einzigartige Gestaltung konnte für kein anderes in Massen produziertes, sportliches Auto kopiert werden. Andere Hersteller bevorzugten meist Mittelmotorkonzepte, wodurch kein Platz für Notsitze übrig blieb und sie reine Zweisitzer blieben. Im November 1963 beantragte Porsche offiziell die Patentierung des 911 Coupé-Designs.

Das 911 Coupé stellte eine ideale Kombination aus Design und Nutzwert dar und diese Werte blieben bei allen Generationen eindeutig erkennbar.

### Targa

Schon kurz nach der Vorstellung des 911 Coupés begann Porsche die Arbeit an einem offenen 911. Ein Jahr später wurde der Prototyp mit der Chassis-Nummer 13360 als Cabriolet präsentiert, bei dem später ein Überrollbügel ergänzt wurde – die Geburtsstunde des Targa.

Mit der Vorstellung des Targas im Rahmen der Internationalen Automobil-Ausstellung 1965 in Frankfurt lieferte Porsche die Antwort auf Kundennachfragen nach einem 356 Cabriolet-Nachfolger und es war die passende Antwort auf Forderungen nach einem Cabriolet-Bann in den USA. Dr. Ferry Porsche soll in Porsche-Anzeigen mit der Aussage zitiert worden sein, dass »kein Cabriolet ohne Bügel ausgerüstet sein sollte«. Porsche nannte den Targa »Das erste Sicherheits-Cabriolet der Welt«.

**Coupé, Targa, Cabrio: Vielseitigkeit gehörte beim 911 zum Konzept.**

Die Entwicklung des Targa bekam Nachdruck durch ein drohendes Verbot für komplett offene Autos in den USA. Dabei gab es zwei zentrale Probleme: die Werkzeugkosten für ein neues Modell und die mangelende Verwindungssteifigkeit, wenn beim Coupé das Dach entfernt wird. Porsche behielt so viele Teile des Coupés wie möglich und integrierte einen Bügel aus Edelstahl. Alle Teile unterhalb der Gürtellinie wurden beibehalten, was Werkzeugkosten sparte, auch wenn die Integration des Überrollbügels einige kleine Verstärkungen am Bodenblech notwendig machte. So konnte ein ausreichend steifer Wagen ohne allzu viel zusätzliches Gewicht entstehen.

Als Leiter der Forschung und Entwicklung ließ Helmuth Bott intensive Tests durchführen, einschließlich eines Sturzes aus der Höhe. Um sicherzugehen, dass der Wagen stabil genug war, wurde einige Verstärkungen eingebaut. Anfang 1966 wurden mit dem weiterentwickelten Targa-Prototyp ausführliche Dauertests erfolgreich durchgeführt. So konnten ihn die Kunden schließlich ab 1968 mit einer Softscheibe hinten bestellen. Porsche meinte, der Targa sei vier Autos in einem, denn es gab vier verschiedene Möglichkeiten, offen und geschlossen unterwegs zu sein. 1969 entfiel die Option der zu öffnenden, soften Heckscheibe. Stattdessen wurde eine beheizbare Scheibe aus Sicherheitsglas verbaut.

Der Targa mit dem herausnehmbaren Dachteil zwischen Frontscheibenrahmen und Überrollbügel war beliebt. Um die Option des Überrollbügels in die Coupé-Karosserieform zu integrieren, vergrößerte Porsche das Rückfenster. Ursprünglich mit einer durch einen Reißverschluss herausnehmbaren Kunststoffscheibe versehen, wurde diese Konstruktion durch eine Glasscheibe ersetzt, die sich bis zur B-Säule zog. So entstand für die Insassen ein luftiges Gefühl. Bei herausgenommenem Dachteil fühlte man sich fast wie in einem richtigen Cabriolet.

**911 Targa in seiner ursprünglichen Form, hier noch mit Kunststoffscheibe und ausstellbaren Dreiecksfenstern.**

Alle frühen Elfer litten unter einer unzureichenden Belüftung im Innenraum. Frühe Targas hatten ausstellbare Dreiecksfenster, Coupés hatten ausstellbare hintere Seitenfenster. Die Belüftung verbesserte sich für alle 911er durch die Einführung von Lüftungsdüsen im Armaturenbrett. Die ausstellbaren Fenster bei Targa und Coupé wurden damit entbehrlich.

Der Targa war etwas Neues und effektiv das erste Cabriolet mit Überrollbügel. Nach dem legendären italienischen Rennen der Targa Florio, an dem Porsche in den 1950er-Jahren erfolgreich teilgenommen hatte, sollte die neue Variante anfangs 911 »Flori« heißen, wurde dann aber auf Vorschlag von Harald Wagner in Targa umbenannt. Der Verkaufsleiter Wagner war der Sohn der Schwester von Ferry Porsches Ehefrau. Wagner kam 1954 zu Porsche und führte ein, dass Neuwagen im Werk an die neuen Eigentümer übergeben werden konnten.

### Cabriolet

Wiederbelebt und gefördert durch Peter Schutz entstand das 911 Cabriolet kurz nach dessen Ernennung zum Vorstandsvorsitzenden im Jahr 1981.

Seit 1963 hatte Porsche Versuche mit einer offenen Ausführung des 911 unternommen. Es gab einen Prototyp ohne festes Dach, mit dem Versuche durchgeführt wurden. Zu den Problemen gehörten, neben der Möglichkeit eines Cabriolet-Verbots auf dem wichtigen Markt in Nordamerika, die Kosten für eine Verstärkung des Fahrzeugunterbaus. So stoppte Ferry Porsche das Projekt. Die Versuche mit dem offenen Prototyp hatten gezeigt, dass der 901 nicht steif genug für diese Karosserieausführung war. Diese Ausgangslage führte zum Targa.

Schutz erinnerte sich später, kurz nachdem er als neuer Vorstandsvorsitzender in Zuffenhausen angetreten war, dass er mit Ferry Porsche sprach und entschied, ein 911 Cabriolet zu entwickeln. Unter Druck schafften es die Entwickler in nur acht Wochen, einen Prototyp des 911 mit faltbarem Dach zu entwickeln. Frontscheibe und A-Säulen blieben unangetastet und damit auch wesentliche Karosserielinien des 911 Coupés. Die neue Version sah geschlossen wie geöffnet gut aus und wie ein typischer 911. Der Cabriolet-Prototyp basierte auf einem Prototyp von 1981, einem

allradgetriebenen 911 Turbo mit breiter Karosserie. Das erste Cabrio war perlweiß lackiert und hatte weiße Ledersitze mit schwarzen Kedern und Zierleisten und trug die Unterschrift von Ferry Porsche auf den Vordersitzen.

Schon bald wurde der Wagen auf der Frankfurter IAA 1981 dem Publikum gezeigt und fand ein ausgesprochen positives Echo. Damit war die Produktion beschlossene Sache. Schon seit den Versuchen von 1963 war klar, dass die Problemzonen des ohne Dach geschwächten Aufbaus beseitigt werden mussten, um die Forderungen von Bott zu erfüllen. Dabei galt der enge, von Schutz vorgebene Zeitplan. So wurde der Versuchsträger laufend verbessert und getestet. Um die Verwindungssteifigkeit des Chassis zu erhalten, wurden Verstärkungen innerhalb der Schweller angebracht, mit denen sich ein Großteil der Verwindungsfreudigkeit ausmerzen ließ. Störende Effekte konnten so verhindert werden und die Türen öffneten und schlossen unter allen Bedingungen so perfekt wie beim Coupé. Als ergänzende Maßnahme erhielt das Cabriolet einen Motor-Schwingungsdämpfer. Das war eine Strebe, die hinten links vom Motor saß und dazu diente, Motorvibrationen über das Fahrgestell zu eliminieren.

Viel Aufmerksamkeit wurde der Gestaltung des Dachs gewidmet. Die Hälfte der Dachstruktur bestand aus gepresstem Stahl. Damit war selbst bei hohen Geschwindigkeiten eine strukturelle Festigkeit gewährleistet, es bot aber auch Schutz im Falle eines Unfalls. Durch Gurte konnte sichergestellt werden, dass sich das Dach bei Geschwindigkeiten über 200 km/h nicht hochwölbte.

**Von Anfang an ein Treffer: Das 911 Cabriolet scharte sofort eine große Fangemeinde um sich und war ein guter Grund für einen Zweit-Porsche.**

Was normalerweise bis zu fünf Jahre gedauert hätte, wurde also in wenigen Monaten erreicht: Schon im März 1982 stand das 911 SC Cabriolet auf dem Genfer Automobilsalon.

Zum Modelljahr 1983 ging das 911 Cabriolet in Produktion – immerhin fast 20 Jahre nach dem ersten Entwurf. Und Schutz hatte völlig Recht behalten, denn Händler und Käufer liebten das Modell sofort. Das Porsche 911 Cabriolet definierte die Käufererwartungen neu, ohne das Porsche-Image anzukratzen. Außerdem war der Wagen ein guter Grund für loyale Porsche-Kunden, sich einen neuen Porsche zu kaufen.

Auf der Motorshow in Schweden 1985 zeigte Porsche ein Cabriolet im Turbo-Look mit abnehmbarem Aluminium-Hardtop. Der Wagen konnte leicht mit einem Coupé verwechselt werden. Laut der Literatur von 1986 wurde das Hardtop auch an Kunden ausgeliefert. Es bestand aus verzinktem Stahl, hatte getöntes Glas wie das Coupé und ließ sich leicht am Cabriolet montieren. Dazu wurden die gleichen Befestigungspunkte wie beim Cabriodach benutzt. Das Hardtop war gefüttert und hatte eine beheizbare Heckscheibe. Die Windgeräusche minimierten spezielle Gummidichtungen.

»Genießen Sie das Beste aus zwei Welten mit dem 911 Cabriolet Hardtop. Es bietet Schutz vor der Witterung wie das Coupé und ermöglicht den gleichen Fahrspaß wie das Cabriolet. Es gibt zwei seitliche Fenster, eine heizbare Heckscheibe, einen Dachhimmel und Innenbeleuchtung. Das Dach besteht aus rostgeschütztem, galvanisiertem Stahl und lässt sich an den gleichen Punkten befestigen wie das Faltverdeck. Es ist verfügbar für Carerra und Turbo-Cabriolets.«

Porsche produzierte für das Cabriolet eine Persenning, mit der sich das geöffnete Verdeck abdecken ließ und die über das Cockpit bis zur Windschutzscheibe reichte, mit ausklappbaren Abschnitten für Fahrer und Beifahrer, wobei die Sitze umgeklappt werden mussten, damit der Bezug passte.

Das manuell umlegbare Verdeck konnte auch elektrisch betätigt werden (Option M439). Das vereinfachte den Vorgang, denn mit Druck auf einen Betätigungsknopf öffnete oder schloss sich das Verdeck innerhalb von 20 Sekunden einschließlich Ver- und Entriegelung.

S-SK 725

# DER ORIGINALE 911 DER BAUREIHEN A BIS F

Die A- bis F-Serie legte den Grundstein für den anhaltenden Erfolg des 911.

## 1963 bis 1973

Nachdem die ästhetische Basis des Porsche 911 gefunden war, folgten Jahr für Jahr schrittweise Verbesserungen. Diese betrafen Hubraum- und Leistungssteigerungen, geringere Emissionen, Fortschritte bei der Kraftstoffzufuhr, Optimierungen bei Handling und Fahrverhalten sowie einen aufgewerteten Innenraum und Detailverbesserungen der Ergonomie.

Ab 1964 kennzeichneten vor allem wachsende Hubräume der Motoren die Weiterentwicklung. Auf den Zweiliter folgten 2,2 und 2,4 Liter, dann 2,7 Liter im Jahr 1972. Gravierende Änderungen erfuhr der 911, als der Dreiliter-Motor eingeführt und ab 1973 auch das Design angepasst wurde. So entwickelte sich der 911 in den ersten zehn Jahren kontinuierlich weiter, womit eine gute Basis für eine langjährige erfolgreiche Zukunft gelegt wurde.

## 911 2.0 Liter

Als der Porsche 911 im Jahr 1963 als Modelljahrgang 1964 auf den Markt kam, hatte sein Triebwerk mit zwei Litern Hubraum ein zweiteiliges Leichtmetall-Kurbelgehäuse aus Aluminiumdruckguss mit Biral-Zylindern (gusseiserne Hülsen und Aluminium-Kühlrippen). Mit seiner überquadratischen Auslegung von 80 Millimetern Bohrung und 66 Millimetern Hub bei einer Verdichtung von 9,0:1 leistete der Motor vom Typ 901/01 95 kW (130 PS) bei 6.100/min. Die Gemischaufbereitung erledigten Solex-Vergaser. Aus dieser Konstellation wurde der Antrieb zwischen 1963 und 1973 von Modell zu Modell verbessert und weiterentwickelt. An der Karosserie änderte sich fast nichts, aber der Radstand wuchs 1969 von den ursprünglichen 2.211 Millimetern auf 2.272 Millimeter.

Zum Modelljahr 1967 erhielt der 911 einen überarbeiteten Motor, dessen Gemisch nun von Weber-Vergasern aufbereitet wurde. Gleichzeitig erweiterte Porsche das Modellangebot, zunächst um den 911 S und dann den 911 T.

Den Modellnamenszusatz »S« wie Super kannten Porsche-Fahrer bereits vom 356 1600 Super und dem Super 90. Der 911 S kam mit einem leistungsgesteigerten Motor, der 117 kW (160 PS) bei 6.100/min erreichte. Dabei blieb das Getriebe unverändert und Porsche bezifferte die Höchstgeschwindigkeit mit 220 km/h (mit Sportomatic: 215 km/h). Bei diesem Modell kamen erstmals die geschmiedeten Fuchs-Felgen aus Aluminium zum Einsatz.

Der 911 T (Touring) stellte das Basismodell der Baureihe dar. Es kamen einige kostenreduzierende Maßnahmen zum Tragen, etwa ein Magnesium-Druckgussgehäuse beim Motor anstelle des

**Der luftgekühlte Heckmotor ermöglichte die aerodynamisch günstige Form.**

Aluminium-Druckguss-Bauteils. Immerhin ließen sich damit zehn Kilogramm Gewicht sparen. Über Weber-Vergaser mit zündfähigem Gemisch versorgt, leistete dieser Motor 80 kW (110 PS) bei 5.800/min.

Der 911 L ersetzte im nordamerikanischen Markt den Standard-911. Um den dortigen Abgasgesetzgebungen Folge zu leisten, wurde Frischluft in die Abgasanlage eingeblasen. Der Motor leistete 95 kW (130 PS) und konnte auch mit der Sportomatic kombiniert werden.

Porsche führte dann die mechanische Kraftstoffeinspritzung ein (Mechanical Fuel Injection, MFI), die eine Weiterentwicklung von Rennmotoren des Motortyps 901 war. Die Bosch-Saugrohreinspritzung arbeitete mit einer Doppelreihen-Sechsstempel-Einspritzpumpe. Zum Modelljahr 1969 ersetzte der 911 E (E für Einspritzung) den 911 L und war damit der erste Serien-911 mit Einspritzung. Er leistete 103 kW (140 PS) bei 6.600/min.

Nach und nach wurden ab Modelljahr 1968 alle Motoren mit 2, 2,2, 2,4 und 2,7 Litern Hubraum mit Kurbelgehäusen aus Magnesium-Druckguss ausgerüstet. Dies gilt nicht für spätere 2,7 Liter Carrera RS-Motoren.

Frühe 911 waren mit runden, verchromten Rückspiegeln bestückt, hatten verchromte Türgriffe mit einen Druckknopf zum Öffnen und Abschließen. Auch das Lüftungsgitter über dem Motor war verchromt, während der Porsche-Schriftzug und die 911-Embleme bis Modelljahr 1966 gülden glänzten.

Bis Modelljahr 1968 lagen die Scheibenwischer in Ruhestellung rechts. Danach befand sich die Ruhestellung vor dem Fahrer, bei Linkslenkern also links und bei Rechtslenkern rechts.

**Das Armaturenbrett des 911 und seine Anzeigen blieb zwischen 1963 und 1989 nahezu unverändert.**

**Der Hubraum des originalen 2-Liter-Sechszylinder-Boxers wuchs auf 2,2, 2,4, 2,7, 3,0 und schließlich 3,2 Liter. Die Turbo-Motoren hatten 3,0 und 3,3 Liter Hubraum.**

### 911 2.2 Liter

Ab Modelljahr 1970 und mit der Einführung des 2,2 Liter großen Motors entfiel das Basismodell und das Angebot setzte sich zusammen aus 911 T, 911 E und 911 S. Im Vergleich zum Zweiliter blieb der Hub mit 66 Millimetern gleich, doch die Bohrung wuchs auf 84 Millimeter, wodurch sich ein Hubraum von 2.195 cm³ ergab. Dabei wechselte auch die Typnummer des Motors von 901 zu 911.

Im 2.2 T hatte der Motor eine Leistung von 92 kW (125 PS) bei 5.800/min. Für diese Ausführung wurde auch die Sportomatic angeboten. Die US-Ausführung verfügte über die zusätzliche Lufteinblasung zur Einhaltung der Abgaswerte.

Im 2.2 S hatte der Motor die mechanische Kraftstoffeinspritzung aus dem 911 E und leistete 114 kW (155 PS) bei 6.200/min. Das Triebwerk konnte mit der Sportomatic kombiniert werden.

Als 2.2 S leistete der 911 132 kW (180 PS) bei 6.500/min. Die Sportomatic wurde hier nicht angeboten. Die Ausführung stand auch auf dem amerikanischen Markt ohne Änderungen zur Verfügung.

### 911 2.4 Liter

Zum Modelljahr 1972 wurde der Motor mit nochmals erweitertem Hubraum in den Versionen 911 T, E und S angeboten. Diesmal war die Bohrung unverändert zum 2,2 Liter und betrug 84 Millimeter. Durch die Verlängerung des Hubs auf 70,4 Millimeter stieg der Hubraum auf 2.341 cm³. Besonderheit dieses Motors war die neu eingeführte Spritzölkühlung der Kolbenhemden bzw. Unterseite der Kolbenböden über Düsen in der Kurbelwelle, wodurch die Schmierung verbessert wurde.

Der Motor im 911 2.4 T bekam sein Gemisch über zwei Dreifach-Fallstromvergaser und leistete 96 kW (130 PS) bei 5.600/min. Als Option wurde die Sportomatic angeboten. Im nordamerikanischen Markt wurden neben der Vergaserausführung auch Einspritzer angeboten.

911 TE – 911 T US-Version mit mechanischer Einspritzung

911 TK – 911 T US-Version mit kontinuierlicher Einspritzung

Im 2.4 E bekam der Motor sein Gemisch über eine mechanische Einspritzung und leistete 121 kW (165 PS) bei 6.200/min. Auch hier war die Sportomatic eine Ausstattungsoption.

Der 2.4 S hatte ebenfalls eine mechanische Einspritzanlage und erreichte eine Leistung von 140 kW (190 PS) bei 6.500/min. Er konnte mit der Sportomatic kombiniert werden. Diese Ausführung war die Basis für den Carrera RS 2.7, der ab Ende 1972 verkauft wurde.

Die Stoßstangenhörner vorn entfielen und das Lüftungsgitter über dem Motor war nun schwarz. Die geänderten Türgriffe hatten nun einen Zughebel an der Innenseite des Griffs und das Schloss war separat montiert. Logo und Schriftzüge waren nun in schwarz gehalten.

Nur beim Modelljahr 1972 wanderte der Öltank ein wenig nach vorn, um die Gewichtsverteilung des Wagens zu verbessern und damit die Handlingeigenschaften. Statt hinter dem rechten Hinterrad war der Tank nun vor ihm verbaut. Passend dazu gab es eine von außen erreichbare Ölklappe, die sich über eine Seilzubetätigung öffnen ließ. Hier konnte auch der Ölstand überprüft werden, ohne die Motorhaube zu öffnen. Schon zum Modelljahr 1973 wurde die Ölklappe wieder abgeschafft, denn es hatte einige Fehlbedienungen gegeben, bei denen Benzin in den Öltank eingefüllt wurde, was man bei Porsche vielleicht schon befürchtet hatte. Heute lassen sich die Fahrzeuge des Jahrgangs 1972 leicht anhand der Ölklappe an der rechten Fahrzeugflanke identifizieren. Sie war aber nicht für immer verschwunden, denn 1987 tauchte die Ölklappe bei beiden Versionen des 959 wieder auf, beim Komfort-959 und bei der Sportausführung.

Der 911 als 2.4 blieb nur zwei Jahre im Programm bis zum Jahrgang 1974 und wurde ersetzt durch Fahrzeuge mit 2,7 Litern Hubraum. Als erstes war der Carrera RS 2.7 mit dem größeren Motor ausgestattet.

**Der 911 Carrera RS trug als erster den Namenszusatz »Carrera« und war zudem das erste Serienfahrzeug mit der Bezeichnung »RS«.**

**Deutschlands schnellster Seriensportwagen!**

# Carrera RS

210 PS
245 km/h
5,8 sek.
von 0 - 100

**Intensive Windkanalversuche zeigten die Effektivität aerodynamischer Hilfsmittel.**

## Carerra RS 2.7 M471

Der Carrera RS 2.7 war der erste 911 mit dem Namenszusatz »Carrera« und der erste Serien-911 mit dem Zusatz »RS«. RS stand nach Porsche-Aussagen für Rennsport. » Der Carrera RS ist ein straßenzulassungsfähiges Modell, das abgeleitet ist von Motorsportausführungen.« Das Modell trug Gene von Piëchs Leichtbau-911 R von 1967 sowie den prominenten Namen aus der Historie und war insgesamt ein Wendepunkt in der Karriere des 911.

Als Weiterentwicklung des 911 S und unter der Bezeichnung Carrera führte Porsche ab 1973 die Bezeichnung 911 SC ein. Der Code »SC« fand sich auch auf dem Typenschild wieder. Der Hubraum stieg von knapp 2,4 auf 2,7 Liter durch die auf 90 Millimeter vergrößerte Bohrung. Nach guten Erfahrungen beim 917-Zwölfzylinder-Rennwagen verwendete Porsche dabei Aluminium Laufbuchsen mit einer Nickel-Siliziumcarbid-Beschichtung (Nikasil), einer Elektrolytbeschichtung mit niedrigen Reibwerten und guter Wärmeableitung. Später hatten alle 911-Zylinder diese Nikasil-Beschichtung.

Mit der Einführung des Carerra RS 2.7 führte Porsche den 911 in eine völlig neue Richtung. Die Entwicklung des Modells begann Anfang 1972. Im Oktober 1972 wurde er der Öffentlichkeit im Rahmen der Pariser Auto Show präsentiert. Zunächst waren nur 500 Fahrzeuge geplant, die dann innerhalb eines

**Die Spoilerlippe vorn und der »Entenbürzel« trugen erheblich zur Verringerung des Auftriebs und zur Stabilität bei hohen Geschwindigkeiten bei.**

Monats verkauft wuden. Also wurden die Produktionsziele verdreifacht. Das begrenzt verfügbare Modell wies zwei Besonderheiten auf, die beide auf die wahre Natur des 911 und die Motorsporterfahrung von Porsche verwiesen. Mit dem Namen »Carrera« erinnerte Porsche an den Erfolg bei dem Straßenrennen Carrera Panamericana und, vielleicht noch eindeutiger, das Kürzel RS, das hier erstmals bei einem straßenzulassungsfähigen Modell verwendet wurde.

Als Weiterentwicklung des 911 S wurde der Carerra RS 2.7 als Sportversion mit der Ausstattung M471 und als Tourenausführung mit der Ausstattung M472 angeboten. Porsche nannte den Carrera RS »zwei Autos in einem, einmal für die Rennstrecke und dann für die Straße«. Die Beschleunigung aus dem Stand auf 100 km/h gab Porsche mit 5,8 Sekunden an und die Höchstgeschwindigkeit mit 245 km/h. So war er der schnellste Serien-911 seiner Zeit und wurde auch beworben als »Deutschlands schnellster Sportwagen«.

Porsche hatte ein paar Bedenken, dass die leistungssarke und leichte, nur rund 900 Kilogramm wiegende Sportausführung für Endkunden vielleicht doch zu radikal sein könnte und baute eine komfortabler ausgestattete Touring-Version. Äußerlich waren sich beide Ausführungen sehr ähnlich. Die Basisversion des »Sport« wies einfache Klebestreifen um die vorderen und hinteren Stoßstangen auf und hatte integrierte Stoßstangenverkleidungen aus Fiberglas am Heck mit freiliegenden Karosserieteilen entlang der unteren Flanken. Vorn auf der Haube gab es das Porsche-Wappen als Aufkleber und einen »Carrera RS« Aufkleber auf der Motorhaube. Beim 75 Kilogramm schwereren »Touring« gab es dicke Gummi- und Chrom-Stoßstangenleisten vorn und hinten, wobei hinten die normalen, verchromten Stoßstangenhörner verbaut waren. Die Marken- und Modellembleme waren aus Metall.

Der Motor vom Typ 911/83 hatte die mechanische Saugrohreinspritzanlage mit einer Bosch Sechsstempel-Einspritzpumpe. Er leistete 155 kW (210 PS) bei 6.300/min und kam bei einer Bohrung von 90 Millimetern auf einen Hubraum von 2.687 cm³. Insgesamt wurden 1.580 Fahrzeuge hergestellt, davon 1.308 Touring (M472), 200 Sport (M471), 55 RSR und insgesamt 17 Fahrzeuge für die Homologation. Ein Erkennungsmerkmal sind die hinteren Radhäuser, die geringfügig von 1.610 auf 1.652 Millimeter erweitert worden waren, um breitere Räder beherbergen zu können. Ein anderes, auffälligeres Detail war der Heckspoiler, der bald den Spitznamen »Entenbürzel« bekam. Den hatten die Aerodynamikexperten Tilman Brodbeck und Hermann Burst zusammen mit Designer Rolf Wiener entwickelt, um die Abtriebskräfte zu verbessern. Spätere 911 orientierten sich am Bürzel für eine verbesserte Aerodynamik. Er wurde als deutsches Patent Nr. 2238704 im August 1972 angemeldet:

*»Die Erfindung betrifft einen Personenkraftwagen mit einem – vorzugsweise zwischen Seitenwänden montierten – Heckspoiler und einer aerodynamischen Vorrichtung im Heckbereich zur Erhöhung des dynamischen Abtriebs an den Hinterrädern. Ziel der Erfindung ist es, eine hochwirksame aerodynamische Vorrichtung zur Erhöhung des Hinterachsabtriebs eines Personenkraftwagens bzw. zur Reduzierung des Auftriebs im Hinterachsbereich während der Fahrt bereitzustellen. Allerdings sollte diese Vorrichtung auch an der richtigen Stelle im Heck des PKWs eingebaut werden. Dies wird erfindungsgemäß dadurch erreicht, dass die Vorrichtung mit der hinteren Motorabdeckung zu einer Einheit verbunden wird, die sich über die Gesamtbreite erstreckt und über einen wesentlichen Teil der hinteren Motorhaube in Fahrzeuglängsrichtung hinausragt.«*

Um dem Auftrieb wie beim normalen 911 entgegenzuwirken, entwickelten die Aerodynamiker entsprechende Hilfen. Der Bürzel wurde zum Modelljahr 1973 eingeführt, wurde für den Carrera RS 3.0 und den 911 Turbo vergrößert, gab ab Modelljahr 1978 Raum für den Ladeluftkühler und wurde schließlich zum Modelljahr 1984 für die ausschließliche Verwendung am Carrera 3.2 gestrafft. Porsche hatte den 911 bereits mit Spoilerlippen an der Front ausgestattet. Die Kombination mit dem Heckspoiler reduzierte den Auftrieb und verbesserte die Stabilität bei hohen Geschwindigkeiten erheblich. Der Carrera RS 2.7 war daher ein wichtiger aerodynamischer Fortschritt für den 911.

Im Oktober 1972 homologierte Porsche den Carrera RS für Gruppe-3-Wettbewerbe für Serien-Tourenwagen (FIA Homologation Nr. 3053), wofür mindestens 1.000 Fahrzeuge gebaut werden mussten. Der Carrera RS wurde auch für die Gruppe 4 für Spezial-Tourenwagen homologiert (FIA Homologation Nr. 637), wofür mindestens 500 Fahrzeuge gebaut sein mussten. Dabei führte Porsche den Carrera mit der Fahrgestellnummer 911.360.001 mit dem amtlichen Kennzeichen LEO-ZA 63 für beide Fälle vor. Der Wagen hatte die großen Radhäuser hinten, den Bürzel hinten und Stoßfänger aus Glasfaser, brachte 900 Kilogramm auf die Waage und leistete 210 PS bei 6.300/min. Das Kurbelgehäuse soll statt aus Magnesium aus Aluminium bestanden haben. Die Homologation wurde unter der Nummer 3.053 15/4E geändert, wobei der Hubraum auf 2.992,55 cm³ erhöht wurde, um 500 Fahrzeuge des Carrera RS 3.0 für die Gruppe 4 der Spezial-Tourenwagen zu legalisieren, wobei auch verschiedene Modifikationen vorgenommen wurden, darunter auch Änderungen an der Front- und Heckpartie für den RSR.

Der Carrera RS 2.7, der von vielen Liebhabern als der maßgeblichste 911 angesehen wird, war ein bedeutendes Modell in der Geschichte des 911 und bildete die Grundlage für alle nachfolgenden 911.

**Nonplusultra: Die Sportausführung des Carrera RS mit aufgeklebter Marken- und Modellbezeichnung.**

Carrera RS

HELLA

# DIE ZWEITE ENTWICKLUNGSSTUFE 1973 BIS 1989

### IAA Frankfurt 1973

Sein neues »G«-Modell des 911 präsentierte Porsche auf der IAA in Frankfurt im September 1973. Für Aufsehen sorgte der Auftritt durch die intensive violette Farbgebung mit farblich dazu passenden Fuchs-Felgen, den neuen Stoßfängern vorn und hinten sowie den größeren Radhäusern, wie sie vom Carrera 2.7 RS bekannt waren. Neben diesen überarbeiteten Elfern stand auch noch ein silberner 911 Turbo als Prototyp, ebenfalls mit geänderten Stoßfängern sowie dem weiterentwickelten Heckspoiler.

Topmodell der neuen 911-Palette war der Carrera 2.7 mit violetter Perlmetallic-Lackierung, der jedoch ohne Spoiler auskommen musste, weil die deutsche Zulassungsbehörde ihre Zustimmung dazu verweigert hatte. Dieser Carerra hatte verchromte Nebelleuchten vorn, schwarze Zierleisten und Außenspiegel sowie farblich passende Fuchs-Felgen und Scheinwerferringe. Die Flanken zierte eine Porsche-Schriftzug.

Der 911 war erwachsen geworden und sollte ab dieser ersten Vorstellung bis 1989 optisch weitgehend unverändert bleiben.

**Die G-Serie des 911 tritt deutlich aus dem Schatten des 901 heraus.**

### Eine neue 911-Ära

In der Entwicklung des 911 war das Modelljahr 1974 von herausragender Bedeutung. Es sollte die Basis für die nächsten zehn Jahre sein. Nach der Einführung des 2,7-Liter-Motors im Carrera RS 2.7 zum Modelljahr 1973 erhielten auch die anderen 911-Modelle diesen neuen Motor zum Modelljahr 1974, es wurde aber auch der Motor mit 3,0 Litern eingeführt.
Zeitgleich mit der Einführung des 2,7-Liter-Triebwerks erhielt das G-Modell die markantesten und in der Tat umstrittensten ästhetischen Merkmale: die Stoßfänger mit den Faltenbälgen.

Das Design entwickelte die Porsche Designabteilung unter der Leitung von Anatole Lapine, der für die Gestaltung aller Porsche-Modelle bis zu seinem Ausscheiden im Jahr 1988 verantwortlich zeichnete. Die Stoßfänger verkrafteten niedrige Aufprallgeschwindigkeiten ohne Beschädigung und fügten sich ins Design des 911 ein.

Notwendig waren die geänderten Stoßfänger aufgrund der US-amerikanischen Sicherheitsbestimmungen. Mit der innovativen und technisch funktionalen Lösung ließen sich die Anforderungen an amerikanische Crashtests erfüllen und wären ohne diese vermutlich nie eingeführt worden. Aus ähnlichen Gründen war 1964 der Targabügel entstanden. Zu den weiteren äußeren Änderungen zählte auch die hintere Blende zwischen den Rückleuchten mit Porsche-Schriftzug sowie die im Stoßfänger vorn integrierten Blinkleuchten. Die neuen Stoßfänger änderten wenig am Original-Design des 911. Erst mit der Einführung des 964 ab 1989 wurde es grundlegend überarbeitet.

Die Integration der stärkeren Stoßfänger und Schürzen vorn sowie niedrigeren Schweller- und Schürzenverkleidungen am Heck wurde mit viel Fingerspitzengefühl ausgeführt. Ursprünglich war der 911 ab 1963 mit Rundum-Stoßstangen ausgestattet, die unauffällig wirkten. Vorn wurden die neuen Stoßfänger auf der Höhe der bisherigen Blinkleuchten angebracht. Die Rundung der vorderen Haube wurde gekürzt und zeigte so mehr Kante. Eine flexible Dichtung stellte die Verbindung zwischen Haube und Stoßfänger her. Die Lufteinlässe entfielen und die Blinker wanderten in den Stoßfänger. Am Heck wurde die Unterkante der Rückleuchten als Oberkante des Stoßfängers beibehalten. Dabei entfielen die Stoßstangenhörner und die Aussparung für das Nummernschild in der Karosserie. An ihre Stelle trat ein »Logostreifen«, der die Rücklichter über das gesamte Heck des Fahrzeugs verband. Nur hinten gab es dann dicke Gummihörner als funktionales Pendant zu den ursprünglichen. Dazwischen blieb Platz für das Nummernschild. Den Anschluss vom Stoßfänger zur Karosserie schafften die Faltenbälge.

Porsche nannte die bis 1989 gebaute, zweite Evolutionsstufe des 911 G-Serie, die trotzdem die intern verwendeten Codes von G bis N trug.

Gebaut in der 16-jährigen Produktionszeit von September 1973 bis 1989, gab es die Modelle 2.7, 2.7 S, Carrera 3.0, Carrera RS 3.0, Turbo, SC, 959 und schließlich den Carerera 3.2. In diese Periode fällt auch die Vorstellung des großartigen 930.

**Die G-Serie des 911 für 1974 bestand aus dem 2.7 Targa, dem 2.7 S Coupé und dem 2.7 Carrera Coupé, hier mit Stahl-, Guss- und Schmiedefelgen. Auffallend der Entenbürzel und die seitlichen Carrera-Schriftzüge beim rechten Coupé.**

PORSCHE
PORSCHE

**Druckvoller Auftritt: Zum Modelljahr 1975 erscheint der erste 911 mit Turboaufladung und 930-Motor mit drei Litern Hubraum.**

Der nur für den US-amerikanischen Markt im Modelljahr 1976 hergestellte 912 E mit einem knapp 90 PS starken Vierzylinder-Zweiliter-Boxermotor war eine andere Entwicklung, die zwar alle optischen Merkmale des 911 trug, aber dennoch nicht als ausgewiesener 911 gilt.

## Die G-Serie

Elf Jahre nach seiner Konzeption machte der 911 einen großen Sprung nach vorn. Er reifte, trat aus dem Schatten des 901 heraus und wurde ein anerkannter, moderner Sportwagen. Zum Modelljahr 1974 wurde die neue G-Serie mit ihren größeren Radhäusern und kräftigeren Stoßfängern zu einer starken Basis und setzte Maßstäbe für die Markenidentität bis zum Bauzeitende 1989.

Trotz der im Sprachgebrauch üblichen Bezeichnung als G-Serie oder G-Modell als Referenz an die äußerlichen Änderungen im Vergleich zum Vorgänger, änderten sich die Porsche-internen Codes für die Modelle von »G« zu »N«, wobei das »J« ausgelassen wurde. Zum Modelljahr 1980 lautete der Code dann »A« und wurde bis »K« für das Modelljahr 1989 in Übereinstimmung mit der ISO (International Standards Organisation) zur Bezeichnung des Modelljahres weitergeführt, wobei das »I« nicht verwendet wurde.

Die 911-Evolution von Modelljahr 1974 bis zum Jahrgang 1989 kann als eigene Ära bezeichnet werden. Dabei entstanden einige der besten 911-Modelle überhaupt. In diese Zeit fallen fünf herausragende Fahrzeuge.

1. Mj 1974 – Carrera 2.7 MFI
2. Mj 1975 – 911 Turbo
3. Mj 1976 – Carrera 3.0
4. Mj 1984 – Carrera 3.2
5. Mj 1987 – 959

Diese fünf Modelle zeigen den Fortschritt beim 911 deutlich. Dabei spielte die Bezeichnung »Carrera« eine wichtige Rolle, wie auch die des »Turbo« sowie die Entwicklung des 959 Twin-Turbo.

### Typ 930

Mit der Entwicklung des 930-Motors erreichte der 911 drei Liter Hubraum und wurde erstmals per Turbo aufgeladen. Als erstes Modell wurde der Carrera RS 3.0 mit dem Dreiliter-Triebwerk als vielleicht wahrer Nachfolger des Carrera RS 2.7 eingeführt. Der aufgebohrte Motor trug zunächst weiter die Typbezeichnung »911«, obwohl er volle drei Liter Hubraum hatte, doch ihm folgte schnell der Typ 930 in Form des 911 Turbo, der ein neues Leistungsniveau erschloss.

Die ersten Serien-911 mit Saugmotor des Typs 930 kamen zum Modelljahr 1976 als Carrera 3.0 auf den Markt. Sie sollten die Basis für alle nachfolgenden 911 werden. Nach nur zwei Jahren Bauzeit wurde er zum Modelljahr 1980 durch den SC ersetzt, der alle typischen 911-Eigenschaften bestens kombinierte. Porsche bezeichnete den SC als »den Klassiker unter den weltweit erfolgreichsten Sportwagen der Welt«. Er sollte weltweit ohne Änderungen verkauft werden, selbst in den USA. Als gelungene Weiterentwicklung übernahm der SC die Bezeichnung »Super Carrera«, die man eigentlich 1972 für den Carrera RS 2.7 eingeführt hatte. Damals ging Porsche davon aus, dass man den SC bis 1981 anbieten und die Baureihe danach einstellen würde. Und obwohl er der ultimative 911 war, verzichtete man auf eine Weiterentwicklung. Veränderungen im Management der Firma und die Einsetzung von Peter Schutz als Vorstandsvorsitzenden sorgten dann dafür, dass der 911 bis 1989 weiter gebaut wurde, bevor der 964 die Bühne betrat.

Der 912 E wiederum glich zwar seinen Stallgefährten, war technisch aber speziell für den US-Markt entwickelt worden. Zum Modelljahr 1976 erschien er mit einer spezifischen Fahrgestellkennung und dem Vierzylinder-Boxermotor mit zwei Litern Hubraum vom Typ 923. Das »E« stand wie beim 911 E von 1969 für die Gemischaufbereitung mittels Einspritzanlage. Die über Stirnräder angetriebene Nockenwelle betätigte über Stoßstangen V-förmig hängende Ventile. Die Gemischaufbereitung besorgte die Bosch-K-Jetronic. Mit rund 66 kW (90 PS) lag die Höchstgeschwindigkeit bei 177 km/h. Der 912 E war das letzte luftgekühlte Vierzylinder-Serienmodell von Porsche.

Während Porsche die 911-Baureihe scheinbar auslaufen ließ, wurde der 911 Turbo weiterentwickelt. Zum Modelljahr 1978 und parallel zur Einführung des 911 SC entstand der 911 Turbo 3.3, dessen Turbo nun mit einem Ladeluftkühler versehen war und so auf eine Leistung von 300 PS kam. Er galt laut RAC (Royal Automobile Club) als das am schnellsten beschleunigende Serienauto der Welt und erreichte die 100-km/h-Marke aus dem Stand nach 5,5 Sekunden.

911 SC und 911 Turbo wurden bis 1983 gebaut. Dann erhielt der Typ 930 eine Überarbeitung und der Carrera mit 3,2 Litern Hubraum erschien. Beide Versionen waren dann bis 1989 im Programm.

Der 1984 eingeführte Carrera 3.2 sollte der letzte Porsche mit der Chassiskennung 911 sein. Er gilt als der ausgereifteste und beste 911 aus Zuffenhausen. Er hatte eine umfassende sechsjährige Produktionszeit mit der höchsten Anzahl an Varianten, wie es sie

911 Carrera 2.7 (1974)

911 Carrera 3.2 (1984)

959 (1987)

bei früheren 911 nicht gegeben hatte. Porsche brachte damit eine Baureihe auf den Markt, die die Grenzen des 911 endgültig und vollständig auslotete.

Während der gesamten Bauzeit des 911 hat Porsche das Modell kontinuierlich weiterentwickelt und verbessert. Es steht somit für sechsundzwanzig Jahre exzellentes Design und technische Brillanz.

### Typ 959

Den technolgisch fortschrittlichsten 911 der Geschichte stellte Porsche mit dem Modell 959 vor.

Die für Wettbewerbe konzipierte Basis des Modells 953 mit Allradantrieb wurde mit dem 959 erstmals öffentlich im Rahmen der IAA in Frankfurt 1983 gezeigt. Dieser Prototyp des 911 war als Wettbewerbsfahrzeug für die Gruppe B gedacht. Aufgebaut um den Sechszylinder-Boxermotor vom Typ 930, hatte der 959 dann 2,85 Liter Hubraum, Twin-Turbos und flüssigkeitsgekühlte Zylinderköpfe sowie eine Leistung von gut 400 PS.

Unter der Leitung von Helmuth Bott geriet der 959 zu einer Entwicklungsplattform für viele dringend zu erledigende Aufgaben. Bott schuf damit einen Über-911, der von vielen als Basis für alle modernen Autos angesehen wird, und der nicht entstanden wäre, wenn es den 911 nicht gegeben hätte.

### Sondermodelle

Während der Bauzeit der G-Serie präsentierte Porsche sechs Sondermodelle (Spezial oder Limited Edition), jeweils zwei mit 2,7, 3,0 und 3,2 Litern Hubraum. Sie stehen für besondere Ereignisse oder Geburtstage.

- ▷ Zum 25-jährigen Geburtstag von Porsche »Fahren in seiner schönsten Form«, also für die Zeit von 1949 bis 1974, bot Porsche den 911 und 911 S zum Modelljahr 1975 als Silberne Jubiläumsausgabe an.
- ▷ Ein zweites Sondermodell wurde zu Ehren von Prof. Ferdinand »Ferry« Porsche aufgelegt als 911 2.7 Signature Edition. Er basierte auf dem 911 S und wurde im Modelljahr 1976 vorgestellt. Er blieb dem nordamerikanischen Markt vorbehalten.
- ▷ Mit dem dritten Sondermodell wurde das Porsche-Testzentrum in Weissach gewürdigt. Der 911 SC »Weissach« wurde zum Modelljahr 1980 vorgestellt.
- ▷ Mit dem vierten Sondermodell feierte Porsche den 50. Geburtstag der Marke. Das 911 SC Jubiläumsmodell zählt zum Modelljahrgang 1982.
- ▷ Zum Erreichen des 250.000. gebauten 911 im Jahr 1987 brachte Porsche einen Carrera mit dem Zusatz »Jubiläums-Edition« zum Modelljahr 1988 als fünftes Sondermodell heraus.
- ▷ Als sechstes Sondermodell feierte Porsche mit einer Geburtstags-Edition 25 Jahre Fertigung des 911 (1963 – 1988) bei einem Fahrzeug des Modelljahrgangs 1989.

Alle Sondermodelle mit begrenzter Auflage hatten spezielle Lackierungen und besondere Innenausstattungen. So trugen das zweite und vierte Sondermodell Faksimile-Schriftzüge von Ferry Porsche.

**Einzigartig und unverwechselbar: die Silhouette des 911.**

# 911 2.7

### Modelljahr 1974

Ende 1973 brachte Porsche das G-Modell des Jahrgangs 1974 in drei Ausführungen heraus, als 911, 911 S und Carrera.

Mit dem von 2,4 auf 2,7 Liter erweiterten Hubraum leistete das G-Modell in seiner Baisversion 110 kW (150 PS). Der 911 S kam auf 129 kW (175 PS) dank seiner von 8,0:1 auf 8,5:1 erhöhten Kompression. Für die Gemischaufbereitung sorgte die antriebslose, kontinuierliche Saugrohreinspritzung Bosch K-Jetronic, dank der sich die amerikanischen Abgasvorschriften erfüllen ließen.

Als stärkster im Bunde präsentierte sich der Carrera, der zwar das Kürzel RS nicht mehr trug, aber mit dem gleichen Motor vom Typ 911/83 ausgerüstet war. Er leistete 154 kW (210 PS) und verfügte über die mechanische Saugrohreinspritzung mit Bosch Sechsstempel-Einspritzpumpe. Trotz des fehlenden Kürzels »RS« entsprach der 1974er Carrera dem Vorgänger weitgehend, war aber mit den geänderten Stoßfängern ausgestattet. Den Entenbürzel-Heckspoiler gab es als optionales Extra, später dann den flachen Flügel vom 3.0 Turbo. Nur auf dem amerikanischen Markt war das Modell mit der kontinuierlichen Saugrohreinspritzung wie beim 911 S bestückt.

Für Fahrzeuge des Modelljahrgangs 1974 standen drei Getriebe zur Wahl: eine Vier- oder Fünfgang-Handschaltung oder die Viergang-Sportomatic. Ein Jahr später gab es wahlweise eine Viergang- oder Fünfgang-Handschaltung für den 911 und den Carrera. Der 911 S konnte außerdem mit der Viergang-Sportomatic geordert werden. Im nordamerikanischen Markt standen alle Getriebeoptionen für die drei Versionen zur Verfügung. Wagen des Jahrgangs 1976 konnten neben der Handschaltung mit vier oder fünf Gängen auch mit Dreigang-Sportomatic ausgerüstet werden, die mit mechanischem oder elektronischem Tachometer kombiniert waren In Japan gab es 911 und 911 S mit Fünfgang-Getriebe und elektronischem Tacho. 1977 hatten 911 und 911 S ein manuelles Fünfgang-Getriebe ohne Kupplungsfeder, wahlweise auch Viergang- oder Fünfgang-Getriebe mit Kupplungsfeder. Ersatzweise konnte die Dreigang-Sportomatic geordert werden. Für Nordamerika und Japan kam beim 911 S auch die Dreigang-Sportomatic zum Einsatz. Zum Einbau dieses Getriebetyps musste das Motorgehäuse um Befestigungslaschen ergänzt werden, worauf geänderte Motortypnummern hinweisen.

Unterscheiden lassen sich die drei 911 anhand von Details. So hat der 911 die 1.610 Millimeter schmale Karosserie und Stahlräder mit verchrohmten Radkappen. Der 911 S mit ebenfalls schmaler Karosserie rollte auf fünfspeichigen Aluminiumrädern. Der mit 1.652 Millimetern breitere Carrera war mit Fuchs-Felgen bestückt. Alle drei verfügten nur über einen, verchromten Außenspiegel und trugen ein 2.7-Zeichen am Lufteinlass über dem Motor. Es gab alle drei sowohl als Coupé als auch als Targa.

911 und 911 S waren ab Werk ausgestattet mit einem neuen Lenkrad mit 400 Millimetern Durchmesser und einem länglichen Deckel in der Mitte sowie dem Porsche-Schriftzug in der rechten unteren Ecke. Im Carrera hatte das Lenkrad 380 Millimeter Durchmesser und eine große kreisförmige, gepolsterte Abdeckung mit dem Stuttgarter Wappen in der Mitte. Diese Ausführung des Lenkrades wiesen dann alle Carrera bis zum Modelljahr 1985 auf.

**Zusammen mit dem 2,7-Liter-Motor wurden im Modelljahr 1974 auch die nicht unumstrittenen Faltenbälge in den vorderen und hinteren Stoßfängern eingeführt.**

Carrera
MBX-24

**Mit dem als Extra bestellbaren »Entenbürzel« nahm der Carrera 2.7 die Linie seines Vorgängers auf.**

## 911 2.7

Verbesserungen am Motor sorgten für die Einhaltung zunehmend strengerer Emissionsvorschriften. Der Motor mit 2,7 Litern wurde in den Jahren von 1974 bis 1977 verbaut.

Im 911 des Jahrgangs 1974 steckten Motoren mit der Typbezeichnung 911/92. Kombiniert mit der Sportomatic hieß der Typ 911/97. Die Leistung betrug 110 kW (150 PS).

Fahrzeuge des Modelljahrgangs 1975 hatten Motoren vom Typ 911/41 oder, mit Sportomatic, vom Typ 911/46. Die Leistung betrug weiterhin 110 kW (150 PS).

Bei den Jahrgängen 1976 und 1977 kam der Motortyp 911/81 zum Einsatz. Mit Sportomatic war es dann Typ 911/86. Die Leistung lag nun bei 121 kW (165 PS). Im japanischen Markt wurde 1976 der Motortyp 911/41 eingesetzt.

## 911 S 2.7

Der 911 S 2.7 wurde von 1974 bis 1977 gebaut. Der Jahrgang 1974 des 911 S hatte einen Motor vom Typ 911/93, mit Sportomatic Typ 911/98. Die Leistung betrug 129 kW (175 PS).

Autos des Jahrgangs 1975 wiesen Motoren vom Typ 911/42 auf, bei Sportomatic Typ 911/47. Die Nennleistung blieb unverändert. Im nordamerikanischen Markt wurde der Motortyp 911/43 verwendet, mit Sportomatic Typ 911/48. Die Nennleistung wurde mit 121 kW (165 PS) angegeben. Außer in Kalifornien, denn hier setzte man den Motortyp 911/44 ein, bei Sportomatic 911/49. Die Nennleistung betrug hier 118 kW

**Der Motor eines 911 Carrera 2.7.**

(160 PS). 1976 wurde der 911 S durch den Carrera ersetzt, jedenfalls in den Rest-of-World-Märkten.

Ab Modelljahr 1976 gab es den 911 S nur noch in Nordamerika und Japan. In Amerika und Kanada kam der Motortyp 911/82 zum Einsatz, bei Sportomatic Typ 911/89. Die Leistung betrug 121 kW (165 PS). Anders in Kalifornien, wo der Motortyp 911/84 verbaut wurde. In Japan dagegen war der Motortyp 911/81 installiert, bei Sportomatic Typ 911/86. An der Leistung änderte sich jedoch nichts.

In nordamerikanischen Wagen des Modelljahrgangs 1977 ist der Motortyp 911/85 verbaut, bei Sportomatic der Typ 911/90, jeweils mit unverändert 121 kW (165 PS) wie auch bei den japanischen Ausführungen, die jedoch Motortyp 911/94 (Sportomatic: Typ 911/99) tragen.

## Carrera 2.7

Der Carrera 2.7 wurde in den Modelljahren 1974 und 1975 angeboten, inoffiziell auf Wunsch auch 1976.

Die Carrera des Jahrgangs 1974 hatten einen Motor vom Typ 911/83 mit mechanischer Einspritzung und 154 kW (210 PS) Leistung. Nordamerikanische Fahrzeuge waren mit dem Motortyp 911/93 ausgestattet, bei Sportomatic mit Typ 911/98. Deren Leistung betrug jedoch nur 129 kW (175 PS).

Auch Carreras des Jahrgangs 1975 verfügten über den Motor vom Typ 911/83 mit mechanischer Einspritzung und 154 kW (210 PS) Leistung. In nordamerikanischen Wagen wurde der Motortyp 911/43 verbaut, mit Sportomatic dann Typ 911/48. Deren Leistung betrug 121 kW (165 PS). In Kalifornien kam der Motortyp 911/44 zum Einsatz,

**Mit dem silbernen 911-S-Sondermodell feierte Porsche 1974 das 25-jährige Jubiläum der Produktion in Zuffenhausen.**

**Das Interieur des Silber-Jubiläumsmodells bestach durch eine besondere Stoff-Lederbezüge.**

bei Sportomatic Typ 911/49. Diese Motoren leisteten 118 kW (160 PS). Der Carrera 2.7 wurde zum Modelljahr 1976 durch den Carrera 3.0 ersetzt, jedenfalls in den sogenannten Rest-of-World-Märkten.

Die etwas leistungsschwächeren Carrera 2.7 mit der kontinuierlichen Saugrohreinspritzung und geringerer Leistung wurden für den nordamerikanischen Markt hergestellt. Sie erfüllten mit der verwendeten K-Jetronic die strengeren Emissionsvorschriften.

### Carrera 2.7 Sondermodell

Porsche fertigte eine begrenzte Anzahl von Carreras des Jahrgangs 1976 mit mechanischer Saugrohreinspritzung nur für den europäischen Markt. Sie wurden aber nie offiziell beworben und angeblich inoffiziell verkauft. Der Motor vom Typ 911/83 mit 2,7 Litern Hubraum und 154 kW (210 PS) bei 6.300/min blieb gegenüber früheren Carrera 2.7 unverändert. Damit sollten Kunden angesprochen werden, die sich als Alternative zum neuen Carrera 3.0 mehr Leistung wünschten.

So war das Sondermodell die Fortsetzung des Carrera 2.7, aber mit den neuen Stoßfängern, einem Frontspoiler und dem großen Heckflügel vom 911 3.0 Turbo sowie den größeren Radhäusern. Damit glichen sich der Carrera und der 911 3.0 opisch, doch ersterer war stärker.

In jedem Fall war dies der letzte Serien-911 mit der mechanischen Saugrohreinspritzung. Es entstanden nur 123 Exemplare.

### Silber-Jubiläumsausgabe

1974 feierte Porsche das 25-jährige Produktionsjubiläum. Zum Jahrgang 1975 bot Porsche daher den 911 und 911 S als Silber-Jubiläums-Ausgabe an, um das »Fahren in seiner schönsten Form« zu feiern.

So kam erstmals ein Porsche 911 zur Feier eines besonderen Anlasses auf den Markt. Im Jahr 1949 begann die Porsche KG mit der Fertigung des Modells 356 in Stuttgart, nachdem man aus Gmünd in Österreich zurückgekehrt war. Etwa sieben Jahre später rollte 1956 der zehntausendste 356 vom Band. 1962, also sechs Jahe später, waren 50.000 Porsche komplettiert. Ein Jahr später debütierte der 911 und weitere elf Jahre später waren eben 25 Jahre Automobilproduktion bei Porsche vollendet.

**Moderner Sportwagen trifft zeitgenössische Hosenmode: ein 911 Carrera 2.7 Coupé des Modelljahrs 1975 in US-Ausführung (l.) und ein 911 Carrera RS 3.0 am Porsche Werk 7 in Ludwigsburg.**

Gebaut wurden dann genau 1.063 Fahrzeuge, lackiert in Diamantmetallic-Silber und mit speziellem Teilleder-Interieur. Sie hatten auch als 911 und 911 S das Dreispeichen-Lenkrad des Carrera. Die Fahrzeuge trugen eine nummerierte Erinnerungsplakette am Armaturenbrett und einen Aufkleber mit der Beschriftung »25 Jahre Fahren in seiner schönsten Form, 1949 – 1974«. Zudem klebte ein Bild des neuen dreispeichigen Lenkrads am Fenster.

### Signature Edition 2.7

Angeregt durch die Arbeit seines Vaters, initiierte und leitete Ferdinand »Ferry« Porsche die Entwicklung des 356, eines Sportwagens, der auf dem Entwurf seines Vaters zum VW Käfer basierte. Daraus entwickelte sich einer der geachtetsten Automobilhersteller der Welt. »Ich suchte nach dem Auto meiner Träume und konnte es nicht finden. Also entschied ich mich, es selbst zu bauen«, soll er gesagt haben. Nach dem Erfolg des 356 entwickelte er neue Ideen, die schließlich zum 911 führten, der 1963 vorgestellt wurde. Zu Ehren von Ferry Porsche wurde schließlich Ende 1975 der spezielle 911 2.7 Signature Edition vorgestellt.

Mit einer begrenzten Auflage von angeblich nur 200 Fahrzeugen, davon 100 Coupés und 100 Targas, wurde die Signature Edition zum Modelljahr 1976 exklusiv für Nordamerika herausgebracht. Lackiert in Platin-Diamantmetallic mit hellbraunem und schwarzem Interieur, hellbraunen Teilleder-Sitzbezügen mit beigen Tweed-Einsätzen, einem zweifarbig hellbraunschwarzem Armaturenbrett, einem speziellen Lenkrad mit farblich passendem, hellbraunen Kranz sowie dem Faksimile von Ferry Porsches Unterschrift als Ersatz für das Porsche-Logo zeichneten diese Version aus.

### Der Fuhrmann 911

Dieser einzigartige 911 2.7 war seiner Zeit voraus. 1974 war dieser Werkstestwagen mit Dreilitertriebwerk und Bosch-K-Jetronic, Fünfgang-Getriebe und großem Turbo-Heckflügel unterwegs. Den Wagen mit schwarz-gelber Innenausstattung nutzte Fuhrmann zwischen 1974 und 1976. Sehr wahrscheinlich war dieses Auto ein Versuchsträger für den Carrera 3.0, der zum Modelljahr 1976 herausgebracht wurde.

Das »Tablett« ersetzte den klassischen Bürzel.

S-AY 2511
PORSCHE
Carrera

# 911 CARRERA RS 3.0

**Modelljahr 1974**

Als etwas Besonderes kann die Modelleinführung des Carrera RS 3.0 gelten. Die in begrenzter Auflage ab Modelljahr 1974 produzierte Version ist eng verwandt mit dem Carrera RS 2.7 und trug gleichfalls die Carrera- und RS-Insignien. Wie der 911 ST von 1970 kam er mit der verbreiterten Karosserie daher, die dann für alle 911 Standard wurde. Es war der Beginn der Dreiliter-Motoren-Ära.

Der Motor vom Typ 911/77 mit drei Litern Hubraum leistete 170 kW (230 PS) bei 6.200/min und übertrug seine Kraft mittels Fünfganggetriebe an die Hinterräder – ein brachialer 911, der Porsche die RSR-Homologationsplattform auch für die International Race of Champions (IROC)-Serie in den Jahren 1973/1974 lieferte.

**Rohe Gewalt: Der erste 3-Liter-911 kam 1974 in Form des Carrera RS 3.0.**

Eine von 90 auf 95 Millimeter vergrößerte Bohrung sorgte bei gleichbleibendem Hub von 70,4 Millimetern für einen Hubraum von 2.994 $cm^3$. Technisch gesehen war das der erste Motor vom Typ 930, obwohl er weiterhin als Typ 911 geführt wurde. Er bildete die Basis für alle Motoren vom Typ 930 bis zum Bauzeitende 1989.

Vor allem als Homologations-Version für die FIA entwickelt, begann der Dreiliter-Boxer ab Modelljahr 1974 seine Karriere auf der Straße. Die ursprüngliche Homologation des Carrera RS unter der Nummer 3053 wurde unter der Ziffer 15/4E auf den Dreiliter-Carrera RS erweitert. Die Chassisnummer 911460 9001 wurde im Modelljahr 1973/74 mit dem 230-PS-Motor mit einer Höchstgeschwindigkeit von 250 km/h gemessen. So erschien der Carrera RS mit dem Breitbau, leichten glasfaserverstärkten-Stoßfängern vorn und hinten und einem Heckflügel wie beim 911 Turbo ohne Ladeluftkühler. Es gab ein Dreispeichen-Lenkrad und gelochte, belüftete Bremsscheiben. Die Homologation wurde erweitert, um zusätzliche Veränderungen am Carrera bis 1978 für Wettbewerbsfahrzeuge der Gruppe 4 zu legalisieren. Es wurden größere Frontspoiler und Heckflügel entwickelt,

PIRELLI

Kotflügelverbreiterungen aus GFK mit Lufteinlässen zur verbesserten Kühlung. Man homogierte die Veränderungen bei der FIA unter der Nummer 3053/14/11V. Im FIA-Dokument 3053 sind ebenfalls größere Radhäuser vorn und hinten wie bei den Breitbau-911 dokumentiert.

Nach den Regeländerungen für die Sportwagen-Weltmeisterschaft konnte Porsche den 917 nicht mehr im Wettbewerb einsetzen. Porsche entwickelte daher den Gruppe-4-911, den Carrera 3.0 RSR. Durch die Erfahrungen mit den Le-Mans-Siegerautos der Jahre 1970 und 1971 kannte sich Porsche mit Hubraumerweiterungen und dem Einsatz von Nikasilbeschichtungen der Zylinder gut aus. Dadurch war es möglich, die Bohrung beim 2,7-Liter-Motor auf 90 Millimeter, beim 3-Liter-Motor auf 95 Millimeter zu vergrößern.

Parallel entwickelte Porsche als Alternative zum Dreiliter Sauger die Turboaufladung. Der 911 Turbo-Prototyp von 1973 teilte sich äußere Merkmale mit dem Carrera RS 3.0. Zum Vergleich: Zehn Jahre später bot der Motor vom Typ 930/20 mit 3,2 Litern Hubraum die gleiche Leistung wie der Dreilitermotor vom Typ 911/77, wie er im Carrera 3.0 RS verbaut wurde.

### Breitbau

Die Kotflügelverbreiterungen der Wide-Body-Karosserien gehen zurück auf das Jahr 1970. Nur damit konnte Porsche größere Räder und breitere Reifen an seinen Renn-911ern nutzen. Hintergrund waren Regeländerungen der FIA, Fédération Internationale de l'Automobile, nach denen Verbreiterungen ermöglicht wurden. Als erster 911 trat der 911 ST von 1970 damit auf, dann aber vor allem der RSR 2.8, der Carrera RS 3.0, der 911 Turbo und Fahrzeuge mit der Optionsausstattung M491 (Turbo-Look).

Dank der Wide-Body-Spezifikation konnten am 911 acht und neun Zoll breite Felgen vorn und hinten eingesetzt werden. Sie kamen dann beim 1973 präsentierten 911 Turbo in Kombination mit den Kunststoff-Stoßfängern des Carrera 3.0 RS zum Einsatz. Der serienmäßige 911 Turbo ab Modelljahr 1975 trug die etwas zivileren und an die verbreiterte Karosserie angepassten Serienstoßfänger.

**Weissach 1976: ein 911 Carrera RSR 3.0 in den Brumos-Farben, dahinter ein 934. Letzterer war die Rennversion des 911 Turbo.**

**Eine Änderung des FIA-Reglements erlaubte ab 1970 breitere Radhäuser, Kussmund optional.**

# 911 TURBO 3.0

## Modelljahr 1975

Mit der Einführung des Porsche 911 Turbo schrieb die Firma 1974 Geschichte. Intern wurde das Modell als 930 bezeichnet und blieb als straßenzugelassener Wagen drei Jahre in Produktion. Als erster 911 mit Turboaufladung trug er einen Motor vom Typ 930 und wies diese Ziffern auch bei der Chassisbezeichnung auf. Die verbreiterte Karosserie (wide body) war serienmäßig.

Im Jahr zuvor hatte Porsche den 911 Turbo im Rahmen der Internationalen Automobil-Ausstellung in Frankfurt dem Publikum präsentiert. Er sah dem 911 Carrera RS 3.0 sehr ähnlich, wie er in der FIA-Homologation 3053 15/4E abgebildet war: mit den großen Radhäusern, den leichten Stoßfängern aus Kunststoff, einem Frontspoiler mit integriertem Ölkühler und einem ausladenden Heckflügel. Er stand auf Fuchs-Felgen mit großer Einpresstiefe, war silbern lackiert mit weißen »Porsche«- und »Turbo«-Aufklebern sowie einem »Carrera«-Schriftzug auf der Frontscheibe. Er war schlichtweg eine Sensation!

Zum Modelljahr 1975 wurde der 911 Turbo als Coupé eingeführt. Das Modell hatte einen Motor vom Typ 930/50 mit Kraftstoffeinspritzung (Bosch K-Jetronic). In den Modelljahren 1976 und 1977 wandelte sich der Motor zum Typ 930/52. Den Turbolader steuerte Kühnle, Kopp & Kausch (KKK) bei. Bei einer Bohrung von 95 Millimetern und einem Hub von 70,4 Millimetern ergab sich ein Hubraum von 2.994 cm³, eine Weiterentwicklung des Motortyps 917/77 wie er im Carrera RS 3.0 eingesetzt wurde. Dabei wurden extrem flache Kolben verwendet, mit denen die Kompression nur 6,5:1 betrug. So kam der erste Turbo mit 191 kW (260 PS) daher, was rund 37 kW (50 PS) Mehrleistung gegenüber dem Carerra 2.7 mit Saugmotor des gleichen Jahrgangs entsprach.

Diese Leistung von 260 PS durften die Käufer in Japan und dem Vertriebsgebiet Rest-of-World genießen. Der in Nordamerika verwendete Motortyp 930/51 blieb mit 180 kW (245 PS) etwas zurückhaltender in der Leistungsabgabe. Fahrzeuge des Modelljahrgangs 1977 hatten in Japan den Motortyp 930/54 montiert und in Nordamerika den Typ 930/53, beide mit 180 kW Leistung. Unabhängig vom Vertriebsgebiet waren 911 Turbo der Jahrgänge 1975 und 1976 mit einem verstärkten Viergang-Schaltgetriebe kombiniert.

**Exklusiv, explosiv, extrem teuer: Der Motor des ersten turboaufgeladenen Serien-911 leistete 260 PS.**

**IAA Frankfurt 1973: Bei der Präsentation besticht der 911 Turbo durch Breitbau, Fiberglas-Stoßfänger und Tiefbett-Fuchsfelgen.**

Anders als das IAA-Präsentationsfahrzeug hatte der Serien-911 Turbo nicht die leichten Glasfaser-Stoßfänger, sondern die an die breitere Karosserie angepassten Serienbauteile. Spoiler vorn und Flügel hinten waren jedoch serienmäßig vorhanden. Die Frontpartie zeichnete sich durch einen unteren, schwarzen, umlaufenden Spoiler aus flexiblem Polyurethan aus, der direkt an der Frontschürze befestigt war und sich bis zu breiten vorderen Radkästen zog, in die der Faltenbalg des vorderen Stoßfängers integriert war. Am Heck befand sich ein flacher, mit dem Motordeckel aus Stahl verbundener Glasfaserspoiler, in den das serienmäßige Motorlüftungsgitter und ein schwarzer, umlaufender Rand aus flexiblem Polyurethan integriert waren. Ein zweites Lüftungsgitter mit fünf Lamellen wurde hinzugefügt, um den Motor besser zu kühlen, oder alternativ wurde ein zweites Gitter mit elf Lamellen bei Fahrzeugen mit Klimaanlage eingebaut.

Von 1975 bis 1986 wurden die vorderen und hinteren Kotflügelverbreiterungen mithilfe von Ver-

**Ein früher 911 Turbo von 1975 mit dem geänderten Heckflügel. Nebenbei das erste Serienauto der Welt mit Pirellis neuem P7-Reifen.**

bindungsblechen hergestellt, die an die Standard-911-Kotflügel geschweißt wurden. Ab dem Modelljahr 1987 wurden die vorderen Kotflügel in einem Stück gepresst, um die breiten Radkästen einzubeziehen, wodurch die vorderen Kotflügelverbindungsbleche überflüssig wurden. Die Verwendung der hinteren Schweißbleche wurden bis 1989 beibehalten.

Ab dem Modelljahr 1975 waren optional Schriftzüge für die Flanken und das Heck erhältlich. Neun unabhängige Klebefolien, die von den vorderen Kotflügeln über die Flanken und um die Motorhaube herum verliefen, waren entweder als schraffiertes Turbo-Motiv oder als Streifen in den Farben des Motorsportsponsors Martini für die Seite erhältlich.

Der 911 Turbo war der erste Sportwagen mit Abgas-Turboaufladung. Damit war Porsche zu seiner Zeit praktisch unerreicht führend. Mit der Turbo-Technologie aus dem Motorsport war Porsche Vorreiter und bewies das mit seinen Straßenfahrzeugen.

## 911 Turbo Carrera

Ähnlich wie beim 911 Turbo, hatte der Turbo Carrera 180 kW (245 PS) Leistung und ein Vierganggetriebe. Den Turbo Carrera gab es nur im nordamerikanischen Markt in den Modelljahren 1976 und 1977. Äußerlich waren diese Fahrzeuge identisch mit den europäischen Turbos, trugen jedoch ein »Turbo Carrera«-Logo auf dem Motordeckel. Ab Jahrgang 1978 entfiel die Bezeichnung Carrera dann und es blieb nur das »Turbo«.

Die etwas geringere Leistung von 245 PS resultiert aus der Anpassung an den marktüblichen Kraftstoff mit nur 91 Oktan, um so die strengeren amerikanischen Abgasvorschriften einhalten zu können. Dabei half ein Lufteinblassystem und ein thermischer Reaktor zur Emissionskontrolle. Trotz dieser Leistungsminderung nannte Porsche Beschleunigungswerte für den Sprint von 0 auf 60 Meilen von respektablen 5,7 Sekunden und eine Höchstgeschwindigkeit von über 150 Meilen (über 240 km/h). Porsche bewarb den Wagen als sauberen, Kraftstoff-effizienten und leisen Sportwagen mit einem Verbrauch von nur 24 mpg (Meilen pro Gallone, ca. 9,8 l/100 km) auf dem Highway.

## Die letzten 50 Turbo Carrera

Im Dezember 1979 begann Porsche Nordamerika mit der Vermarktung der letzten 50 Turbo Carreras. Die Fahrzeuge wurden speziell als jeweils eines der letzten 50 in die USA importierten Fahrzeuge gekennzeichnet und trugen eine entsprechende Plakette mit der Faksimile-Unterschrift von Ferry Porsche an der Armaturentafel. Ansonsten gab es keine Unterschiede zu anderen Turbo Carreras, und die Auflage wird im Archiv der Porsche AG nicht besonders erwähnt.

**Ersteinsatz: der Motor vom Typ 930 mit 3 Litern Hubraum und 260 PS.**

Eine Farbe, die wie keine andere für das Jahrzehnt der Siebziger steht. Sie steht dem Turbo aber auch heute noch.

Ein Traum in Braun: Der Turbo erhielt das Standard-Cockpit des 911, hier noch ohne Ladedruckanzeige.

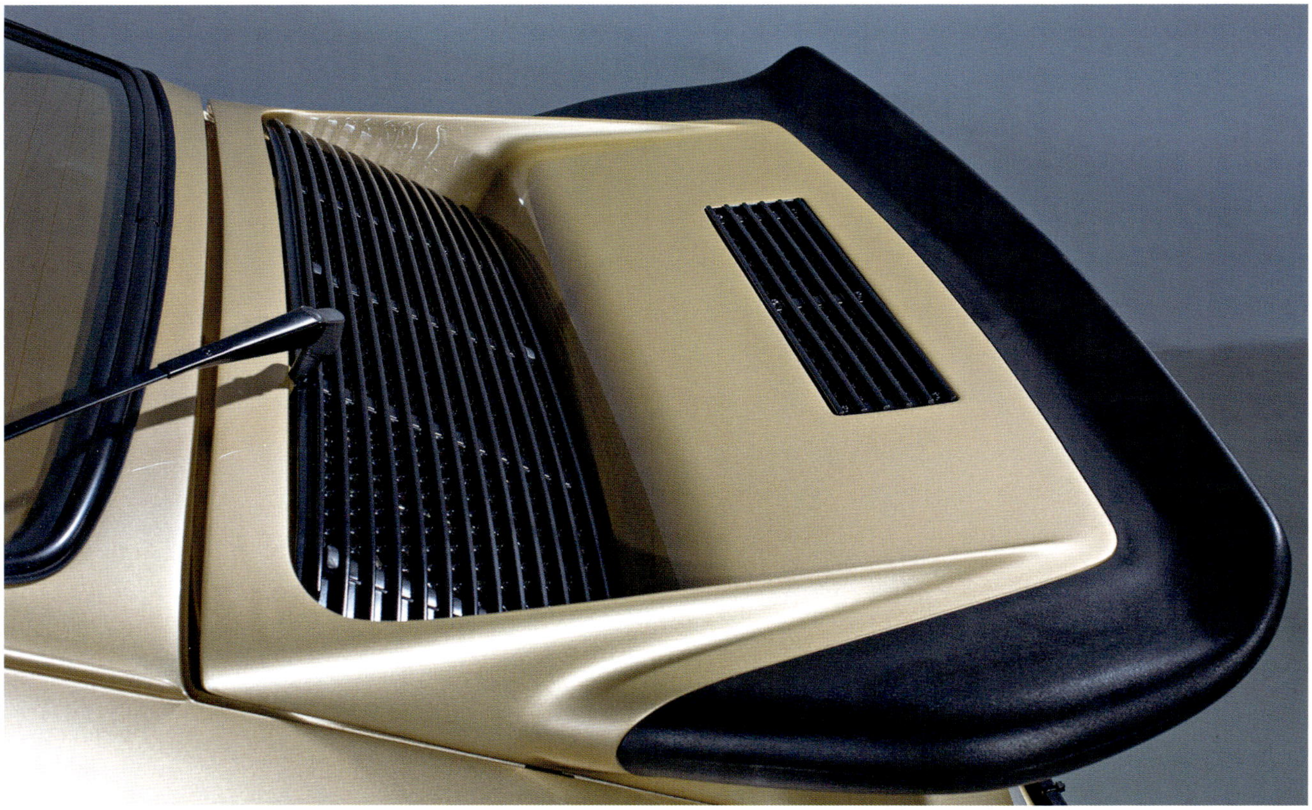

**Die Tablettform des Heckspoilers debütierte beim Carrera RS 3.0 und beim Carrera 2.7 des Modelljahrs 1974, beim 911 Turbo folgte sie im Modelljahr 1975.**

### 911 Turbo RS »Martini«

1974 bestellte der bekannte Porsche-Kunde und Chefdirigent der Berliner Philharmoniker, Herbert von Karajan, einen speziellen 911 Turbo. Seine Liste an Sonderwünschen war lang. Um sie zu erfüllen, fragte Porsche nach einer Sondergenehmigung bei Getränkehersteller Martini & Rossi zur Nachfertigung des Zierstreifens in silber, rot und blau, wie er am 911 Carrera 2.1 Turbo RSR, dem Zweitplatzierten beim 24-Stunden-Rennen von Le Mans 1974, verwendet wurde.

Von Karajan war an Porsche herangetreten mit dem Wunsch nach einem besonders leichten und starken 911, der dann 1975 ausgeliefert wurde. Das Einzelstück hieß 911 Turbo RS. Dabei wurde das Chassis und das Rennfahrwerk eines RSR verwendet sowie die Karosserie eines Carerra RS 3.0. Mit größerem Turbolader leistete der Motor 100 PS mehr als der Serien-Turbo. Am Fahrgastraum ließen sich Gewichtseinsparungen erkennen und ein Überrollkäfig krönte die Modifikationen, die Ernst Fuhrmann eigenhändig begleitete.

Porsche bot das aus neun verschiedenen Klebefolien bestehende Martini-Dekor später als Option für 911 SC und 911 Turbos der Jahrgänge 1978 bis 1983 an. Mit der eleganten rot-blauen Farbgebung feierte Porsche die gelungene Zusammenarbeit mit Martini & Rossi bei etlichen Motorsporterfolgen. Als vielleicht bekanntestes Fahrzeug in der entsprechenden Aufmachung ging dabei der 935/78 von 1978 in die Geschichte ein, denn das als »Moby Dick« bezeichnete Fahrzeug erreichte stolze 366 km/h auf der Mulsanne-Geraden in Le Mans.

Im Rahmen der London Motor Show 1976 stellte Porsche einen 911 Turbo aus, der in Grand-Prix-Weiß lackiert war und mit den Martini-Aufklebern in blau und rot an den Flanken und am Heck verziert war.

Der Wagen hatte innen blaues Leder und orthopädisch geformte, dreifarbig in rot, blau und weiß belederte Sitze, die denen des Porsche 928 ähnelten.

### Typ 930

Der Motortyp 930 war 15 Jahre lang das Maß der Dinge. Der erste Dreiliter-Motor wurde als RS-Motor im Carrera RS 3.0 im Modelljahr 1974 eingeführt, allerdings noch als Typ 911, der gleichzeitig die Plattform für den 911 Turbo und für den 911 von 1975 bis 1989 bildete.

Porsche verwendete ab Modelljahr 1974 nicht mehr das leichtere Kurbelgehäuse aus Magnesium, sondern nutzte das solidere aus Aluminium-Druckguss. Nach ein paar Schwierigkeiten mit den Magnesium-Bauteilen hatte Porsche Mitte 1973 reagiert und schon beim Carrera 2.7 auf Aluminium, gewechselt. So sind Motoren vom Typ 911/77, wie sie im Carrera RS 3.0 zum Einsatz kamen, aus Aluminium wie auch beim 911 Turbo und allen weiteren 911 bis 1989.

Seine Stärke und Vielseitigkeit bewies der Motortyp 930 auch nach der Hubraumvergrößerung von 3,0 auf 3,3 Liter ab Modelljahr 1978 oder mit 3,2 Litern ab Modelljahr 1984. Selbst 3,5 Liter hätte das Konzept verkraftet, wie Testfahrzeuge bewiesen, auch wenn eine solche Ausführung nicht in Serie ging.

**Breitbau und Heckspoiler gaben dem 911 Turbo eine unverwechselbare Präsenz. Hier mit vergrößertem zweiten Lufteinlass für die Klimaanlage.**

**Ein Look, der die Baureihe für immer veränderte.**

# 911 CARRERA 3.0

### Modelljahr 1976

Der erste 911 mit einem Motor vom Typ 930 als normalem Saugmotor war der Carrera 3.0. Er ersetzte den 2,7-Liter des 911 S in den Rest-of-World-Märkten, wo er neben dem 911 2.7 verkauft wurde. Der neue Motor war ein wichtiger Schritt in der Evolution des Modells. Optisch sollte der Carrera 3.0 rund 13 Jahre lang der typische 911 sein, abgesehen von wenigen kleinen Änderungen. Nur in Nordamerika blieb es aus Gründen der Abgasemissionen bis zum Modelljahr 1978 beim 911 mit 2,7 Litern Hubraum. Erst der 911 SC löste diese Ausführung dann ab.

In der Werbung für den Carrera 3.0 griff Porsche die Modelle auf, die den Namen Carrera bereits als Rennwagen oder »betont sportliche« Hochleistungs-Straßenfahrzeuge trugen. Der Carrera 3.0 stehe nicht mehr nur für Sportlichkeit, sondern auch für Komfort, hieß es weiter. Alles, was Porsche zu bieten hatte, wurde weiter verbessert, verfeinert und perfektioniert. So gab es selbstverständlich immer noch einen leistungsstarken Motor, dazu jedoch eine verbesserte Geräuschdämmung und einen luxuriöseren Innenraum. Porsche nannte den Carrera 3.0 sowohl eine komfortable, luxuriöse Reiselimousine als auch einen reinrassiger Hochleistungssportwagen. Letzteres bezeugen die Beschleunigung von 0 auf 100 km/h in 6,3 Sekunden und eine Höchstgeschwindigkeit von über 230 km/h.

Der Carrera 3.0 übernahm das Äußere des Carrera 2.7, darunter aber steckte der Stachel des Carrera RS 3.0. Wie seine Vorgänger trug er das Carrera-Emblem. Der hier verwendete Motortyp 930/02 mit drei Litern Hubraum wies die elektronische Bosch K-Jetronic-Kraftstoffeinspritzung auf und leistete 147 KW (200 PS) bei 6.000/min. Den Motortyp 930/01 baute Porsche nicht. Sportomatic gab es für das Modelljahr 1976 und 1977 in Kombination mit dem Motortyp 930/12.

Porsche experimentierte Ende 1975 mit einem Kühlluftventilator mit fünf Flügeln, der dann später bei 2,7 Liter-Motoren und beim Carrera 3.0-Motor eingesetzt wurde.

**Komfort und Sportlichkeit: Der 911 Carrera 3.0 setzte bei beidem neue Maßstäbe.**

Für die nächsten acht Jahre bis zur Einführung des 3,2-Liter-Modells im Modelljahr 1984 wurde vor allem der Dreiliter-Motor mit elektronischer Bosch K-Jetronic-Kraftstoffeinspritzung verbaut. Es blieb bei unveränderter Bohrung und Hub von 95 mm und 70,4 mm, entsprechend betrug der Hubraum exakt 2.994 cm³.

Im Modelljahr 1976 gab es den Carrera 3.0 mit manuellem Vier- und Fünfganggetriebe samt elektronischem Tachometer. Wahlweise stand die Dreigang-Sportomatic zur Verfügung. Daran änderte sich auch für Wagen des Jahrgangs 1977 nichts, nur ließ sich das Kupplungspedal dank einer Feder leichter betätigen.

Der äußerlich an den größeren Radhäusern erkennbare Carrera 3.0 setzte im Innenraum den Maßstab. Er blieb auch bei den ersten Carrera 3.2 praktisch gleich. Zur Wahl standen unter anderem Sitzbezüge mit Teil- und Vollleder. Das Lenkrad mit 380 Millimetern Durchmesser wies drei Speichen auf. Der Carrera 3.0 war vom Modelljahr 1976 bis 1977 erhältlich. In dieser Zeit wurden insgesamt 3.687 Fahrzeuge hergestellt, davon 2.564 als Coupé und 1.123 als Targa. Er war als »Sport« mit Front- und Heckspoiler und Fuchs-Leichtmetallrädern, Option M401, oder klasssisch als »Comfort« ohne Spoiler mit Fünfspeichen-Aluminiumgussrädern zu bekommen. Optional erhältlich war der Carrera-Schriftzug an den Karosserie-Flanken. Um sich von der Konkurrenz abzuheben, wurde die Chromleiste an der Außenseite entfernt, war aber weiterhin als Option erhältlich. Die äußeren Türgriffe und Fenstereinfassungen waren mattschwarz, ebenso wie der Targa-Sicherheitsbügel. Die Scheinwerfereinfassungen wurden farblich an die Karosserie angepasst, ebenso wie der neu gestaltete, vierteilige, rechteckige, elektrisch betriebene Rückspiegel an der Fahrertür, der für das Modelljahr 1976 eingeführt wurde.

**Das Modellangebot für 1976 umfasste den auslaufenden 2.7, den neuen Carrera 3.0 und den Turbo.**

**Ikone trifft Ikone: Motoren-Guru Hans Mezger.**

**Aufgewertetes Interieur: Der Carrera 3.0 brachte den zentralen Luftausströmer sowie elektrische Fensterheber und Außenspiegel.**

Für den Carrera 3.0 wurden elektrische Fensterheber angeboten, aber auch ein Heckscheibenwischer, eine Scheinwerfer-Reinigungsanlage und eine Heizungsautomatik. Mit den ausladenderen Radkästen kam der Wagen auf eine Breite von 1.652 Millimetern. Die Sechszoll-Alufelgen vorn waren bestückt mit Reifen im Format 185/70, die hinteren Siebenzöller mit 205/60, jeweils mit 15 Zoll Durchmesser. Auf dem deutschen Markt waren hinten auch Reifen der Größe 215/60 VR 15 verbaut.

Eine Reihe der angebotenen Optionen des Carrera 3.0 waren bereits für den 911 Turbo erhältlich oder serienmäßig. In dieser Zeit führte Porsche auch schräg abgesteppte Ledertürtafeln, mittig angebrachte Lüftungsdüsen, die eine Verlegung der Armaturenbrettlautsprecher in die Türen erforderlich machten, und die drehbare Türverriegelung ein, die damals bei allen 911 Standard war. Der Carrera 3.0 kostete 1977 mindestens 47.700 DM gegenüber dem 911 2.7 für 37.300 DM und dem 911 Turbo für 70.000 DM.

Der vielleicht bekannteste Besitzer eines Carrera 3.0 war der Porsche-Ingenieur Hans Mezger, der für den Sechszylinder-Boxermotor als Entwickler verantwortlich zeichnete. »Mein Motor«, hatte er ihn dann später genannt.

**Verbreiterte hintere Kotflügel, schwarze Zierleisten, elektrische Außenspiegel in Wagenfarbe und ein luxuriöses Interieur: Die G-Serie wird erwachsen.**

PORSCHE
PORSCH

HE Carrera
Dr. Ing.h.c.F. Porsche AG Stuttgart-Zuffenhausen ·
Printed in Germany ·

# 911 TURBO 3.3

### Modelljahr 1978

Der stärkere 911 Turbo mit 3,3 Litern Hubraum wurde zum Modelljahr 1978 eingeführt. Der Motor vom Typ 930/60 hatte weiterhin einen KKK (Kühnle, Kopp & Kausch) Turbolader und erhielt sein Gemisch über die bewährte mechanische Saugrohreinspritzung K-Jetronic von Bosch wie beim Dreilter-Turbo. Die Bohrung war von 95 auf 97 Millimeter gewachsen, der Hub von 70,4 auf 74,4 Millimeter, woraus sich ein Hubraum von 3.299 cm³ ergab. Der Ladeluftkühler aber sorgte für mehr Füllung und niedrigere Verbrennungstemperaturen. So konnte die Verdichtung von 6,5 auf 7,0:1 erhöht werden. Dabei entwickelte der Motor 221 kW (300 PS) bei 5.500/min. Damit waren 260 km/h Höchstgeschwindigkeit erreichbar und aus dem Stand auf 100 km/h vergingen nur 5,4 Sekunden. Das mechanische Schaltgetriebe hatte vier Gänge.

Erneut war Porsche mit dem Einsatz des Ladeluftkühlers ein Technik-Vorreiter. Das angesaugte Gemisch war nun rund 100 Grad kühler, ermöglichte eine höhere Füllung und damit mehr Effizienz. Auch die Abgastemperaturen lagen nun niedriger, der Schadstoffanteil im Abgas nahm ab. Nicht zuletzt sank der Verbrauch. Klingel- und Klopfgeräusche als Ergebnis von vorzeitiger Gemisch-Selbstentzündung aufgrund zu hoher Temperaturen konnten weitgehend verhindert werden. Um den Ladeluftkühler unterbringen zu können, wurde der Heckflügel neu gestaltet. Dessen Metallgehäuse war in Wagenfarbe lackiert und hatte ein schwarzes Lüftungsgitter sowie eine schwarze Polyurethan-Abrisskante rundum.

Auf dem japanischen Markt kam der Motor vom Typ 930/62 mit einer Leistung von 195 kW (265 PS) in Kombination mit dem Viergang-Schaltgetriebe zum Einsatz. In Nordamerika einschließlich Kalifornien wurden die Motortypen 930/61 und 930/63 verbaut, jeweils mit 195 kW (265 PS) Leistung. Ab Modelljahr 1979 verbaute Porsche die Motortypen 930/65 (für Japan) und 930/63 und 930/64 für Nordamerika. Leistung und Vierganggetriebe blieben gleich.

Zum Modelljahr 1980 war der 911 Turbo für Amerika gestrichen, aber das Modell war in Kanada weiter erhältlich. Ab Modelljahr 1981 gab es den Turbo auch in Japan nicht mehr. Die Jahrgänge 1981 bis 1986 des 911 Turbo 3.3 blieben in Kanada und den Rest-of-World-Märkten verfügbar. Verbaut wurden ab Modelljahr 1983 Motoren vom Typ 930/66, die 221 kW (300 PS) über ein Vierganggetriebe an die Antriebsräder schickten.

Zum Modelljahr 1986 kam der Turbo zurück nach Amerika. Der 3,3 Liter-Motor vom Typ 930/68 erreichte 210 kW (286 PS) Höchstleistung. Die 911 Turbos der Jahrgänge 1987 bis 1989 waren dann wieder weltweit verfügbar, also auch in Kanada. Der Motortyp 930/66 mit 221 kW (300 PS) war verbaut. Ab 1988 gab es in Amerika und Kanada dann wieder nur 210 kW (286 PS) Leistung, die aus dem Motortyp 930/68 geschöpft wurden.

Der 3.3 Turbo wurde neben den Baureihen 911 SC und Carrera 3.2 angeboten und optisch im Modelljahr 1984 an die Carrera-Variante mit breiter Karosserie im M491-Turbo-Look angeglichen. Es dauerte jedoch bis zum Modelljahr 1986, bis der 911 Turbo mit 210 kW (286 PS) bei 5.500/min und 95 ROZ wieder in Amerika eingeführt wurde. Er erreichte eine Höchstgeschwindigkeit von gut 250 km/h, beschleunigte von 0 bis 100 km/h in 5,5 Sekunden und verbrauchte im Schnitt 20 l/100 km.

**Lenkgeschoss: Mit Turbo-Ladeluftkühler und jetzt 3,3 Litern Hubraum leistete der neue 911 Turbo 300 PS.**

PORSCHE
S ET 9392

PORSCHE
S DH 6829

Alle 3,3-Liter-Tubos hatten jetzt eine in den Drehzahlmesser integrierte Ladedruckanzeige, direkt im Sichtfeld des Fahrers.

Ab dem Modelljahr 1987 gab es den 911 Turbo auch als Targa und als Cabriolet. Dabei wurden analog zum Coupé auf den entsprechenden Märkten die jeweilig eingesetzten Motor- und Getriebetypen verbaut.

Im letzten Jahrgang erhielt der 911 Turbo ein Getrag-Fünfgangschaltgetriebe, wie es abgesehen von kleinen Anpassungen an das höhere Drehmoment auch im Carrera 3.2 ab Modelljahr 1987 eingesetzt wurde. So kam der Turbo nur in seinem letzten Jahr in den Genuss von fünf Vorwärtsgängen. An den sonstigen Motorspezifikation änderte sich in den verschiedenen Märkten jedoch nichts.

Als Option für den 3.3 Turbo wurden weiterhin seitliche Aufkleber und solche für das Heck angeboten, entweder schraffiert mit dem Turbo-Motiv, das von 1978 bis 1989 erhältlich war, oder als Martini-Seitenstreifen, die bis 1983 erhältlich waren und aus neun einzelnen Klebefolienstücken bestanden, die von den vorderen Kotflügeln über die Flanken und um die Motorabdeckung herum angebracht waren.

Mit der Wunschausstattung M148 konnte der Turbo noch mehr Leistung haben: Der Motortyp 930/66S WLS (Werks-Leistungssteigerung) erreichte in der Spitze 242 kW (330 PS). Dieser Sportkit konnte ab Modelljahr 1987 bestellt werden.

Beim Modelljahr 1989, dem vermeintlich letzten Jahr des 911 Turbo, entschied sich der Hersteller dafür, die Varianten Turbo S und Turbo LE anzubieten. Beide besaßen den optionalen M148-Motor mit 242 kW (330 PS) und waren mit Elementen des Sonderwunschprogramms aufgerüstet.

Ab dem Modelljahr 1982 bot Porsche für den 911 Turbo eine Flachschnauze (Slant-Nose-Karosserieoption) an. In Anlehnung an den Rennwagen 935 bot Porsche diesen Flachbau für eine begrenzte Stückzahl an. Die Option umfasste abgeschrägte vordere Kotflügel, Klappscheinwerfer, vordere Lufteinlässe und seitliche Lufteinlässe hinter den Türen mit neuen Schwellerverbreiterungen. Die Leistung lag wie beim WLS bei 242 kW (330 PS), doch es wurde ein Sperrdifferenzial hinzugefügt. Porsche behauptete, damit den

Mehr Leistung und der optimierte Gesamtauftritt machten den 911 Turbo zum begehrenswertesten 911 seiner Zeit.

**Im Modelljahr 1987 war der 911 Turbo auch als Targa und als Cabrio erhältlich.**

»ultimativen Supersportwagen« der damals aktuellen 911-Baureihe geschaffen zu haben, der von der Karosseriewerkstatt Porsche Exclusive gebaut wurde.

### Fulminante Beschleunigung

Porsche beschrieb den 911 Turbo als ein Fahrzeug mit enormen Leistungsreserven und einer bemerkenswerten Straßenlage, was ihn zu einer Maschine mit unvergleichlicher Leistung und einer Beschleunigung von nur 5,4 Sekunden von 0 auf 100 km/h machte. Im Juni 1984 holte sich ein serienmäßiger 911 Turbo den Titel »Serienwagen mit der weltweit schnellsten Beschleunigung«, verliehen von der RAC Motor Sports Association, mit einer Zeit von 23,985 Sekunden für den stehenden Kilometer und einer dabei erreichten Geschwindigkeit von 216 km/h.

Walter Röhrl, selbst Besitzer eines 911 Turbo aus dem Jahr 1979 und zweifacher Rallye-Weltmeister, den Niki Lauda einmal als Genie auf Rädern bezeichnete, sagte, dass der Wagen eine besondere Herausforderung

**Der allradgetriebene 965 Biturbo sollte den 911 Turbo ersetzen, wurde jedoch Opfer der Finanzkrise. Die stilistische Verwandtschaft zum 959 ist deutlich erkennbar.**

selbst für erfahrene Piloten sei. Vielleicht untertrieb er damit und äußerte eine versteckte Warnung, denn trotz des großen Potenzials konnte das Fahren mit einem 911 Turbo harte Arbeit und im Vergleich zu einem 911 mit Saugmotor vielleicht ein wenig frustrierend sein. Es ging vor allem darum, den richtigen Gang einzulegen, um mit passendem Ladedruck die Leistungsreserven zu nutzen. Porsche betonte gern die »katapultartige Beschleunigung«, die mit vollem Ladedruck im richtigen Gang auf gerader Strecke nicht von der Hand zu weisen war. In Kurven verlangte der Turbo vom Piloten jedoch Respekt und sehr viel mehr Feingefühl als ein 911 mit Saugmotor.

## 965

Der 911 Turbo sollte durch den 965 ersetzt werden, einen 365 PS starken Elfer mit Allradantrieb, luftgekühltem Doppelturbomotor, wassergekühlten Zylinderköpfen und adaptiver Luftfederung. Er hätte sein Erbe mit dem 959 geteilt und sah diesem sehr ähnlich. Er war

**Anfang 2023 versteigerte Bonhams eine einmalige Sammlung von Porsche Turbos in Paris.**

als kostengünstigerer Nachfolger gedacht, ein gut aussehender 911, der vielleicht von der E19-Studie beeinflusst war. Die Entwiclung wurde 1984 genehmigt, schaffte es aber nur bis zum Prototypenstadium.Unter den sechzehn gebauten Exemplaren fanden sich auch Varianten mit einem Audi V-8-Motor. Das vom 959 beeinflusste Design der Frontpartie wurde später beim 968 von 1991 und beim 993 von 1993 aufgenommen.

Der 965 wurde leider ein Opfer der Finanzkrise in den späten 1980er-Jahren. Möglicherweise ging mit ihm auch die Chance auf eine Designentwicklung verloren. So wurde der 911 Turbo der G-Serie zum Modelljahr 1991 durch den 964 Turbo ersetzt, ohne Allradantrieb und mit dem bekannten 3,3 Liter-Motor. Die an den 959 erinnernde Formgestaltung ging dabei jedenfalls unter.

### 911 Turbo S M148

Ab dem Modelljahr 1978 war die Leistung des 3.3 Turbo unverändert geblieben. Unter dem Druck der Kunden, die mehr Leistung wünschten, führte Porsche den Motortyp 930/66 als WLS (Werks-Leistungssteigerung) ab dem Modelljahr 1984 und unter dem Optionscode M148 ab dem Modelljahr 1987 mit einer gesteigerten Leistung von 242 KW (330 PS) ein. Das war durch ein im Motorblock eingeprägtes »S« gekennzeichnet. Die S-Spezifikation umfasste einen höheren Ladeluftdruck, einen größeren Ladeluftkühler, ein Abgassystem mit freierem Durchlass, doppelte Endrohre am Auspuff auf jeder Seite und einen zusätzlichen Ölkühler. Die Kosten für das S-Motor-Upgrade betrugen ursprünglich 20.235 D-Mark, der tiefe Spoiler und der Ölkühler kosteten 6.065 Mark.

**Die Ausstattung von Porsches Flaggschiff umfasste elektrisch verstellbare und beheizbare Ledersitze, elektrische Fensterheber, elektrisch einstellbare Außenspiegel und Zentralverriegelung.**

**Das Layout des Innenraums blieb von 1963 bis 1989 weitgehend gleich. Ab 1976 betonte Porsche nicht nur den sportlichen Anspruch des 911, sondern auch den Komfort, den die Reihe zu bieten hatte.**

**Gegen üppige Aufpreise war der sogenannte »Flachbau« ab 1982 als Sonderwunsch erhältlich. Hier die spätere Version mit integrierten Klappscheinwerfern.**

Inoffiziell als Turbo S bezeichnet, wurde die werksseitige M148 S-Spezifikation später als Turbo-Sportkit-Option vermarktet, die bis zum Modelljahr 1988 mit dem Viergang-Getriebe Typ 930 und ab dem Modelljahr 1989 mit dem Fünfgang-Getriebe Typ G50 samt Sperrdifferenzial erhältlich war. Diese Leistungssteigerung auf 330 PS wurde im Rahmen des Sonderwunsch-Programms als Turbo Typ 930/60 mit 4-Rohr-Auspuff, modifiziertem Ladeluftkühler und Turbolader angeboten. Für diesen Motor war ein zusätzlicher Ölkühler an der Fahrzeugfront notwendig, entweder hinter einem überarbeiteten tiefen Frontspoiler mit mittig angeordnetem Ölkühler oder im rechten vorderen Radkasten, um die Rohrschlange zu ersetzen (unter Beibehaltung der serienmäßigen Schürze). Letzteres war für die Option Flachbau erhältlich. Für noch mehr Exklusivität bestellten einige Kunden für die hinteren Kotflügel 7.330 Mark teure Lufteinlässe aus dem Sonderwunsch-Programm (MJ 1984).

Im Jahr 1989 wurde speziell für den französischen Porsche-Händler Sonauto eine limitierte Auflage von nur zehn Turbo-S-Fahrzeugen hergestellt. Diese Fahrzeuge waren tiefergelegt und hatten den Motortyp 930/66S M148 mit einer Leistung von 242 KW (330 PS). Sie verfügten über die Auspuffanlage mit doppelten Endrohren, waren ganz in Schwarz gehalten, hatten eine tiefe Frontschürze mit integriertem Ölkühler und waren mit 959-Designsitzen ausgestattet. Jedes dieser zehn Fahrzeuge erhielt eine nummerierte Plakette zur Authentifizierung. In der Ausstellung des Porsche-Museums anlässlich des Jubiläums »50 Jahre Porsche« wurde ein 911 Turbo S 3.3 Coupé wie folgt beschrieben: »1989 liefert Porsche im Auftrag des französischen Importeurs Sonauto zehn hochexklusive Fahrzeuge mit der Bezeichnung 930 Turbo S an den französischen Markt.«

### 911 Turbo SE

Als Teil der 911 Turbo-Baureihe bewarb Porsche ab Mitte der 1980er-Jahre in Großbritannien aktiv einen Flachbau 911 Turbo SE als 911 Turbo mit Sportausstattung. Für Fahrer mit noch sportlicheren Absichten enthielt die SE-Option Karosserieveränderungen mit versenkbaren Scheinwerfern, Türschwellerverkleidungen, Lufteinlässen am vorderen Kotflügel und Luftkanälen am Heckflügel. Um den äußeren Eindruck zu vervollständigen, beinhaltete der SE einen kompletten

**Ein frühes Flachbau-Coupé mit vier eckigen Scheinwerfern und Gummi-Aufprallschutz. Für alle 911 mit »Slantnose« werden heute Liebhaberpreise gezahlt.**

Motorumbau, der die Leistung auf 242 KW (330 PS) erhöhte. Das Auto war serienmäßig mit einem Sperrdifferenzial ausgestattet. Porsche betrachtete den SE als Höhepunkt auf dem Weg zum Bau des ultimativen Supersportwagens.

### 911 Turbo Flachbau M505/506

Die Geschichte der Flachschnauze, Slantnose, begann mit dem 934 Gruppe-4-Rennwagen im Jahr 1976. Das war die Rennversion des 911 Turbo. Die Bezeichnung RSR war entfallen. Der 934 sollte in der Gruppe 4 antreten, der spätere 935 in der Gruppe 5.

Änderungen am Gruppe-4-Reglement machten den Weg frei für die neue Gruppe 5. Sie wurde bald die Grundlage für die Weltmeisterschaft, an der alle Fahrzeuge der Gruppen 1 bis 4 teilnehmen konnten. Porsche hatte den Dreiliter-Turbo 1976 bei der FIA homologiert (Nr. 645) und 1977 für die Gruppe 3, die zur Gruppe B wurde, unter der Nummer 3076. Mit 3,3 Litern Hubraum erfolgte die Homologation mit Änderungen für die Gruppe 4 unter der Nummer 3076, womit der Ladeluftkühler und der geänderte Heckflügel berücksichtigt waren. Aus aerodynamischen Gründen und unter geschickter Auslegung der FIA Gruppe-5-Regeln änderte Norbert Singer, der Porsche-Renningenieur und Verantwortliche für den 935, die Frontpartie. Dabei wurden die Kotflügel und Scheinwerfer durch die flache Schnauze ersetzt, mit der höherer Abtrieb erreicht wurde. Auch wenn die Form des 935 nicht im Designstudio entwickelt worden war, hatte sie Auswirkungen auf den Straßen-911. So wurden nicht wenige straßenzugelassene 911 von Kunden gegen Ende der 1970er-Jahre mit der Flachschnauze versehen. Erst 1980 stellte Porsche den ersten offiziellen 911 Turbo Flachbau für einen deutschen Geschäftsmann auf die Räder. An dem Wagen wurde eine Erinnerungsplakette montiert, die wohl die Initialien des Besitzers und einige Wunschziffern enthielt. Später kam der Wagen zurück ins Werk und erhielt dort 1986 einen stärkeren Motor und eine Front im Stil des 935.

**Von 1978 bis 1988 war der 911 Turbo nur mit Viergang-Getriebe erhältlich. Das G50-Getriebe mit fünf Gängen war nur 1989 erhältlich.**

Ab 1982 konnten Kunden bei Porsche auf Wunsch den Flachbau erhalten. Frühe Ausführungen hatten eine einteilige Front mit Spoiler und Stoßfänger, einem Aufprallschutz aus Gummi und vier rechteckige Scheinwerfern. Später wurde unter dem Standard-Stoßfänger ein ausgeprägterer Spoiler montiert. Als Ersatz für die vier eckigen Scheinwerfer gab es Klappscheinwerfer vorn in den Kotflügeln.

Porsches Formel-1-Zusammenarbeit mit McLaren und TAG in den frühen 1980er-Jahren, bei der Porsche im Auftrag von McLaren Formel-1-Motoren entwarf, entwickelte und baute, veranlasste den Eigentümer von TAG, einen extremen 911 Turbo als straßentauglichen 935 zu bestellen. Ein serienmäßiger 3,3-Liter-Turbo aus dem Jahr 1983 wurde vom Band genommen und von der Abteilung Sonderwunsch mit einer flachen 935er-Nase, vorderen Lüftungsschlitzen und aufklappbaren Scheinwerfern modifiziert, die alle Teil der späteren 911 Turbo Flachbau Karosserie sind.

Die Turbo-Flachbau-Karosserie oder Slantnose-Karosserie mit flachen Kotflügeln, aufklappbaren Scheinwerfern, tiefem Frontspoiler mit zentralem Ölkühler, breiten Seitenschwellern und Lufteinlässen mit Lamellen war als Sonderausstattung erhältlich. Die Option bot Porsche in Europa und Amerika auf speziellen Sonderwunsch an: 911 Turbo Flachbau mit Klappscheinwerfern, wobei auch der tiefe Frontspoiler mit mittigem Ölkühler möglich war. Der Flachbau konnte auch mit einem geänderten Heckflügel mit speziellen Lufteinlässen kombiniert werden. So standen für den speziellen Flachbau-911 drei Möglichkeiten zur Wahl. Das Paket kostete 1984 ab 30.478 Mark, für den großen Frontspoiler mit Ölkühler waren 6.065 Mark fällig, seitliche Schürzen kosteten 2.939 Mark und der Heckflügel mit den lamellierten Lufteinlässen schlug mit 7.330 zu Buche. Insgesamt konnten somit 46.818 Mark zusammenkommen. Die entsprechende S-Spezifikation beim Motor verschlang zusätzliche 20.235 Mark.

### 911 Turbo Limited Edition

Wie der Turbo S gehörte auch der LE zu einer auf fünfzig Exemplare limitierten Serie von 911 Turbo Coupés, die das bevorstehende Ende des 911 Turbo markieren sollte. Der LE wurde speziell als Rechtslenker für den britischen Markt geliefert.

**Der Ladeluftkühler war oberhalb des Motors im neugestalteten Heckflügel untergebracht.**

Den Turbo LE gab es in Großbritannien ab März 1989 mit 242 kW (330 PS). Er war serienmäßig mit Vierfach-Auspuffanlage, wie sie auch im Turbo S verfügbar war, und einem Sperrdifferenzial ausgestattet. Mit subtilen Aufwertungen außen und innen bediente sich der LE am Sonderwunschprogramm. Er war in allen damals aktuellen Porsche-Außenfarben erhältlich und verfügte über Lufteinlässe an den hinteren Kotflügeln und einen exklusiven tiefen Frontspoiler, der in den serienmäßigen Stoßfänger integriert war, integrierten Ölkühler und Nebelscheinwerfern sowie farblich abgestimmten Radsternen. Die luxuriöse 911 Turbo-Innenausstattung in einer beliebigen Kombination aus den damals aktuellen Lederfarben und Sitzkedern, ergänzt durch ein Dreispeichen-Lenkrad mit goldenem Porsche-Wappen, einen Lederschaltknauf auf einem verkürzten Hebel und eine lederne Handbremshebel-Manschette gehörten ebenfalls zur exklusiven Ausstattung. Den Abschluss bildete eine Gedenktafel auf der Mittelkonsole mit der Aufschrift »911 Turbo 1975 – 1989 Limited Edition Model«.

Breite Backen, Steinschlagschutz hinten, Heckflügel und Doppelrohrauspuff: Der 911 Turbo war auf den ersten Blick erkennbar.

S-DH 6829

PORSCHE
S JL 9591

# 911 SC

## Modelljahr 1978

Zum Modelljahr 1978 sortierte Porsche das 911-Angebot neu. Es gab nun nur noch den 3.0 SC und den 3,3 Liter Turbo. Mit der Einführung des SC endete der Bau des 2.7 und des Carerra 3.0. Gleichzeitig wuchs der Hubraum des Turbos von 3,0 auf 3,3 Liter, und der Ladeluftkühler kam hinzu. Der SC kostete 44.790 Mark und der Turbo stand 1978 mit 79.900 Mark in den Preislisten.

Auch wenn der SC 1978 mit weniger Leistung als der Carera 3.0 vorgestellt wurde, waren seine Fahrleistungen besser als die des 911 S 2.7, jedenfalls in Nordamerika. Da der Carrera 3.0 dort nicht erhältlich war, stellte der leistungsstärkere und verfeinerte 911 SC einen Fortschritt dar. Das galt jedoch weniger für die anderen Märkte, besonders Deutschland, denn hier war der SC dem Carrera 3.0 unterlegen. So war die Leistung etwa 15 kW (20 PS) niedriger. Porsche hielt mit einem nicht beworbenen Upgrade dagegen, das den lokalen Händlern zwischen 1978 und 1980 angeboten wurde: Mit 3,1 Litern Hubraum leistete der Motor 156 kW (212 PS).

Den SC brachte Porsche auf den Markt, als die Zukunft des 911 ernsthaft infrage stand. Ernst Fuhrmann verwandte alle Energie auf die neuen Transaxle-Modelle mit Frontmotor. Die Produktionszahlen des 911 sanken. Zudem hatte Fuhrmann Helmuth Bott angewiesen, keine weiteren Werkzeuge oder Entwicklungsmaßnahmen am 911 durchzuführen. So glich der SC dem Carrera 3.0 weitgehend und hatte nur eine etwas geringere Motorleistung sowie eine zusätzliche Lufteinblasung in der Abgasanlage für verbesserte Schadstoffwerte, um damit die entsprechenden Vorschriften in den Märkten zu erfüllen. So gab es beim SC den gewohnten Komfort in vollem Umfang wie beim Carrera 3.0 und zur Vereinfachung der Logistik nur den Dreiliter-Motor für weltweite Einsätze. Porsche entschied sich für den 911 SC als neue Modellrichtung und bereitete sich damit auf das vorzeitige Aus des 911 zum Ende des Jahres 1981 vor.

Firmenintern wurde der SC als L-Modell bezeichnet. Ab dem Jahrgang 1980 nannte Porsche die Modelle A-Programm, ab 1981 B-Programm und so weiter. Anfangs wurden in den Rest-of-World-Märkten die Motortypen 930/03 verbaut. In den USA und Kanada war es dagegen der Typ 930/04, mit Ausnahme von Kalifornien, wo der Typ 930/06 verbaut wurde. Japanische Käufer erhielten den Typ 930/05. Die Leistung war bei allen gleich: 132 kW (180 PS).

Mit dem Motortyp 930/09 stieg die Leistung beim Modelljahr 1980 auf 138 kW (188 PS) bei 5.500/min. Dagegen blieb es in Nordamerika (Typ 930/07) und Japan (Typ 930/08) bei den 132 kW (180 PS).

**Zeitlos: Der 911 SC war als krönender Abschluss der 911-Baureihe gedacht. Zum Glück kam es anders …**

**Ab Modelljahr 1983 ergänzte das Cabrio die Baureihe.**

Im Modelljahr 1981 kam mit dem B-Programm der Motortyp 930/10 zum Einsatz und damit für die Märkte im Rest der Welt immerhin 150 kW (204 PS). In Nordamerika und Japan blieben bis einschließlich Modelljahr 1983 die Motortypen und Höchstleistungen unverändert.

Seit dem Modelljahr 1978 verwendete Porsche einen Kühlluftventilator mit elf Blättern. Damit ließen sich bei 6.000/min 1.380 Liter Luft pro Sekunde bewegen. Autos des Jahrgangs 1980 wiesen einen im Durchmesser größeren Ventilator auf, ähnlich dem beim Turbo. Damit strömten bei 6.000/min bis zu 1.500 Liter Kühlluft zum Motor.

Der SC hatte von 1978 bis 1983 ein Fünfgang-Schaltgetriebe. Alternativ gab es die Dreistufen-Sportomatic für die SC der Jahrgänge 1978 bis 1980.

Fahrzeuge ab Jahrgang 1981 lassen sich an den seitlich vorn an den Kotflügeln angebrachten Blinkleuchten erkennen. Optional gab es weiterhin die Aufkleber im Martini-Design, ein neunteiliges Set, das an den Seiten von den vorderen Kotflügeln bis über die Motorhaube reichte und von 1978 bis Ende 1982 angeboten wurde.

Während der Bauzeit des SC änderte sich ab Modelljahr 1980 die zehnstellige Chassisnummer. Sie änderte sich erneut ab Modelljahr 1981 in eine 17-stellige VIN. Ab 1983 ergänzte Porsche diese Kennzeichnung mit Aufklebern an der Unterseite der Fronthaube bei jedem 911. Diese Kennzeichnung wie auch die Motor- und Getriebetypnummern und die Bezeichnung der Außenfarbe sowie des Interieurs war auch in der Bedienungsanleitung wiederzufinden. Eingetragen waren zudem die optionalen Extras mit den M-Kodierungen. Zugleich änderten sich die Angaben des Typenschilds mit der VIN, wo nur noch die vollständige Fahrgestellnummer angegeben war.

## Cabriolet

Schon zu Beginn der Entwicklung des 911 dachte Porsche über eine offene Version des Sportwagens nach. Das ließ sich aber zunächst nicht umsetzen und wurde erst ab dem Modelljahr 1983 realisiert. So wurde der 911 SC zum ersten Cabriolet der Baureihe. Die offene Version blieb bis zum Schluss im Programm. Vorgestellt wurde das 911 Cabriolet von Peter Schutz im Rahmen der Internationalen

Automobil-Ausstellung in Frankfurt 1981. Der Zuspruch war bei Händlern wie Kunden mehr als überzeugend. Neben dem Coupé und dem Targa hatte Porsche nun also das Cabriolet als dritte Version im Programm.

### Super Carrera

Die Bezeichnung SC war eigentlich für den 911 von 1972 vorgesehen und lautete zunächst 911 S Carrera. Die Bezeichnung wurde dann aber in Carrera RS 2.7 geändert. Das »S« war bekannt vom 911 S und stand als Kürzel für »Super«, wie es bereits beim 356 1600 Super und dem Super 90 verwendet wurde. Das »C« blieb als Kürzel für den Namen »Carrera«. Schon 1974 hatte Porsche den 911 SC bei der FIA mit 2,7- und 3,0-Liter-Motoren unter der Nummer 3062 homologiert. Frühe Fahrzeuge wiesen noch den Carrera-Schriftzug auf der Motorabdeckung auf.

**Seit 1963 hatte Porsche mit offenen Versionen experimentiert – 20 Jahre später war die Idee marktreif.**

**Eleganter Flaneur: ein 911 SC mit Chromzierrat auf ATS-Alufelgen, den sogenannten »Hackmessern«.**

Porsche hatte schon 1972 beabsichtigt, das »SC« für Super Carrera stehen zu lassen, und es bleibt etwas unklar, warum die Bezeichnung dann 1977 wieder auftaucht. Es gibt aber Hinweise, dass mit dem Kürzel SC alle 911 bezeichnet werden sollten, weil es eben auch auf dem Typenschild auftaucht.

Zuletzt nennt Porsche den SC häufiger »Super Carrera«, obwohl dieser Begriff in der zeitgenössischen Literatur nicht auftaucht.

### SC 3.1 L

Der SC nahm zwar alle Hürden der neuen Emissions- und Verbrauchsvorschriften, ließ aber in den Augen vieler Kunden einiges vermissen. Sie hatten vom neuen 911 mehr Leistung erwartet. Sie wandten sich daher gern an Tuner wie RUF, was Porsche hinsichtlich der Leistungsentwicklung unter gewissen Druck setzte.

Nahezu unbemerkt sorgte Porsche dann für eine Werks-Leistungssteigerung. Sie war zwischen 1978 und 1980 durch ein »L« wie Leistungssteigerung erkennbar. Motoren der Typen 930/03 und 930/09 erhielten 3,1 Liter Hubraum. Angeblich soll Ferry Porsche die Entwicklung persönlich befürwortet haben, obwohl ja eigentlich ein Weiterentwicklungsverbot durch Fuhrmann ausgesprochen worden war und weiterhin bestand. So wurde diese Option nur unter der Hand angeboten. Der normale SC-Motor vom Typ 930 war dann mit einem dezenten »3.1« am Kurbelgehäuse gekennzeichnet, hatte weiterhin die Bosch L-Jetronic zur Gemischaufbereitung und das Fünfgang-Schaltgetriebe des SC. So sah der SC 3.1 unabhängig vom verbauten Sport M437-Paket genauso wie der SC aus.

Durch eine von 95 auf 97 Millimeter vergrößerte Bohrung – wie beim 911 Turbo mit 3,3 Litern – bei unverändertem Hub von 70,4 Millimetern ergaben sich 3.122 cm³ Hubraum. Mit einer von 8,6 auf 9,5:1 erhöhten Verdichtung stieg die Leistung auf 210 PS bei 5.800/min. Mit der Einführung des überarbeiteten SC zum Modelljahr 1981 wurde diese Form der Leistungssteigerung entbehrlich und entfiel, denn mit dem Motortyp 930/10 war die Leistung auf 150 kW (204 PS) gestiegen.

In den 1970er-Jahren hatte Porsche Versuche durchgeführt, den Hubraum mit einer Bohrung von 100 Millimetern auf 3,5 Liter zu vergrößern. Helmuth Bott fuhr einen eigenen 911 mit 3,5 Litern Hubraum. Das Thema war also bekannt, wurde jedoch durch das Getriebe vom Typ 915 technisch begrenzt. Außerdem war klar, dass größere, auf 3,2 Liter Hubraum erweiterte Motoren mehr Kraftstoff verbrauchen, weshalb erst die Bosch DME-Motronic, die beim Gaswegnehmen die Kraftstoffzufuhr unterbrach, deren Entwicklung möglich machte. Das stärkere G50-Getriebe hätte dann den Einsatz des 3,5 Liter großen Triebwerks ermöglicht, doch die Hubraumerweiterung sollte erst nach dem Modellwechsel zum 964 erfolgen, wo der Hubraum dann 3,6 Liter betrug.

Mit der Option des 3,1-Liter-Motors ließen sich die leistungshungrigen Kunden im Vertriebsgebiet Rest-of-World relativ einfach befriedigen und als 911-Kunden halten. Damit hatte der SC eine mit dem Carrera 2.7 und Carrera 3.0 vergleichbare Leistung. Nach der Einführung des stärkeren Motors im SC für Fahrzeuge des Jahrgangs 1981 konnte Porsche die Möglichkeit des Werkstunings wieder aus dem Programm nehmen.

Zwar wirken die Unterschiede des Hubraums zwischen 3.122 cm³ beim 3.1 und den 3.164 cm³ des Carrera 3.2 mit dem Motortyp 930/10 geringfügig, aber die Hubräume wurden auf unterschiedliche Weise erreicht. Waren beim 3.1-Motor Bohrung des Turbo und Hub des SC für den Inhalt bestimmend, sorgten beim 3.2-Motor der Hub des Turbo und die Bohrung des SC für den entsprechenden Inhalt.

Wie der Flachbau war der stärkere 3.1-Motor im Sonderwunsch-Programm bei Porsche zu bestellen. Anders als die geänderte Frontpartie bewarb Porsche die Leistungssteigerung jedoch nicht aktiv. In Nordamerika wurde sie sogar gar nicht angeboten.

### SC Weissach Coupé M439

Porsche SC des Jahrgangs 1980 wurden auch als Limited Edition Weissach Coupé angeboten. Damit sollte das firmeneigene Testcenter im Norden von Stuttgart gewürdigt werden, ebenso Porsches Wiege des Fortschritts, und nicht zuletzt auch die dort beschäftigten Mitarbeiter. Es entstanden 400 Fahrzeuge nur für den amerikanischen Markt. Die Hälfte davon war in Platin-Metallic lackiert, die andere in Schwarzmetallic.

Fuchs-Alufelgen mit 15 Zoll Durchmesser und in Platinmetallic waren bei allen montiert sowie ein schwarzes Dreispeichen-Lenkrad. Die Sitze waren mit grauem Leder mit roten Kedern bezogen, dazu gab es farblich passende Teppiche.

Diese dritte Spezialausführung des 911 erschien vier Jahre nach dem erfolgreichen 2.7 Signature Edition-Modell. Das Weissach-Coupé basierte auf einem Serien-SC und erhielt unter dem Optionscode M439 die Sport-Extras wie speziell abgestimmte Stoßdämpfer, Spoiler vorn und Flügel hinten. Der Motor vom Typ 930/07 leistete die gewohnten 132 kW (180 PS). Angeboten wurde der Wagen für 32.050 US-Dollar.

### SC Jubiläums-Edition 50 Jahre Porsche

Den 50. Geburtstag von Porsche feierte das Unternehmen unter anderem mit der 911 SC Jubiläums-Edition ab Ende 1981. Hergestellt wurden 200 Fahrzeuge als Coupé und Targa. Die Außenfarbe nannte sich »Meteor-Metallic«, es gab Fuchs-Felgen, eine Teillederausstattung in burgunderrot mit farblich passenden Teppichen und entsprechend eingefärbtem Lenkrad. Die Unterschrift von Ferry Porsche war auf den Kopfstützen der Vordersitze eingeprägt. Die Farbe Meteor-Metallic wurde zunächst nur im Modelljahr 1982 für die Jubiläums-Edition eingesetzt, später aber auch bei Fahrzeugen des Jahrgangs 1985 und 1986.

Die Geschichte der Marke Porsche ließ sich auf das Jahr 1931 zurückführen. Damals setzte Ferry Porsche seinen Namen erstmals unter eine Entwicklung im »Hauptbuch«, beim Projekt mit der Nummer 9, eine Pleuelstange mit Schrauben und Bolzen. Die ersten fünf Projekte wurden in Österreich abgewickelt. Das erste Projekt in Stuttgart trug 1931 die Nummer 6. So konnte 1981 das 50. Jubiläum der Marke mit dem Optionspaket M403 für den 911 SC gefeiert werden.

**Der 911 SC erschien 1978, wurde während seiner Laufzeit zweimal modellgepflegt und wurde neben dem 911 Turbo 3.3 angeboten.**

PORSCHE

Die Abkürzung »SC« für »Super Carrera« wurde während des Bauzeit des Modells nie aufgelöst.

S EK 8077
S EH 7867

# 928

## Der Spitzenreiter

Ende der 1970er-Jahre ging es bei Porsche um die Sicherung der Zukunft. So kam zum Modelljahr 1978 der 911 SC auf den Makt und der Turbo war mit dem 3,3 Liter großen, 300 PS starken Motor auf der Höhe der Zeit. Mit dem 928 war ein würdiger Thronfolger präsentiert worden.

Unter dem Eindruck, den in die Jahre gekommenen 911 ersetzen zu müssen, sollte der 928 die Antwort für eine Zukunft sein, in der das unkonventionelle Heckmotorprinzip als überholt zu gelten schien. Ein technisch anspruchsvoller Viersitzer mit Frontmotor als luxuriöser Tourenwagen sollte das Flaggschiff der Marke werden. Folglich entstand das Projekt 928 unter der Leitung von Ernst Fuhrmann und Helmuth Bott. Chefstylist Wolfgang Möbius und der Leiter der Designabteilung, Anatole Lapine, machten sich ans Werk.

Schon 1971 war die grundsätzliche Form des 928 zu Papier gebracht. Das neue Auto machte einen futuristischen Eindruck. Das viersitzige Coupé mit Frontmotor kam auf 4.447 Millimeter Gesamtlänge und war damit 156 Millimeter länger als der 911. Der Radstand legte im Vergleich zum 911 um 228 auf 2.500 Millimeter zu, insbesondere aber die Breite wuchs im Vergleich zum Breitbau-Turbo um 61 auf 1.836 Millimeter. Den normalen 911 überragte er sogar um 182 Millimeter. Andererseits erreichte der 928 mit 1.282 Millimetern weniger Höhe als der 38 Millimeter höhere 911. So machte der 928 eine ganz andere Figur: länger, flacher und breiter als der 911.

Porsche konstruierte den 928 nach modernsten Standards mit verformbaren Front- und Heck-Stoßfängern aus Kunststoff, Klappscheinwerfern, einer aufwendigen Hinterachse sowie elektronischen Helfern und luxuriöser Ausstattung.

Mit der Auszeichnung »Auto des Jahres« schien die erfolgreiche Karriere des 928 vorgezeichnet zu sein, doch die Verkaufszahlen standen in keinem Verhältnis zum betriebenen Aufwand. Obwohl der 928 ein richtig gutes Auto und ein würdiger Anwärter auf die 911-Nachfolge war, blieb er hinter dem gesetzten Ziel zurück. Er kam 1977 auf den Markt mit einem 240 PS starken V8-Motor und knapp 4,5 Litern Hubraum, kostete anfangs 55.000 Mark und war bis zu 230 km/h schnell.

**Thronfolger: Obwohl er den Titel »Auto des Jahres 1978« gewann, konnte der 928 nie aus dem Schatten des 911 heraustreten, als dessen Nachfolger er gedacht war.**

PORSCHE
BB PW 981

# 954 SCRS

### Homologiert für Gruppen 3, 4 und B

Eine Dekade nach dem Auftritt des 911 Carrera RS 3.0 trat Porsche wieder mit einem RS auf. 1983 entstand der SCRS. Er hatte wieder die Breitbau-Karosserie ähnlich wie beim ersten Auftritt des ST 1970/71. Der SCRS wurde für Wettbewerbe homologiert.

Die für den Aufbau eingesetzten Chassis zählen alle zum Modelljahr 1984, die also dem Kennbuchstaben »E« entsprechen. Sie stammen somit vom Carrera 3.2 ab. Zwar wurden 21 Chassisnummern verwendet, doch Porsche spricht nur von 20 Fahrzeugen. Chassis-Nummer 0001 wurde bei der Homologation verwendet.

Die für Gruppe B erforderliche Stückzahl von 20 Fahrzeugen des 954 (SCRS) wurden gebaut. Damit konnte Porsche seinem Gruppe-C-Sponsor Rothmans ein wettbewerbstaugliches Fahrzeug für die Rallyeweltmeisterschaft in der Gruppe B bereitstellen. Fünf Fahrzeuge übernahm ProDrive als Teil des werksunterstützten Rothmans Porsche Rallye-Teams. Obwohl die Basis ein 911 SC war, stammten die breite Karosserie, das Fahrwerk und die Bremsen vom 911 Turbo. Befeuert waren die Autos mit einem Dreilitermotor vom Typ 930/18 (Kategorie 1, Gruppe B, Klasse 11), der eine mechanische Kugelfischer-Einspritzung hatte und damit 255 PS leistete. ProDrive kitzelte bis zu 290 PS aus dem Triebwerk heraus. Das Getriebe war vom Typ 915.

Dank Türen und vorderer Haube aus Aluminium, Motorhaube und Stoßfängern aus Kunststoff und weiteren Abspeck-Maßnahmen brachte der SCRS nur 940 Kilogramm auf die Waage. Die anderen 15 Autos waren nur in weiß erhältlich und wurden nicht über das Händlernetzwerk vertrieben. Sie wogen 1.057 Kilogramm und waren ganz besondere, leichtgewichtige Fahrzeuge.

**Homologiert für die Gruppe B der Rallye-Weltmeisterschaft: Der SCRS wandelte auf den Spuren des Carrera RS 3.0.**

# 911 CARRERA 3.2

## Modelljahr 1984

Das höchste Maß an Feinschliff bot der 911 Carrera 3.2. Er sollte der letzte sein mit der Chassis-Kennzeichnung 91-1. Es gab ihn als Coupé, Targa, Cabriolet und auch mit Turbo-Look, aber außerdem als Club-Sport-Version und Speedster.

Mit dem internen Kennbuchstaben »E« wurde der Carrera 3.2 Ende 1983 für das Modelljahr 1984 präsentiert. In den meisten Märkten hatte er einen Motor vom Typ 930/20 mit 170 kW (231 PS). Amerikaner und Japaner erhielten den Motortyp 930/21 mit 152 kW (207 PS) bis 1986, danach den Typ 930/25 mit 160 kW (217 PS). Das war auch die Leistung in Deutschland, wenn der geregelte Dreiwege-Katalysator an Bord war. Schweden und Schweizer wurden ab 1987 mit dem Motortyp 930/26 glücklich gemacht, wobei 170 kW (231 PS) zur Verfügung standen.

Die Leistungsunterschiede erklären sich aus unterschiedlichen Verdichtungswerten. Dieser lag bei den Rest-of-World-Autos und dem Motortyp 930/20 bei 10,5:1. Motoren mit der Kennung 930/26, eingeführt ab Modelljahr 1985, entsprachen dem vorgenannten mit der Ausnahme der Lufteinblasung im Abgastrakt. In Nordamerika und Japan waren die Motoren (Typ 930/21 und/25) mit nur 9,5:1 etwas niedriger verdichtet.

Von dem als weitgehend neu bezeichneten Carrera 3.2 hieß es, er sei gegenüber dem Vorgänger deutlich verbessert. Die größte Veränderung steckte im Motor, der angeblich zu 80 Prozent neu war. Bei unveränderter Bohrung von 95 Millimetern wie beim SC, verbaute Porsche die Kurbelwelle des 3,3 Liter Turbomotors mit einem Hub von 74,4 Millimetern. Somit ergab sich ein Hubraum von 3.164 cm³. Eine wesentliche Verbesserung im Vergleich zum SC-Motor stellte die permanente Schmierung des Steuerkettenspanners dar. Defekte an diesem Bauteil konnten damit drastisch verringert werden, ein bis dahin typischer Schwachpunkt des Sechszlinder-Boxermotors. Im Verbund mit größeren Ein- und Auslassventilen und einer größeren Auspuffanlage kam der 930/20-Motor auf eine

**Entwicklungshöhepunkt der G-Serie: der Carrera 3.2.**

Literleistung von 73 PS und somit 5 PS mehr als bei den letzten SC-Motoren. So wurde der klar verbesserte Carrera 3.2 für seine Leistungsfähigkeit, Sparsamkeit und sein Abgasverhalten sehr geschätzt.

Für eine optimale Leistungsausbeute setzte Porsche eine neue Kraftstoffeinspritzung ein. Die elektronische Bosch L-Jetronic sorgte für die Gemischaufbereitung und erwies sich in Kombination mit dem größeren Motor als äußerst effektiv, lieferte dabei beste Kraftstoffeffizienz, niedrige Abgaswerte und eine gleichmäßige Kraftentfaltung.

Im Carrera 3.2 gab es die optionale Sportomatic nicht mehr, sondern stets ein Fünfgang-Schaltgetriebe. Die Einführung des Getrag-Getriebes vom Typ G50 war ab Modelljahr 1987 eine wichtige Verbesserung. Im Vergleich zum hauseigenen Fünfganggetriebe vom Typ 915 ermöglichte das Bauteil von Getrag die Übertragung höherer Kräfte. Das von Porsche konstruierte Getriebe war zwar nicht schlecht, begrenzte aber eine weitere Leistungsentwicklung und war damit nicht zukunftsfähig. Das hatte Porsche natürlich klar erkannt und deshalb wurde auch ein Getriebe-Ölkühler integriert, damit es mit der höheren Leistung und dem gestiegenen Drehmoment des Motors 930/20 möglichst keine Probleme gab. Im Unterschied zum Typ-901-Getriebe hatte das G50-Getriebe ein verändertes Schaltschema. So lag der fünfte Gang jetzt vorn rechts und der Rückwärtsgang vorn links und entsprach damit dem Schema des 915-Getriebes.

Ab Modelljahr 1987 wurde das G50-Getriebe eingesetzt. Obwohl es schwerer war, erwies es sich als effizienter, denn die Gänge ließen sich auf kürzeren Wegen schneller und präziser einlegen Nicht zuletzt die hydraulische Kupplungsbetätigung verbesserte den Carrera. Äußerlich änderte sich indes nur wenig. Beispielsweise waren nun Nebelschlussleuchten in der Blende zwischen den Rückleuchten integriert und der Porsche-Schriftzug war etwas kleiner. Auch im Innenraum gab es wenige, kleine Änderungen.

Das neue G50-Getriebe ermöglichte es Porsche, die Motoren weiter zu vergrößern, etwa auf 3.5 Liter Hubraum, und die Leistung zu erhöhen. Obwohl Helmuth Bott persönliche Erfahrungen mit einem 3,5 Liter großen Motor gesammelt hatte, entschied sich Porsche, zunächst bei einem Hubraum von 3,2 Litern zu bleiben. Vom Getriebe abgesehen änderte sich in der sechsjährigen Bauzeit des Carrera 3.2 nichts Entscheidendes – länger als bei allen bisherigen 911-Modellen.

Insgesamt zeigte sich der Carrera 3.2 im Vergleich zu seinem direkten Vorgänger geringfügig verändert. Modifiziert war nur die Position der Frontscheinwerfer, bei Fahrzeugen mit Sport-Ausstattung der Heckflügel und, ab 1987, das Heckleuchtenband mit Porsche-Schriftzug und Nebelschlussleuchten. Letzteres wurde auch beim 959 verwendet. Auf dem Motordeckel prangte ein Carrera-Schriftzug.

In der sechsjährigen Produktionszeit des Carrera 3.2 führte Porsche wichtige Modellvarianten ein und machte Sonderausstattungen verfügbar. Ab Jahrgang 1984 konnte etwa der »Turbo-Look« bestellt werden samt Breitbau und Spoilerwerk. Ab Jahrgang 1987 gab es den Carrera Club Sport, und die Modelle von 1989 wurden ergänzt um den Carrera Speedster. Nicht zuletzt stellte der Carrera 3.2 auch die Basis für das allradgetriebene Rallye-Dakar-Auto dar, den 953, sowie für einen aerodynamisch gestalteten Prototyp in Form der Studie E 19. Gefeiert werden konnte während der Carrera 3.2-Bauzeit gleich doppelt: So war der 250.000. Porsche 911 fertiggestellt worden und das Modell feierte 25. Geburtstag.

Der Carrera 3.2 war außerdem der letzte Porsche mit dem Chassis-Code 91-1. Nach dem Wagen mit der Kennung WPO ZZZ hf Z X S hf Y NNNN folgten die neuen 911, die mit den Ziffern 96-4 bezeichnet wurden. So endete im August 1989 ein wichtiges Kapitel eines einzigartigen Sportwagens.

**Beim Typ-930-Motor mit 3,2 Litern Hubraum wurde erstmals die neue Bosch-Motronic verbaut, die für bessere Abgaswerte und niedrigeren Verbrauch sorgte.**

### Turbo-Look M491

Ab Modelljahr 1984 bot Porsche das Paket M491 für das Carrera Coupé an. Die teure und umfassende Option sorgte für eine aggressivere Optik im Stil des 911 Turbo mit der breit bauenden Karosserie.

Solcherart modifizierte Carrera 3.2 ließen sich anhand der Auspuffanlage schnell vom Turbo unterscheiden. Dennoch basierten sie nicht auf dem 930-Fahrgestell, sondern hatten die Kennung 911 – trotz ihrer an den Breitbau angepassten Frontspoiler und Heckflügel, wie sie am 911 Turbo zu finden waren. Verwendet wurden jedoch auch die Aufhängungen und Bremsen des 3,3 Liter-Turbos. Damit wurden zwar nicht genau die gleichen Fahr- und Bremsleistungen erzielt, doch lagen sie über denen der 911 ohne das Paket M491. Als alternative Option bot Porsche auch das Paket M470 an, wobei der Turbo-Look ohne die Aerodynamikhilfen an Front und Heck auskommen musste.

Wie beim 911 Turbo wurde das Aufweiten der

**Ab Modelljahr 1984 war das Extra M491 »Werksturbolook« bestellbar. Einziges Unterscheidungsmerkmal zum Turbo war das einfache Endrohr und der Modellschriftzug.**

Radhäuser an den Kotflügeln mithilfe von Verbindungsblechen hergestellt, die mit den Standard 911-Kotflügeln verschweißt wurden. Erst für Fahrzeuge des Jahrgangs 1987 wurden die vorderen Kotflügel aus einem Blech produziert. Das machte die speziellen Verbindungsbleche entbehrlich. Hinten bieb es bis 1989 bei der Verwendung der Verbindungsbleche.

Die Turbo-Look-Option mit dem Paket M491 wurde jedoch, anders als die 911 Club-Sport-Fahrzeuge oder der Speedster, nie ein eigenständiges Modell. Die Ausführung wurde daher auch nicht entsprechend anerkannt, diente aber der Absatzförderung des Carrera. In Prospekten des Carrera taucht sie 1985 unter der Bezeichnung »Wide body« auf als Option M470 ohne Frontspoiler und Heckflügel und wurde als »Carrera mit Turbo-Look« bezeichnet.

Der 911 Turbo war eine internationale Sensation. Demgegenüber wirkte der normale 911 ein wenig blass, was wiederum einige Karosseriebauer einen Markt für Umbauten erkennen ließ. Porsche nahm

**Trotz erhöhter Stirnfläche und schlechteren Luftwiderstands war der Turbolook ein beliebtes Extra.**

sich dann neun Jahre Zeit, mit dem Paket M491 den Turbolook als Option für den Carrera anzubieten. Immer strengere Abgasvorschriften in Nordamerika hatten Porsche 1979 dazu gezwungen, den Turbo trotz verbesserter Werte nicht mehr anzubieten. Die Lücke wurde dann mit dem Carrera im Turbolook zumindest ansatzweise geschlossen. Die Option verkaufte sich in den Jahren 1984 und 1985 gut. Mit der Wiedereinführung des Turbos im Modelljahr 1986 gingen diese Zahlen natürlich deutlich zurück. Im europäischen Markt und anderen blieb der Turbo zwar durchgehend im Angebot, doch nicht wenige Kunden bevorzugten den Carrera im Turbolook, weil er wegen seiner Leistungsentfaltung einfacher zu fahren und beherrschen war. So blieb das Extra auch in diesen Vertriebsgebieten beliebt.

Das Paket M491 war jedoch teuer. Der Carerra im Turbolook stand 1984 mit stolzen 94.510 Mark in den Preislisten, der normale Carrera mit 68.560 Mark und der Turbo mit 114.000 Mark. 1989 war alles teurer geworden und die Tarife lagen bei 115.790 Mark, 86.000 Mark und 138.000 Mark. In Amerika lag der Aufpreis für den Turbolook 1984 bei 10.000 Dollar und 1989 bei 14.000 Dollar. Briten hatten 1987 für die M491-Option 10.000 Pfund zu bezahlen.

Fahrzeuge der Jahrgänge 1984 bis 1989 waren auch mit dem Optionspaket M470 zu bekommen. Dies erforderte eine Überarbeitung unten an den vorderen Kotflügeln, die den umlaufenden Frontspoiler ersetzten. Diese Option entsprach nicht ganz dem Aussehen des 911 Turbo, sondern war ein Angebot an die Puristen, die jene klaren, übersichtlichen Linien der 911-Karosserie vorzogen. Peter Schutz schätzte die 911-Form ohne auffällige Spoiler, weshalb sein Dienstwagen ein Carrera Cabriolet im Turbolook, jedoch ohne den großen Heckflügel und nur mit dem Frontspoiler war. In dieser Konstellation wurde dann auch der 911 als Cabriolet im September 1981 in Frankfurt präsentiert. Später entwickelte Schutz selbst einen Speedster, einen Carrera im Turbolook ohne Spoiler. 1989 sollte der Serien-Speedster in dieser Konstellation auf den Markt kommen. Schutz bevorzugte die klaren Linien und setzte sich für den ein- und ausfahrenden Heckflügel am 964 ein. Natürlich wusste er um die aerodynamischen Vorteile, erkannte aber auch den ästhetischen Mehrwert des stehenden Wagens. Beim Nachfolger 964 gab es dann den entsprechend entwickelten, ausfahrenden Heckflügel.

Zur Option M470 gehörte beim Carrera in Nordamerika der Entfall des Carrera-Schriftzugs auf der hinteren Haube. In anderen Märkten konnte er unter der Option M498 abbestellt werden.

Die Autos im Turbolook besaßen die üblichen Motoren der Typen 930/20,/21,/25 und /26 mit den genannten Leistungswerten, jeweils kombiniert mit Fünfgang-Schaltgetrieben vom Typ 915 oder später G50. Vorteil beim G50-Getriebe war die hydraulisch betätigte Kupplung. Auch die verbesserte Bremstechnik des Turbo mit gelochten Scheiben vorn und hinten sowie Vierkolben-Bremssätteln, die vom Rennwagen 917 abgeleitet waren, wurden verbaut. Die Jahrgänge 1984 und 1985 der Turbolook-Carreras rollten auf 16-Zoll-Felgen, vorn mit 7 Zoll Breite und hinten mit 8 Zoll. Ab 1986 verwendete Porsche hinten 9 Zoll breite Räder wie beim Turbo. Auch die Fahrwerksaufhängungen stammten vom Turbo, einschließlich größerer Längslenker am Heck. Neben den üblichen Markenemblemen und Schriftzügen gab es keine weiteren, äußerlichen Unterscheidungsmerkmale.

Die ließen sich auch im Innenraum der Fahrzeuge nicht ausmachen. Carrera und Turbolook unterschieden sich nur bei der Breite um 123 Millimeter, wobei jedoch die Standard-Türen und Hauben verwendet wurden sowie verbreiterte Kotflügel vorn und hinten, breitere Stoßfänger, ein vollständig umlaufender Frontspoiler und der aerodynamische Turbo-Heckflügel. Dabei sorgte der Turbolook für ein Mehrgewicht von 70 Kilogramm und einen höheren Luftwiderstand. Es standen außerdem alle üblichen Extras wie beim Carrera und beim Turbo zur Wahl, die ähnlich wie bei diesen Fahrzeugen in der Bedienungsanleitung und auf einem Aufkleber unter der Fronthaube aufgeführt wurden. Nur in Amerika gab es dazu noch einen Aufkleber an der Frontscheibe mit dem Hinweis »930 performance body/chassis«.

Die Option M491 war nicht als Teil der Club Sport M637-Spezifikation erhältlich, sondern für den Speedster M503, der die Mehrheit der produzierten Speedster ausmachte.

**Carrera Jubiläums-Edition**

Nach dem Start im Jahr 1963 rollte im Sommer 1987 der 250.000. Porsche 911 vom Band. Im Schnitt waren also gut 10.000 Fahrzeuge pro Jahr gefertigt worden. Anlässlich des Produktionsjubiläums legte Porsche daher eine Sonderserie von 875 Carrera als Jubiläums-Edition auf, die technisch dem Modelljahr 1988 zuzuordnen ist. Für das Sondermodell gab es keinen Optionscode. Besonderheit der Sonderserie waren die diamantblaue Metalliclackierung, die silberblaue Leder-Innenausstattung und üppige Teppiche. Nicht zuletzt prangte die Signatur von Ferry Porsche, wie er sie schon 1931 als Lehrling in den Büchern geschrieben hatte, auf den Kopfstützen. Erstmals hatte es diesen Schriftzug auf dem Lenkrad der Signature-Edition 1976 gegeben und dann 1981 bei der Messepräsentation des Cabriolets 1981, aber auch im »Ferry Porsche-Jubiläumsmodell« des 911 SC zum 50-jährigen Bestehen der Marke Porsche 1982. Die Jubiläums-Edition gab es als Coupé, Targa und Cabriolet. Damit war dies

1987 rollte der 250.000. Porsche 911 vom Band. Die Jubiläumsedition war unter anderem an Ferry Porsches Signatur auf den Kopfstützen erkennbar.

das erste Cabriolet als Sondermodell. Alle drei Versionen rollten auf 15-zölligen Fuchs-Alufelgen, deren Stern in Wagenfarbe lackiert war. Zu jedem Auto gab es eine runde Jubiläumsplakette mit der Aufschrift »250 000 Porsche 911 Jubiläums-Sonderserie 1987«, die mit dem Namen des Käufers individualisiert werden konnte und wahlweise an der Armaturentafel zu befestigen war. Die Jubiläums-Fahrzeuge gab es als Links- und Rechtslenker.

Im Modelljahr 1988 bot Porsche Cars North America auf dem heimischen Markt eine »exklusive Serie von Porsche-Modellen als Würdigung des 250.000. gebauten Porsche 911« an. Dazu gab es einen Prospekt mit dem Titel »1988 Special Edition Models«, der diesen Autos gewidmet war und in der sie bezeichnet wurden als »911 Commemorative Edition«. Statt das Jahr 1987 zu nennen wie in Europa, wurde hier 1988 geschrieben. So bezog sich die Plakette zwar nicht auf das eigentliche Jubiläumsjahr, passte dennoch zum Modelljahrgang, in dem die entsprechenden Carreras gebaut wurden. Parallel dazu gab es auch Porsche 924 und 944 als Special Edition, mit denen das Produktionsjubiläum des 911 gefeiert wurde.

### Carrera Geburtstagsedition M097, M098 und M099

1988 konnte Porsche das 25-jährige Produktionsjubiläum des 911 feiern. Anlässlich dieses Meilensteins legte Porsche eine limitierte Sonderserie von Fahrzeugen des Modelljahrgangs 1989 auf, den Carrera »Jubiläums Sonderserie 25 Jahre«. Dabei kamen drei Sonderausstattungen zum Einsatz. M097 stand für das in Deutschland offerierte Geburtstagsmodell mit dunkelblauer Metalliclackierung und grauer Lederausstattung, 098 für das US-Sondermodell in Silbermetallic oder speziellem Schwarzmetallic, während 099 in Marineblaumetallic mit dunkelblauem Lederinterieur in Rest-of-World-Märkten angeboten wurde.

Einige Fahrzeuge trugen eine spezielle Kennzeichnung. US-Auslieferungen konnten mit einer länglichen, goldenen Plakette ausgestattet sein, auf der »25th Anniversary Special Edition« stand. In den anderen Fahrzeugen der Geburtstagsedition fand sich eine längliche silberne Plakette mit der Aufschrift »Jubiläums Sonderserie 25 Jahre«, an deren Rand jede einzelne Jahreszahl von 1963 bis 1988 aufgeführt wurde. Auch diese Fahrzeuge waren als Links- und Rechtslenker verfügbar. Sie ließen sich an der besonderen Mittelkonsole aus dem Sonderwunsch-Programm einfach identifizieren.

Porsche entschied sich auf dem US-Markt dafür, das 25. Jahr mit Silber zu feiern, weil dies eine allgemein anerkannte Farbgebung für ein solches Jubiläum ist. So erhielten die meisten Fahrzeuge eine Lackierung in Silbermetallic. Insgesamt sollen 500 Fahrzeuge mit der Spezifikation M098 importiert worden sein, davon 300 Coupés und 200 Cabriolets. 60 von den 300 Coupés und 40 der 200 Cabriolets hatten eine Lackierung in Schwarzmetallic. Ob silbern oder schwarz – alle Fahrzeuge hatten ein geschmeidiges, silbergraues Lederinterieur samt farblich passendem Lenkrad und Schaltknauf sowie einen abgesteppten Lederbezug der Mittelkonsole mit analoger Außentemperaturanzeige.

### 911 Club Sport Modelljahr 1987

Getreu dem Motto »weniger ist besser« folgte der Carrera Club Sport seinen leichtgewichtigen Vorgängern, indem nicht zwingend notwendige Bauteile weggelassen wurden. Seit 1976 hatte der 911 immer mehr funktionale und luxuriöse Aufwertungen zwecks Verbesserung von Komfort, Sicherheit und Benutzerfreundlichkeit erhalten. Der Club Sport dagegen war abgespeckt und sollte so den Wünschen eines Teils der Klientel entgegenkommen, die statt Komfort lieber Sportlichkeit genießen wollten.

### 911 R Gewicht reduzieren

Der 1967 durch Ferdinand Piëch inspirierte, gewichtsoptimierte 911 R war Vorbild für nachfolgende, leichtere 911er. So hatte der erste 911 R eine unveränderte Karosseriebreite, wurde aber durch einige Maßnahmen leichter wie etwa glasfaserverstärkte Kunststofftüren. Kotflügel vorn und vordere Haube wurden von der Firma Karl Baur gefertigt, die später auch die Karosserie des 959 herstellen sollte. Dazu kamen Scheiben aus Perspex und eine nur vier Millimeter dicke Frontscheibe. Befreit von allem unnötigen Gewicht, brachte der 911 R gerade einmal

**Im Jahr 1988 feierte Porsche 25 Jahre 911 – 25 Jahre technischer Innovationen und ständiger Weiterentwicklung.**

830 Kilogramm auf die Waage und war somit über 200 Kilogramm leichter als ein serienmäßiger 911 S.

Schließlich fanden die Porsche-Ingenieure weiteres Potenzial zur Gewichtsreduzierung und drückten das Gewicht auf nur noch 789 Kilogramm beim Tour-de-France-911 R von 1970 mit dem amtlichen Kennzeichen S-K 2403, der damit den Titel als leichtester Werks-911 aller Zeiten hält. Der 911 Carrera RS 2.7 wurde dann 1972 mit 900 Kilogramm gewogen – der erste gewichtsoptimierte Serien-911. Der 911 Club Sport von 1986 wog 1.160 Kilogramm.

Der 911 R war ein Vorgänger späterer Wettbewerbs-911 mit breiter Karosserie einschließlich des 911 ST, dem ersten 911 mit Wide-Body von 1970, aber auch vom Carrera RS 3.0 und dem 911 SCRS. Er war die unübertroffene Blaupause für gewichtsoptimierte 911er.

S GO 988
PORSCHE MUSEUM

## Prototyp F22

Ein Jahr nach dem SCRS und zwei Jahre bevor der Club Sport verfügbar war, entstand 1985 ein Carrera Coupé mit schmaler Karosserie, der als 911 F22 Prototyp mit Sportpaket 2 bekannt ist und Tests unterzogen wurde. Das Fahrzeug erinnerte stark an den Gruppe-B-SCRS und wies zahlreiche Leichtbau-Elemente auf, die es allerdings nicht in die Serie schafften, wie insbesondere die Kunststoffstoßfänger in der Art des RS und das weniger schwere Getriebe vom Typ 915. So stellte der F22 einen Leichtbau-Carrera 3.2 dar, der später als M637 Club Sport bezeichnet wurde.

Wahrscheinlich stammt die Bezeichnung F22 daher, dass der Jahrgang 1985 den Kennbuchstaben »F« trug und bezieht sich auf das 22. Chassis nach dem Bau der 21 SCRS. Der Begriff »Sportpaket 2« bezieht sich wohl auf die zweite Evolutionsstufe des SCRS. Der F22 mit der Fahrgestellnummer WPOZZZ91ZF100848 war ein Coupé mit Standard-Karosserie mit 100 Kilogramm weniger Gewicht im Vergleich zur Serie.

Der leichte Prototyp F22 war weiß lackiert mit schwarzen Zierleisten und farblich abgestimmten Fuchs-Felgen. Der rote Bereich des Drehzahlmessers begann für den optimierten 3,2-Liter-Motor erst bei 6.840/min. Die FIA homologierte das vereinfachte Cockpit mit dem zentralen Drehzahlmesser unter der Nummer 3062, ähnlich wie beim 911 R von 1967. So lag der Tachometer rechts und das Kombiinstrument mit Tankanzeige, Ölstand, Öldruck und Temperatur zusammengefasst links. An der Stelle der sonst verbauten Instrumente gab es nur Blenden. Befreit von allem Unnötigen und ausgerüstet mit den homologierten Gruppe-B-Wettbewerbs-SCRS-Stoßfängern aus Kunststoff sowie einem manuell einstellbaren Außenspiegel auf der Fahrerseite ähnelte er dem SCRS weitgehend. Porsche ermittelte dann ein Fahrzeuggewicht von 1.060 Kilgramm für den F22 und damit 100 Kilogramm weniger als beim Serien-Coupé, aber drei Kilogramm mehr als beim SCRS.

**Der F22-Prototyp zitierte den SCRS und kam dank Leichtbau-Stoßfängern und Getriebe vom Typ 915 auf nur 1.060 kg Leergewicht.**

Als Vorbereitung für Wettbewerbe homologierte Porsche den Carrera 3.2 im Juni 1986. Das entsprechende Dokument trägt die Kennung B-282 für die Gruppe B. So schien es, als ob Porsche mit dem F22 einen neuen Carrera 3.2 RS als Nachfolger der RS-Modelle mit 2,7 und 3,0 Litern Hubraum entwickelt hätte. Das Potenzial des Carrera 3.2 RS war verlockend. Das Ganze schien durchaus machbar zu sein, doch am Ende entschied man sich dagegen, mit dem Fahrzeug in der Gruppe B anzutreten. Durch den Hubraum von mehr als drei Litern hätte er in einer höheren Klasse mit einem Mindestgewicht von 1.100 Kilogramm antreten müssen. Nicht zuletzt hätte das G50-Getriebe wegen der hohen Leistung verbaut werden müssen.

Als Resultat aus dem Prototyp F22 entstand der 3.2 Carrera Club Sport, der nicht für den offiziellen Wettbewerb bestimmt war. Immer noch mit dem höherdrehenden F22-Motor ausgestattet, mit dem höher liegenden roten Drehzahlbereich, aber mit dem schwereren G50-Getriebe und ohne den Vorteil der leichten Kunststoff-Stoßstangen, war er ein reiner »Club«-Rennwagen, daher sein Name.

### Club Sport M637

Der Carrera 3.2 Club Sport ging im Modelljahr 1987 in Serie mit den normalen Stoßfängern vorn und hinten sowie dem G50-Getriebe. Trotzdem war er etwas leichter.

**Leichter und – inoffiziell – mit mehr Leistung als der Serien-Carrera: Der Club Sport bot ein geschärftes Gesamtpaket.**

**Das gewichtsreduzierte Interieur des Club Sport, erkennbar an Fensterkurbeln, manueller Sitzverstellung und fehlenden Rücksitzen.**

Im Vergleich zum normalen Carrera Coupé verzichtete man beim Club Sport auf das elektrische Schiebedach, das Carrera-Logo auf dem Motordeckel, die Rücksitze, Verkleidungsteile, Zentralverriegelung, Heckscheibenwischer, Nebelscheinwerfer, Scheinwerfer-Reinigungsanlage, Hohlraumversiegelung, Schallisolierung (außer Motor und Dach), Sonnenblende auf der Beifahrerseite, Beleuchtung für Gepäck- und Motorraum, Handschuhfach-Deckelschloss, Kleiderhaken, hintere Lautsprecher und Türtaschen. Statt elektrischer Fensterheber gab es Kurbeln, die Sitzverstellung erfolgte manuell. Statt der Rücksitze und Seitenverkleidungen wurde nur Teppich ausgelegt, das Heizungssystem wurde vereinfacht wie auch das Radio, ein leichterer Kabelbaum sowie Stoßstangenhalterungen ohne Dämpfer verbaut und der Kraftstofftank kam ohne PVC-Beschichtung aus.

Zu den Motormodifikationen gehörten eine Feinjustierung mit leichteren, hohlen Einlassventilschäften, eine modifizierte Bosch-Motorsteuerung, die eine Steigerung der Höchstdrehzahl von 6.520 auf 6.840/min ermöglichte, modifizierte Motor-/Getriebeaufhängungen, ein modifizierter Luftfilter mit Aktivkohlebehälter (der Aktivkohlebehälter M026 wurde nicht in den Club Sport eingebaut) und ein

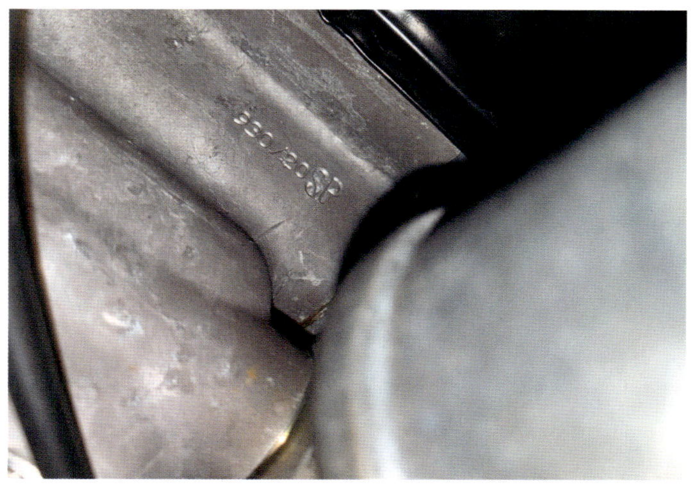

**Der Motor des Club Sport war erkennbar an den im Kurbelgehäuse eingestanzten Buchstaben »SP«.**

Kurbelgehäuse mit der Prägung »SP« zur Unterscheidung vom regulären 3,2-Liter-Motor. Abgesehen von einem leicht veränderten Lufteinlass verwendete Porsche Drosselklappen und Auspuffanlage aus der Serie. Änderungen an Getriebe, Antriebsstrang und Fahrwerk umfassten ein Sperrdifferenzial, ein Schaltgestänge für verkürzte Schaltwege, eine überarbeitete Übersetzung des vierten und fünften Gangs, 6Jx16-Leichtmetallfelgen vorn und 7Jx16 hinten von Fuchs mit Reifen der Größe 205/55 VR vorn und 225/50 VR hinten. Die Bremsen und die Aufhängung entsprachen den Bauteilen des Carrera Coupé, aber der Club Sport hatte serienmäßig Bilstein Sportdämpfer.

Die Feinjustierung des »SP«-Motors umfasste die Verwendung genau aufeinander abgestimmter, gewichteter Komponenten sowie die hohlen Einlassventile und die modifizierte Bosch-Motronik. Trotzdem blieb die Leistungsabgabe offiziell unverändert. Mit einem Gewicht von 1.160 kg war der Club Sport 50 kg leichter als das normale Carrera Coupé, aber 100 kg schwerer als der F22-Prototyp.

Bei der Beschleunigung aus dem Stand auf 100 km/h war der Club Sport eine Sekunde schneller als das normale Coupé und sogar schneller als der 911 Turbo, der ja 1984 von der Motor Sports Association des Royal Automobile Club (RAC) als am schnellsten beschleunigender Serienwagen der Welt gelobt wurde.

Alle produzierten Club-Sport-Fahrzeuge enthielten die Spezifikation M637 und Fahrgestellnummern des Coupés jenseits der Zahl 5000, die für 911 des Modelljahres 1987 (H-Programm) und Modelljahres 1988 (J-Programm) vorgesehen waren. Es entstanden 250 Wagen, doch weitere 90 Club Sport 911 wurden auf Sonderwunsch auch 1989 ausgeliefert. Fahrzeuge dieser Serie trugen aber keine besonderen Fahrgestellnummern sondern reihten sich unter die normalen Serien-911 ein. Von den insgesamt 340 Club-Sport-Fahrzeugen gingen nur 28 aus den Jahrgängen 1988 und 1989 in die USA, wobei sie mit weniger kräftigen Motoren vom Typ 930/25 SP bestückt waren.

Nur als Coupé und nicht in der schwereren Turbo-Look-Karosserie erhältlich, wurden hier die serienmäßigen aerodynamischen Front- und Heckspoiler M473 des Carrera Sport montiert. Der Club Sport war erkennbar an den fehlenden Nebelscheinwerfern, hatte keinen Heckscheibenwischer und stilisierte »Club Sport«- und/oder »CS«-Logos.

Der lautere, weniger komfortable, vereinfachte, aber leichte Carrera Club Sport bot eine bessere Fahrdynamik als seine 911-Kollegen.

## 911 Speedster Modelljahr 1989

Die finale Inkarnation des 911 ging schließlich zum Modelljahr 1989 in Serie, sechs Jahre nachdem Helmuth Bott einen Speedster entworfen hatte und 34 Jahre nach dem ersten Porsche 356 Speedster.

### Der Speedster von Bott

Trotz des Widerstands vom Vorstandsvorsitzenden Ernst Fuhrmann, der keine Weiterentwicklung am 911 zuungunsten des 928 sehen wollte, hatte Helmuth Bott ein Revival des 356 Speedster in Form des 911 hartnäckig verfolgt. Seine ersten Ansätze waren allerdings abgelehnt worden und erst nach Einsetzung von Peter Schutz als Vorstandsvorsitzendem konnte Bott seine Vorstellungen umsetzen. Er hatte 1983 aus einem Cabriolet einen 911 Speedster entwickelt, der später als Bott Speedster bekannt wurde. Dieser Speedster war mit einer niedrigen Windschutzscheibe ausgestattet, die vor dem Cockpit verlief und sich um und über die Fahrer- und Beifahrertüren zog, wobei sie sauber in eine stromlinienförmige, bauchige, starre Abdeckung hinter den Vordersitzen überging. Die Abdeckung wies einen aerodynamischen »Buckel« direkt hinter dem Fahrer auf. Keine der beiden Türen hatte bewegliche Fenster, und die Türtafeln waren sehr einfach gehalten, ähnlich wie beim 356 Speedster.

### Schutz Speedster 640 Roadster

Peter Schutz belebte das Projekt Speedster dann ab 1985 erneut. Er hatte seine eigenen Vorstellungen und wollte damit eine vielseitigere 911-Familie schaffen. Mit Bezug auf den überragend wichtigen US-amerikanischen Markt nannte er das Projekt 640 Roadster, denn die Zahl 640 stand für die Bestellnummer des 911 Cabriolets in den Staaten.

Nach seinem Eintritt in die Porsche AG 1981 und der Erneuerung des 911 suchte Peter Schutz nach weiteren innovativen Modellen für 911-Kunden.

Botts ursprünglicher 911 Speedster von 1983 basierte auf dem 911 SC Cabriolet.

Der 1985 präsentierte 640 Roadster von Schutz basierte auf einem Breitbau-Chassis ohne Heckspoiler. Hardtop und Windschutzscheibe ließen sich abnehmen, was das Konzept sehr wandlungsfähig machte.

So wurde 1981 das 911 Cabriolet vorgestellt, das ab Herbst 1982 in Serie ging und schnell sehr beliebt war. Als hartnäckiger Marktbeobachter griff er die Initiative Botts für den Speedster auf und verband sie mit Eindrücken vom 356 Speedster bei Porsche-Clubtreffen. Ende 1984 ging es daher an die Weiterentwicklung von Botts Idee, aus dem 911 Cabriolet einen 911 Speedster zu machen.

Da der Speedster eindeutig auf den amerikanischen Markt zielte, wurde beim Aufbau des Schutz-Speedsters ein Fahrzeug für den US-Markt vom Modelljahr 1985 mit typischen Sealed-Beam-Scheinwerfern, den umlaufenden vorderen Blinkleuchten und den großen Stoßstangenhörnern hinten herangezogen, ein Cabriolet mit der optionalen Breitbau-Karosserie. Das indischrote Auto im Turbolook und ohne Spoiler hatte die Fahrgestellnummer WPOEBO91ZFS170993. Der Schutz-Speedster ohne richtige Windschutzscheibe oder Dach erinnerte stark an Botts Speedster von 1983, der auf dem SC basierte. Es gab aber eine fast flache Abdeckung aus Glasfaser. Die bezeichnete Schutz als »Slalom Spezial« und sie deckte den ganzen Innenraum mit Ausnahme des Fahrersitzes ab. Hinter dem Fahrer erhob sich ein aerodynamisch geformter Buckel, vor ihm gab es nur einen minimalistischen Windschutz. Schutz entwickelte die Idee einer austauschbaren, vollwertigen Windschutzscheibe und eines richtigen Dachs, um den Speedster damit vielseitiger zu machen, eben als Coupé oder Cabriolet. So ließ sich dann ein normales 911-Hardtop, wie es optional für das Cabriolet angeboten wurde oder ein Klappverdeck anbringen. Das Ergebnis war ein vielseitiger 911, der normalen Serien-Carreras stark ähnelte, aber extrem wandlungsfähig war, um möglichst vielen 911-Kunden zu gefallen. Das Konzept der austauschbaren Frontscheibe wurde dann sogar beim Serien-Speedster umgesetzt.

Die austauschbare Frontscheibe war dann ein Schlüsselelement, weil der Speedster damit in ein Coupé verwandelt werden konnte. Anstelle des Hardtops gab es auch die Option eines Faltverdecks ähnlich wie beim Cabriolet. Es ließ sich alternativ befestigen. Damit hatte Schutz einen offenen Sportwagen auf die Räder gestellt, der sich an die Roadster der 1950er- und 1960er-Jahre anlehnte, bei denen es auch die Option des Hardtops gab. So ließ sich das pfiffige Konzept als alltagstaugliche Lösung an jeden 911-Interessenten verkaufen. Die Entwicklung war jedenfalls ein Marketing-Erfolg. Schutz war mit dem Einzelstück als Coupé etliche Monate in Deutschland unterwegs und nutzte ihn als Dienstwagen, bevor der Wagen in die USA exportiert wurde. Das Konzept hatte noch nicht verfangen. Der legendäre amerikanische Rennstall Brumos Porsche, immerhin dreimaliger Daytona-Gewinner 1973, 1975 und 1978, importierte das Auto in die USA, wo Schutz' Tochter es erwarb.

Schutz und Bott waren 1987 noch im Dienst, als Porsche einen Prototyp des Speedster als Speedster Club Sport-Ausführung auf die Räder stellte. Der basierte auf einem Cabriolet aus aktueller Produktion und zeigte starken Einfluss von den beiden anderen Prototypen, die 1987 in Frankfurt auf der IAA gezeigt wurden.

## Speedster Club Sport

Unter der Verantwortung von Peter Schutz stand der Speedster Club Sport also auf der Internationalen Automobil-Ausstellung in Frankfurt 1987. Er war der direkte Vorläufer des Serien-Speedsters, der im September 1988 als Fahrzeug des Modelljahrgangs 1989 auf den Markt kam.

Er basierte zwar auf dem Konzept von Helmuth Bott mit der schmalen Karosserie und nicht wie die Version von Schutz mit Breitbau-Karosse, doch beim Speedster Club Sport war die austauschbare Frontscheibe beibehalten worden. Am offenen Fahrzeug ließ sich dann eine feste Abdeckung über dem offenen Innenraum montieren. Es wurde als Club-Sport-Cover bezeichnet und ähnelte der Version des Schutz-Speedster. Nur der Fahrer saß dann im Freien hinter einer kleinen, sauber eingepassten Windschutzscheibe. Hinter dem Fahrersitz gab es einen kleinen Überrollbügel. Die Lehne des Beifahrersitzes musste aber vor Anbringen der Abdeckung flachgestellt werden, weil sie sonst nicht gepasst hätte. Die Anschlüsse an die Karosserie übernahmen Gummidichtungen.

Die jetzt stärker gewölbte und damit vielleicht aerodynamischere Abdeckung als bei dem Speedster von Schutz wurde hinten eingehängt, vorn an den Scheibenwischerachsen befestigt und mit einem Hebel von Hand gesichert. So konnte der Fahrer zunächst

**Absoluter Hingucker beim Speedster Club Sport: die feste Innenraumabdeckung, die nur Platz für den Fahrer ließ.**

einsteigen, die Abdeckung in Position bringen und vor dem Losfahren befestigen. Dann schauten nur noch Kopf und Schultern des Fahrers, die Oberkante der Rückenlehne und der Überrollbügel heraus.

1987 in Frankfurt zeigten die Porsche-Ingenieure die Vielseitigkeit des 911 Speedsters. Sie tauschten die Club Sport-Abdeckung gegen eine schmalere, feste Abdeckung ähnlich wie beim Bott-Speedster. Diese kleinere Abdeckung mit den später in der Serie verwendeten zwei Höckern, lag nur über dem Raum hinter den Sitzen. Es wurde eine flache, steil stehende Frontscheibe montiert, die ähnlich später in der Serie verbaut wurde. So wandelte sich der Speedster vom Einsitzer zum Zweisitzer. Wie beim Hardtop fürs Cabriolet wurden für das Abnehmen und die Montage zwei Personen benötigt. Gleiches gilt für den Tausch der Frontscheibe.

Dieses Einzelstück des Speedster Club Sport hatte weder den SP-Motor, noch einen Spoiler vorn oder Flügel hinten. Er war perlweiß lackiert mit einer weißen Innenausstattung, farblich passenden Felgen, zwei windschlüpfrigen Außenspiegeln und trug das Carrera-Logo auf dem Motordeckel. Montiert war auch ein faltbares Verdeck. Die Seitenfenster ließen sich herunterkurbeln.

Schutz verließ das Unternehmen Ende 1987 und Bott stand ebenfalls kurz vor seinem Abgang. Beide erlebten die Aufnahme der Serienfertigung daher nicht direkt. Der neue Vorstandsvorsitzende Heinz Branitzki griff die Idee des Speedster jedoch auf und erteilte 1988 die Produktionsfreigabe.

## Speedster M503

Die Produktion des 911 Speedster mit der kleinen, festen Heckabdeckung, einer geneigten Frontscheibe und einem flach bauenden Verdeck in Anlehnung an das Cabriodach begann Ende des Jahres 1988. Die Bezeichnung »Club Sport« wurde weggelassen.

Die meisten Speedster kamen mit der breiten Karosserie und im Turbo-Look aber ohne Spoiler auf die Straße. Die große Abdeckung wie 1987 gezeigt wurde nicht verbaut, sondern die kleine Abdeckung mit den zwei Höckern hinter den beiden Sitzen verwendet. So hatten die meisten Speedster weder Frontspoiler noch Heckflügel. Vorn an den Breitbau-Turbo-Look-Speedstern gab es zwei Frontschürzen-Teilverkleidungen, in denen Nebelscheinwerfer steckten. Hinten blieb es bei einer unveränderten Motorhaube mit serienmäßigem Lufteinlass. Einige Speedster wiesen dennoch Frontspoiler und Heckflügel auf, etwa ein in die Schweiz ausgeliefertes und auf dem Genfer Salon 1989 präsentiertes Fahrzeug.

**Die Serienversion hieß am Ende nur noch 911 Speedster, ohne »Club Sport«.**

Wie sein Vorbild, der 356 Roadster, war der Speedster ein offener Sportwagen, der am besten aussah, wenn das Verdeck unter der Polyurethan-Abdeckung hinter den Sitzen schlummerte. Anders als das der Witterung ausgesetzte Cabriolet-Verdeck, war das des Speedsters hier gut aufgehoben und geschützt. Zusammen mit der steil stehenden, flachen Frontscheibe machte der Speedster einen schnittigen Eindruck. Die Abdeckung war hinten angelenkt und ließ sich nach oben und vom Innenraum weg bewegen, sodass das Verdeck aufgeklappt und die Abdeckung danach wieder in die geschlossene Position unterhalb des Verdecks bewegt werden konnte. Geschlossen war das Verdeck ähnlich wie beim Cabriolet. Trotzdem bereitete schlechtes Wetter dem Speedster-Verdeck gewisse Probleme, weshalb es nur als Notverdeck bezeichnet wurde. Entsprechend warnte Porsche seine Händler und schrieb in die Bedienungsanleitung:

»Der 911 Speedster ist vor allem ein Schönwetter-Fahrzeug für Liebhaber des Offenfahrens. Anders als beim 911 Cabriolet mit seinem vollwertigen Verdeck, bietet der 911 Speedster nur ein Notfall-Verdeck. In Abhängigkeit von den Wetterumständen lassen sich gewisse Nachteile wie Zugluft, Geräusche, Undichtigkeiten an den Fugen zwischen Verdeck und Karosserie oder Türfenstern nicht ganz vermeiden. Der 911 Speedster kann nicht in der Waschanlage gesäubert werden und darf daher nur von Hand gewaschen werden.«

Die Karosserie wurde als Cabriolet ohne Windschutzscheibenrahmen bezeichnet mit modifiziertem Windlauf und verändertem oberen Bereich des Armaturenbretts, mit Montagepunkten. Die zweiteilige, abnehmbare Windschutzscheibe, bestehend aus einer äußeren, schlanken Aluminiumstruktur mit Dichtung und einer Glasscheibe, wurde mit dem Windlauf verschraubt und war mit einem Rückspiegel und Sonnenblenden ausgestattet, aber es gab keine Kosmetikspiegel. Der Betriebsanleitung für den Speedster war zu entnehmen, dass sich die komplette Frontscheibe nach Lösen der Befestigungsschrauben abnehmen ließ, beinhaltete aber auch die Warnung, so nicht zu fahren. Für die vollständige Demontage ließen sich die Scheibenwischer ebenfalls abnehmen. Sie waren so befestigt, dass nach dem Abbau keine Teile hervorstanden, die eine Verletzungsgefahr bedeutet hätten. Anstelle der Frontscheibe hätte für den Einsatz auf Rennstrecken ein kleiner Windschutz montiert werden sollen, den Porsche aber nie produzierte.

Beim Speedster wurden die Standard-Cabriolet-Türen verwendet, wobei der Rahmen der Ausstellfenster und die Fensterführung entfernt und das Glas der manuell betätigten Scheiben neu gestaltet wurde. Anstelle der speziell geformten Außenspiegel wurden zwei normale Rückspiegel des 911 angebracht. Das Messefahrzeug von 1987 hatte Kurbelfenster, die wahrscheinlich vom Club Sport jener Zeit stammten und es bis in die Serie schafften. Trotzdem gab es aber auch Türtaschen mit Deckel. Die Sitze waren für eine bessere Kopffreiheit unter dem niedrigen Dach tief montiert. Wie beim Club Sport wurde allerhand gewichtstreibendes Zubehör wie die automatische Heizung weggelassen. So stellte der Speedster eine sportlichere Cabriolet-Version des 911 Club Sport dar, der wiederum nur mit der schmalen Karosserie angeboten wurde. Anders als der Club Sport hatte der Speedster kein Carrera-Logo auf dem Heckdeckel, dafür jedoch ein stilisiertes Speedster-Logo.

Porsche gab für den Speedster einen Gewichtsvorteil von 70 kg gegenüber dem Standard-911 desselben Jahrgangs an. Mit 1.140 Kilogramm war er immer noch 20 Kilogramm leichter als der 911 Club Sport. In einer Pressemitteilung von 1987, also noch mit Schutz als Vorstandsvorsitzendem, wollte Porsche zwei Varianten des Speedsters anbieten, zusammen mit dem

**So verließen die meisten 911 Speedster das Werk: mit Werksturbolook, aber ohne Heckspoiler. Stilbildend waren stattdessen die beiden Höcker der hinteren Abdeckung.**

Hardtop. Das entsprach weitgehend seinen Ideen beim Konzept-Speedster. Später gab es dann nur die Wahl zwischen Breitbau- und Normalkarosserie.

Die holprige Geschichte des Speedster startete also mit den Ideen des Leiters von Forschung und Entwicklung, Helmuth Bott. Er arbeitete auf Basis des SC und konzipierte ihn als geradlinigen Roadster, weshalb das Modell auch als »Botts Kreation« bezeichnet wird.

### Das Ende

Auch wenn die Ursprünge auf Helmuth Bott zurückgehen und die Entwicklung auf Peter Schutz, stammte das Design doch von Ben Dimson, einem Nachwuchsdesigner, der Anatole Lapine als Leiter der Designabteilung und Verantwortlichen für den 928 S4, den 944 Turbo und den 959 beindruckt hatte. Dimson meinte später, dass der Entwurf für den Speedster eigentlich für den 964 gedacht war. Nun basierte das Auto aber auf dem Carrera 3.2 und deutet nur den Nachfolger an.

Als letzte offizielle 911-Variante rollte der Speedster also aus dem Werk. Er war ohne Zweifel ein würdiger Abschluss für den 911 und bezeugte einmal mehr die Vielseitigkeit des Fahrzeugs. Bei dem langen Weg vom Coupé bis zum Speedster war Letzterer eine packende Variante und ein würdiger Abschluss.

**Ende einer Ära: der letzte 911 mit Chassis-Nr. 91-1 …**

vsd
Rothmans
Europe 1
Rothmans
Rothmans
PORSCHE
vsd Europe 1
PASTIS 51
TEXACO
BB-PW 846
DUNLOP

# 953 ALLRADANTRIEB

### 4x4 Paris-Dakar 1984

Porsche hatte schon allerhand Erfahrungen gesammelt mit aufwendigen Umbauten des 911, etwa für Rallyes wie die anspruchsvolle East African Safari. Als Teilnehmer im Jahr 1972 mit einem 911 S und danach erneut im Jahr 1974 mit einem Carrera 2.7 RS gab es zwar keine Siege, aber immerhin zweite Plätze. 1978 startete Porsche mit zwei 911 SC, doch trotz aller Bemühungen landeten auch die nur auf dem zweiten und vierten Platz. So blieb Porsche der Sieg verwehrt, aber es wurden immerhin umfangreiche Erfahrungen mit rallyetauglichen 911 gesammelt.

Fünf Jahre später wandte sich der ehemalige Formel-1-Fahrer Jacky Ickx aus Belgien an Helmuth Bott mit der Idee, die wenig reglementierte Rallye Paris-Dakar mit einem allradgetrieben 911 anzugehen. Ickx hatte diese Rallye 1983 mit einem allradgetriebenen Mercedes GE gewonnen und damit die Vorteile von vier angetriebenen Rädern unter Beweis gestellt. Da Bott bereits mit der Arbeit an einem 4x4-911 für einen 911 der Gruppe B begonnen hatte, erkannte dieser das Potenzial, sein System in einem offenen, harten Wettbewerb zu beweisen, ohne dass sofort eine Homologation erfolgen musste.

Der rote Test-911 von Bott mit dem amtlichen Kennzeichen BB-PW 992 trug den Code C20 und ging zurück nach Weissach, damit weitere Veränderungen vorgenommen werden konnten. Mit der Aufgabe betraut war der erfahrene Entwicklungsingenieur Roland Kussmaul. Der Wagen wurde nun zerlegt, an vielen Stellen nachgeschweißt und verstärkt sowie mit einem Überrollkäfig ausgestattet. Anstelle von Drehstäben wurden vorn doppelte Querlenker und zweifache Stoßdämpfer eingebaut. Der Motor des Carrera 3.2 wurde mit dem Allradantrieb verbunden, der Wagen auf 270 Millimeter Bodenfreiheit angehoben und mit zusätzlichen Kraftstofftanks versehen. Leichtbau-Karosserieteile wurden verwendet, nur vorn die Breitbau-Kotflügel verbaut, und das hintere Fenster

**Wer noch einen Beweis für die Vielseitigkeit des 911 brauchte: Der 953 lieferte ihn. Gewinner der Rallye Paris-Dakar 1984.**

ließ sich aufklappen, um an die zwei Ersatzräder gelangen zu können. Nach Tests auf Herz und Nieren vor Ort unternahmen Bott, Kussmaul und Ickx weitere Tests in Nordafrika.

Im Herbst 1983 baute Porsche als Vorbereitung auf den Start im Januar 1984 drei Fahrzeuge vom Typ 953 auf, die auf dem E-Programm des Modelljahres 1984 basierten. Als Motoren dienten praktisch serienmäßige Carrera 3.2-Maschinen, die an schlechte Kraftstoffqualitäten in Afrika angepasst waren. Die drei hatten die Fahrgestellnummern WPOZZZ-91ZES100020 (Wagen 175) mit dem Kennzeichen BB-PW 604, WPOZZZ91ZES100021 (Wagen 176) mit dem Kennzeichen BB-PW 846 und WPOZZZ-91ZES100022 (Wagen 177) mit dem Kennzeichen BB-PW 528. Für die drei 953 hatte der Prototyp C20 das Muster für die Veränderungen geliefert. Abgesehen von kleinen äußerlichen Änderungen wie den neuen Heckflügel des Carrera als Ersatz für den des Carrera 3.0 RS, den Verzicht auf den Tankeinfüllstutzen vorn im Kotflügel und das vollständig herausnehmbare Rückfenster, glichen die drei dem Entwicklungsfahrzeug also weitgehend. In den Farben des Sponsors Rothmans lackiert und auf weißen Fuchs-Felgen galten die drei eilig entwickelten 953er als rennfertig.

Der 953 war erfolgreich. Mit Vorsprung siegte René Metge bei der Veranstaltung im Jahr 1984, Jacky Ickx erreichte den sechsten Platz. Damit galt Bott als erfolgreicher Entwickler des manuell zuschaltbaren Allradantriebs beim 953. Dieser Allradantrieb sollte dann auch die Basis für das Porsche-Steuer-Kupplungssystem mit variabler Drehmomentverteilung beim 959 sein.

**Wüstenfüchse: Roland Kussmaul und Helmuth Bott testeten den allradgetriebenen C20-Prototyp in Algerien.**

Frühes Vorführmodell in der legendären Rothmans-Lackierung, wahrscheinlich der C20. Man beachte den Tankdeckel in der Fronthaube, die rote Farbe an der rechten A-Säule und den älteren Heckspoiler eines 911 Turbo.

Auf zu großen Taten: alle drei 953 am Start in Paris.

Boxenstopp mit Wüstenpanorama, im Vordergrund der Wagen von Jacky Ickx.

# 959

### 911 Gruppe B

Das Konzept für einen allradgetriebenen 911 stellte Bott bereits zu Anfang der 1980er-Jahre vor. Das Startsignal für einen 911 nach Gruppe-B-Reglement erfolgte dann 1983. Er wurde als straßentauglicher, leistungsstarker Sportwagen auf der Basis des Porsche 911 beworben.

### Fortschrittliche Technik Modelljahr 1987

Der Serien-959 war ein innovativer 911 mit Allradantrieb und doppelter Turboaufladung mit einer fortschrittlichen Karosserie für geringen Luftwiderstand ohne Auftrieb.

Der Motor basierte auf einem normalen Sechszylinder-Boxermotor vom Typ 930. Er war eine Weiterentwicklung des 2,65 Liter großen Vierventilmotors vom Typ 930/76 aus dem Gruppe-C-Rennwagen 956. Mit 2,85 Litern Hubraum leistete das luftgekühlte, aufgeladene Triebwerk mit wassergekühlten Vierventilzylinderköpfen über 330 kW (450 PS). Erstmals öffentlich gezeigt wurde das Konzept im Rahmen der Internationalen Automobil-Ausstellung in Frankfurt 1983 und sollte drei Jahre lang für die Innovationen von Porsche stehen.

Der luftgekühlte Sechszylinder-Boxermotor mit 2,85 Litern Hubraum ließ sich letztlich auf die von Hans Mezger gelegte Basis des Motortyps 901 zurückführen. Die Bohrung von 95 Millimetern blieb gleich wie beim Typ-930-Motor, doch der Hub betrug nur 67 Millimeter. Kraftstoff mit 95 Oktan genügte, und es gab die Möglichkeit zum Einsatz von Abgaskatalysatoren. Die wassergekühlten Zylinderköpfe trugen vier obenliegende Nockenwellen und vier Ventile pro Zylinder mit hydraulischem Ventilspielausgleich. Für die Aufladung kamen zwei flüssigkeitsgekühlte KKK (Kühnle, Kopp & Kausch) Turbolader sowie zwei Ladeluftkühler samt Ladedruckkontrolle sowie eine Kraftstoffeinspritzung (Bosch Motronic) zum Einsatz.

Um die Kraft auf die Straße zu bringen, gab es ein Sechsgang-Getriebe und den variablen PSK Allradantrieb. Beim hoch entwickelten Fahrwerk mit doppelten Querlenkern vorn und hinten sowie acht regulierbaren und einstellbaren Stoßdämpfern konnte die Höhenregulierung automatisch erfolgen oder die Höhe von Hand eingestellt werden. Die Lenkung war servounterstützt und es gab ein Antiblockiersystem sowie hydraulische Bremskraftunterstützung.

**Technischer Fortschritt: ein straßentauglicher Hochleistungssportwagen auf Basis des 911.**

E106 WON

**Pressefoto mit 959 Prototypen, ca. 1986. Der Wagen mit dem Böblinger Kennzeichen ging später in den Besitz von Ferdinand Piëch über.**

## Karosserietechnik, Aerodynamik und Gestaltung

Porsche zeigte 1983 erstmmals seine Aerodynamik-Studie C29, eine Gruppe-B-Studie, die eine Steilvorlage für den 959 war. Nach Windkanalversuchen entstand die 959-Karosserie, die mit einem Luftwiderstandsbeiwert von $c_w$ 0.31 beim Serienfahrzeug im Vergleich zur Studie E19 mit 0.27 etwas höher lag.

Das technologisch fortschrittliche Konzept basierte auf dem Fahrgestell und der Karosserie des 911 aus Stahl. Die Karosserie wurde umfassend modifiziert, um die Form des 959 zu erreichen. Das beinhaltete auch den Verzicht auf die Dachrinne des 911, wie es zuerst bei den Studien C29 und E19 erprobt worden war. Dazu gehörten stromlinienförmige vordere Stoßfänger und Kotflügel, ausgeformte Seitenschweller, die in breiten hinteren Backen übergingen, in denen die großen Turbolader auf jeder Seite untergebracht waren. Der speziell geformte und integrierte Heckflügel dominierte das Heck. Bei einem zum normalen 911 unveränderten Radstand blieben Mittelteil, Türen, Fenster und Dach des 959 unverkennbar 911.

Die Materialien für die Chassis-Struktur und die äußeren Karosserieteile samt vorderen Kotflügeln, Türschwellern, hinteren Kotflügeln und Lufteinlasskanälen, das Dach und den integrierten Heckflügel waren eine Hybridkonstruktion aus Aramidfaser-Kevlar und glasfaserverstärktem Epoxidharz. Die Teile produzierte man in einem Verfahren, das direkt aus dem Flugzeug- und Rennwagenbau übernommen wurde. Die Front, einschließlich des vorderen Stoßfängers und der Schürze, wurde aus glasfaserverstärktem Polyurethan-Integralschaum hergestellt. Der Fahrzeugboden, der aus einer Reihe flacher Platten besteht, wurde in Sandwichbauweise hergestellt. Die Türen und die Fronthaube, fast identische 911-Bauteile, wurden aus einer Aluminiumlegierung hergestellt, und die Haupttragstruktur, eine einteilige, starre Sicherheitszelle auf 911-Basis, bestand aus feuerverzinktem Stahl.

## Motor mit zwei Turboladern

Die Aufladung des 959-Motors erfolgte über zwei Abgasturbolader in Registeranordnung, wobei der erste Lader den zweiten speiste. Im Gegensatz zu einem sequentiellen System, bei dem die unabhängigen Turbinen in unterschiedlichen Drehzahlbereichen arbeiteten, oder einem parallelen System, bei dem beide Turbinen gleichzeitig arbeiteten, handelte es sich bei dem kombinierten System um eine komplexere synchronisierte Anordnung, die eine elektronische Steuerung erforderte.

Das Reglement der Gruppe B sah eine Hubraumgrenze von 4.000 $cm^3$ vor, aufgeladene Motoren waren mit dem dem Faktor 1,4 zu multiplizieren. Der 2,85-Liter-Motor blieb also perfekt innerhalb dieses Limits. Der 959 war das erste Serienfahrzeug, das mit einem »sequenziellen« Doppelturbolader ausgestattet war. Porsche nannte es Register-Aufladung, ein technisches Verfahren, bei dem es den Ingenieuren gelang, die Leistungsentfaltung des Turbos durch einen zweiten Turbolader und eine Abgasdämpfung zu regulieren. Das System nutzte zwei in Reihe geschaltete Turbolader, um die Leistung gleichmäßig und ohne Turboloch zwischen niedrigen und hohen Drehzahlen zu übertragen. Unter 4.000/min arbeitete nur eine Turbine, danach speiste sie die zweite, bis beide gleichmäßig arbeiteten.

Durch diese Anordnung ließ sich der 959 einfacher fahren als der 911 Turbo, dessen Leistungsabgabe seinen Fahrern regelmäßig den Schweiß auf die Stirn trieb. Der 911 Turbo mit nur einem Turbolader wurde am besten im Ladebereich gefahren, und schon bald nach Beginn der Serienfertigung integrierte Porsche eine Ladedruckanzeige in den Drehzahlmesser direkt vor dem Fahrer. Mithilfe von fleißiger Schaltarbeit, um die Motordrehzahl hoch zu halten, blieb beim 911 Turbo genügend Ladedruck. Damit ließ sich sicherzustellen, dass die Leistungsentfaltung nicht überraschend schlagartig erfolgte. Wenn man einen 911 Turbo ohne Ladedruck und mit niedriger Motordrehzahl fuhr und dann stark beschleunigte, war das ein zunächst enttäuschendes Erlebnis, denn es passierte nicht viel. Das lag daran, dass bei niedrigen Drehzahlen kein Ladedruck vorhanden war, um eine nennenswerte Leistung zu erzielen, was als Turboloch bekannt ist. Das Problem wurde noch verschlimmert, wenn der Turbolader plötzlich zum Leben erwachte und eine beträchtliche Menge an Ladedruck und damit Leistung lieferte, was viele ahnungslose Fahrer böse überraschte. Wer einen 911 wollte, der bei jeder Motordrehzahl auf die Drosselklappe reagierte, kaufte keinen 911 Turbo.

Der 959 verfügte über eine kombinierte Doppelturbolader-Konfiguration und arbeitete mit drei Turboladerstufen. Einfacher Turboladermodus, geregelter Turboladermodus und Doppelturboladermodus in zwei Stufen, wobei die erste Stufe bei niedrigerer und die zweite Stufe bei höherer Drehzahl arbeitet. In der ersten Stufe wurde bis zu einer Drehzahl von etwa 4.000/min nur die erste Turbine verwendet, während die zweite Turbine im Leerlauf mitdrehte. Bei steigender Anforderung über das Gaspedal wurde auch die zweite Turbine angefahren, so dass diese in Schwung kam. Bei höheren Drehzahlen erhielten beide Turbinen gleichzeitig Ladeluft. Das Wastegate-Ventil schließlich regelte den Abgasdruck und begrenzte die Drehzahl der Turbinen.

## Kühlung & Heizung

Als erster 911 wies der 959 neben der Luftkühlung auch eine ergänzende Flüssigkeitskühlung des Motors auf. Dabei wurden auf das 930-Kurbelgehäuse und

**Die Prototypen des 959 sind unter anderem am fehlenden Gurney-Flap auf der Motorhaube, unterhalb des Heckspoilers, erkennbar.**

die luftgekühlten Zylinder Vierventilzylinderköpfe mit je zwei obenliegenden, kettengetrieben Nockenwellen montiert, wie sie auch beim Rennmotor vom Typ 930/76 des 956 verwendet wurden. Die Zylinderköpfe waren flüssigkeitsgekühlt. Das Kühlsystem enthielt rund 25 Liter Flüssigkeit. Der Kühler war vorn im Wagen montiert und mit zwei thermostatgesteuerten Ventilatoren versehen. Der Kühlmittelstand wurde elektronisch überwacht, doch es gab auch eine Kühlmittelstand-Anzeige im Motorraum, wo auch der Einfüllstutzen zu finden war. Wie bei allen 911ern spielte das Motoröl eine wesentliche Rolle beim Temperaturhaushalt. So wies der 959 zwei Ölkühler auf, die vorn im Wagen neben dem Wasserkühler montiert waren. Dank der Flüssigkeitskühlung konnte die Heizung des Fahrzeug-Innenraums erstmals ohne Wärmetauscher erfolgen, wie sie sonst beim 911 am Abgassystem verbaut waren.

### Antriebstechnik mit elektronisch gesteuertem Allradantrieb

Ursprünglich für den 953 entwickelt, der über einen manuellen Allradantrieb verfügte, kam im 959 die PSK (Porsche-Steuer-Kupplung) zum Einsatz, ein

Die Aerodynamik-Studie C29
diente als Basis für den 959.

1985 präsentierte Porsche ein
Schnittmodell des 959 auf der IAA
in Frankfurt.

Kraftpaket: luftgekühlter 6-Zylinder-
Boxer mit Biturbo und 450 PS.

Rothmans
BB-PW 405
DUNLOP
DUNLOP
BILSTEIN
Rothmans
PORSCHE
DUNLOP
BILSTEIN
RECARO

elektronisch gesteuertes, variables und intelligentes Allradsystem, das durch eine kontrollierte Verteilung der Antriebskraft ausgezeichnete Stabilität bei hohen Geschwindigkeiten, ein vorhersehbares und kontrollierbares Fahrverhalten, das sich an die Straßenbedingungen und die Lenkung anpasste, sowie extreme Traktion unter allen Fahrbedingungen bot. Damit waren Sicherheit, hohe Fahrleistungen sowie Wintertraktion bei schlechtem Wetter stets gewährleistet.

Das Drehmoment wurde auf die Vorder- und Hinterachse verteilt, wobei während der Beschleunigung bis zu 80 Prozent der Antriebskraft auf die Hinterräder übertragen wurden, die sich bei gleichmäßiger Fahrt in eine Verteilung von 60:40 änderte. Durch diesen variablen Allradantrieb konnte die Kraft je nach Fahrbedingungen oder Schlupf, der durch die an jedem Rad angebrachten Drehzahlsensoren ermittelt wurde, auf die Vorder- und Hinterräder verteilt werden. Die Antriebsmomente wurden auch zwischen linkem und rechtem Hinterrad variabel verteilt. Je nach vorgewähltem Programm errechnete das Allradsteuergerät aus der Motorleistung, den Raddrehzahlen und anderen Fahrzeugparametern die entsprechenden Werte für die elektronisch-hydraulische Lamellenkupplung im Zentraldifferential. Das Hinterachsdifferential ließ sich von Hand sperren.

### Antiblockiersystem

Zur Vermeidung von blockierenden Rädern entwickelten Porsche und Wabco-Westinghouse ein Vierkanal-Antiblockiersystem mit elektronischer Steuerung. Damit waren auch Vollbremsungen ohne stehende Räder möglich. So konnte der 959 nicht nur rasant beschleunigen, sondern auch zuverlässig und kontrolliert abgebremst werden. Porsche bezifferte den Bremsweg aus einer Geschwindigkeit von 320 km/h bei optimalen Bedingungen mit nur 428 Metern.

**Flammenopfer: Der 2,8-Liter-Biturbo von Jacky Ickx mit dem Kennzeichen BB-PW 405 wurde 1985 bei der Pharaonen-Rallye vom Feuer zerstört.**

### Reifendruck-Kontrollsystem

Das von Bosch und Porsche entwickelte System setzte bei der Herstellung der Räder an. Das fünfspeichige Magnesium-Gussrad mit Zentralverschluss, erstmals beim 956 verwendet, war hohl und bildete zusammen mit dem Reifen ein unter Druck stehendes System. An jedem Rad waren zwei Überwachungssensoren angebracht, die die Drücke innerhalb des Elements kontrollierten und den Fahrer warnten, falls der Reifendruck abwich.

### Aktive Radaufhängung

Porsche behauptete, eine konventionelle Federung sei ein unausweichlicher Kompromiss zwischen Fahrkomfort und Sicherheit. Um diesen zu überwinden, wurde der 959 mit einer aktiven Dämpfung und Höhenverstellung ausgestattet, die auf die Fahrdynamik des Autos reagierte.

Daher wechselte Porsche bei der Aufhängung des 959 vom Drehstabsystem des 911 zu Schraubenfedern und nutzte eine Doppelquerlenker-/Lenker-Konfiguration, wobei ein ähnlicher Aufbau am Heck die Längslenker durch zwei Dämpfer und einzelnen Schraubenfedern pro Rad ersetzte. Der Grad der Dämpfung bzw. Steifigkeit der Dämpfer wurde über ein elektronisch gesteuertes System an den vier Dämpfern, einem an jeder Ecke, über je einen der Dämpfer pro Rad an die Geschwindigkeit angepasst. Der zusätzliche Stoßdämpfer steuerte hydraulisch die Fahrhöhe auf 120 mm, 150 mm oder 180 mm Bodenfreiheit. Das Auto passte sich automatisch an, um einen geringen Luftwiderstand, einen niedrigen Kraftstoffverbrauch und eine optimale Straßenlage zu erreichen. Das Auto konnte aber vom Fahrer manuell eingestellt werden.

Das aktive Fahrwerkssystem wurde nur in Fahrzeuge mit der Spezifikation »Komfort« eingebaut. Dazu gab es eine Wartungsklappe an der linken Fahrzeugseite, durch die sich der Stand des Hydrauliköls kontrollieren ließ. Im Cockpit befanden sich dann zwei Schalter für die manuelle Betätigung.

### Sport »S« Fahrwerk

Unter Verwendung der gleichen Doppeldämpferplattform wurden beim S-Fahrwerk die vier aktiven Dämpfer durch feste Gewindefahrwerkdämpfer ersetzt, wobei die Fahrhöhe auf 120 mm fixiert wurde. Dadurch entfiel die Spezifikation der »aktiven«-Komfortfederung und die damit verbundenen elektrischen und hydraulischen Mechanismen. Auch die links montierte Serviceklappe und der dazugehörige Zughebel unter der Motorabdeckung wurden überflüssig.

### 959 Sport

Porsche ging beim 959 noch einen Schritt weiter und baute eine leistungsstärkere und leichtere »Sport«-Version, die mit modifizierten Turboladern mit erhöhtem Ladedruck ausgestattet war. Dabei entstanden zusätzliche 65 PS. Ohne einige der »Komfort«-Spezifikationen ergab sich eine Gewichtseinsparung von 100 kg.

Der Motor leistete nun 379 kW (515 PS) und die mögliche Höchstgeschwindigkeit lag bei über 320 km/h. Gebaut wurden nur 29 Fahrzeuge dieser Ausführung. Die Fahrgestellnummern des 959 S begannen bei jenseits von 5.000, vergleichbar mit denen des Club Sport. Der erste 959 S war entsprechend mit WPOZZZ95ZJ905001 gekennzeichnet.

Als auffälligster Unterschied hatte die Sport-Version nicht die aktive Radaufhängung und konnte damit nicht in der Höhe eingestellt werden. Stattdessen verfügte er über feste Federbeine, was eine große Gewichtseinsparung bedeutete.

Äußerlich glichen sich 959 Sport und 959 Komfort weitgehend. Beim Sport gab es jedoch nur einen links montierten Außenspiegel sowie einen Einfüllstutzen an der rechten Seite. Im Innenraum fand sich ein teilweise mit Leder bezogener Überrollkäfig, für dessen Anbringung ein Teil der Tür weggeschnitten werden musste. Montiert waren spezielle, stoffbezogene Vordersitze und Autoflug-Sicherheitsgurte. Verzichtet wurde auf Rücksitze und Klimaanlage, die Fenster mussten gekurbelt werden.

### Wettbewerb

Der Gruppe B 911 sollte 1985 als Ersatz für den homologierten Gruppe B 954 (SCRS) vorgestellt werden und in der Rallye-Weltmeisterschaft (WRC) eingesetzt werden. Nach einigen technischen Herausforderungen bei der Entwicklung hatten sich jedoch die Zeitpläne verschoben. Als dann das Auto soweit war, entschied die FIA das Aus für die Gruppe-B-Rallyefahrzeuge ab 1986.

Immerhin hatte Porsche nach dem erfolgreichen Einsatz mit dem 953 im Jahr 1984 mit dem 959 bereits an der Rallye Paris-Dakar des Jahres 1985 teilgenommen. So kam der 959 als Gruppe-B-Rallyefahrzeug noch zu einem Sieg bei der Pharaonenrallye und mit einem Doppelsieg 1986 dominierte das Fahrzeug bei der Rallye Paris-Dakar des Jahres 1986.

Porsche baute als Einzelstück auch einen Le-Mans-Prototypen mit der Bezeichnung 961, ein breiteres Auto mit einem verstellbaren Heckflügel und zwei parallel angeordneten Turboladern, mit denen die Leistung auf über 600 PS erhöht wurde. Als ungesponsertes Fahrzeug der Porsche AG nahm er 1986 erfolgreich an einem Rennen in Le Mans teil und belegte den siebten Platz hinter 962, 956 Gruppe C und Porsche 935, bevor er einmal in Amerika in der IMSA-Meisterschaft in Daytona erfolglos eingesetzt wurde. 1987 tauchte er in Le Mans in der Lackierung von Rothmans wieder auf, kam aber nicht ins Ziel.

### Der ultimative 911

Allein durch die Tatsache, dass der 959 alle Basiskomponenten des 911 übernahm, brachte er den 911 auf ein höheres Leistungsniveau und sah dabei besser aus: mit niedrigerem Luftwiderstand, ohne Abtrieb und ohne Auftrieb.

So war er ein 911, der sich überraschend einfach fahren ließ und alle bisherigen Eigenarten des Fahrverhaltens überwand. Dabei blieb er so luxuriös, wie die Kunden es seit 1976 gewohnt waren. Der 959 war atemberaubend schnell, ausgesprochen komfortabel, außerordentlich sicher zu fahren und nicht zuletzt bot er kompromisslose Qualität, umhüllt von einem dramatischen Aussehen.

**Tiefer, breiter, stärker: Der 961 konnte 1986 in Le Mans einen beachtlichen 7. Gesamtrang einfahren, blieb insgesamt aber hinter den Erwartungen zurück.**

203
Rothmans
RACING
Rothmans
PORSCHE
DUNLOP
DUNLOP
PORSCHE
Shell
BOSCH

Allrad-Trio: Paris-Dakar-Teilnehmer (l.), Straßenversion (M.) und 961.

PORSCHE
15
Shell
PORSCHE
Shell
DUNLOP
DUNLOP
605

# LIEBE ZUM DETAIL

Mit viel Liebe zum Detail wurde der 911 entwickelt und verbessert, wobei jeder einzelne Aspekt sorgfältig durchdacht und gestaltet wurde, um ein allumfassendes Erlebnis zu bieten, ob im Stand oder bei hoher Geschwindigkeit.

## Außen

Die Form des 911 entstand 1963 nach den Vorgaben von Ferry Porsche: Der Motor sollte im Heck eingebaut werden, der Wagen sollte Platz für bis zu vier Personen und genügend Gepäckraum für mindestens einen Satz Golfschläger bieten. Da vorn kein Kühler oder Lufteinlässe oder gar ein Motor stören konnte, geriet die aerodynamische Form zum komfortablen und schnellen Transport von vier Insassen nahezu perfekt. Im Ergebnis war der kompakte Sportwagen ein gelungener 2+2-Sitzer.

Die Form bestimmte die aerodynamischen Qualitäten des 911, die mit einem Luftwiderstandsbeiwert von anfangs $c_w$ 0,381 als günstig anzusehen waren. Dennoch gab es das Problem von Auftrieb bei höheren Geschwindigkeiten. Durch den Anbau von Spoilern vorn und hinten konnte der Auftrieb ebenso gemindert werden wie Turbulenzen unter dem Fahrzeug. Das sorgte für eine bessere Fahrstabilität bei höheren Geschwindigkeiten. Die Aerodynamikhilfen wurden jedoch nicht unabhängig voneinander montiert, weil damit die Balance bei hohem Tempo nicht gewährleistet gewesen wäre.

Bei Versuchen zur Reduzierung des Luftwiderstands an einem Serien-911 im Jahr 1984 konnte ein erstaunlich niedriger Wert von $c_w$ 0,27 erreicht werden. 1986 wurde an einem 911 mit breiteren Reifen und größeren Stoßfängern sowie Frontspoiler und Heckflügel ein Wert von $c_w$ 0,41 gemessen.

**Qualität auch unter dem Blech: Jedes Element des 911 harmoniert perfekt miteinander.**

Der mit viel Aufand im Windkanal entwickelte 959 wurde mit seinen windschlüpfigen Karosseriedetails und dem glatten Unterboden mit $c_w$ 0,31 gemessen und zeigte keinen Auftrieb.

Durch die Lage des Motors im Heck und den Verzicht auf Wasserkühlung war die Luftführung von entscheidender Bedeutung für das aerodynamische und auch mechanische Konzept des 911. Zur Kühlung des Motors wurde die Luft durch den Lufteinlass in der hinteren Haube oder, falls verbaut, vor dem Heckflügel über einen Ventilator in den Motorraum gesaugt. Die Abluft wurde dann weitergeleitet auf die Straße für eine gleichmäßige Umströmung.

So war die Form des 911 vorn spitz, um effektiv durch die Luft zu schneiden, und hinten gerundet für möglichst geringe Verwirbelungen. Mit Spoiler und Heckflügel versehen war der 911 ein Vorreiter bei der Verwendung dieser Hilfsmittel. Auch das machte den 911 zu einem ganz besonderen und schnellen Sportwagen mit Komfort und Sicherheit.

Zum Modelljahr 1973 hatte Porsche größere Radhäuser hinten eingeführt, um so Platz für breitere Räder zu schaffen. Damit ließen sich vorn und hinten unterschiedlich breite Reifen montieren. Der Jahrgang 1974 trug dann die stabileren Stoßfänger mit Gummi-Faltenbälgen und dem Porsche-Schriftzug zwischen den Rückleuchten. Damit ließ der 911 den Schatten des 901 hinter sich und es entstand ein starker Sportwagen mit größerer physischer Präsens. Mit dem optionalen Anbau von Frontspoiler und Heckflügel wie beim Turbo erreichte der 911 praktisch einen finalen Entwicklungsstand, der bis 1989 gültig blieb.

Die verchromten Zierleisten um die Fenster und Türgriffe entfielen ab 1976 zugunsten von mattschwarzen Applikationen. Die farblich zur Lackierung

**Ursprünglich als technische Lösung für die verschärften Sicherheitsanforderungen der amerikanischen und kanadischen Märkte gedacht, verliehen die neuen Stoßfänger mit Faltenbälgen dem 911 ein schärferes Profil und emanzipierten ihn vom 901.**

Die Breitbau-Karosserie wurde vornehmlich in Verbindung mit Front- und Heckspoiler geordert. Letzterer entwickelte sich vom ursprünglichen »Entenbürzel« hin zur Tablettform, die zuerst beim 911 Carrera RS 3.0 und beim 911 Turbo Verwendung fand.

turbo

passenden, eckigen Spiegel und Lampenringe kamen noch dazu. Mit seinen eingelassenen Nebelscheinwerfern und dem schlanken Heckflügel sah der Carrera 3.2 von 1984 dem stilbildenden Carrera 3.0 von 1976 sehr ähnlich.

Für den amerikanischen Markt musste der 911 mit Sealed-Beam-Scheinwerfern ausgerüstet werden. Da diese etwas kleiner als die H4-Scheinwerfer der europäischen Fahrzeuge waren, bekamen sie eine größere Einfassung. Erst später folgte eine Lösung mit H5-Sealed-Beam-Scheinwerfern. Amerikanische Fahrzeuge hatten zudem vorn Blinkergläser, die auch von der Seite zu sehen waren, größere Stoßstangenhörner und rote Blinklichtgläser hinten. Diese 911 trugen Chassiskennungen mit den Buchstaben ABO und EBO.

Mit der Einführung des G50-Getriebes änderte sich 1987 der Logostreifen zwischen den Rückleuchten, denn es wurden die zuvor unterhalb des Stoßfängers platzierten Nebelschlussleuchten dort integriert. Damit fiel der Porsche-Schriftzug schmaler aus. Später gab es auch noch eine dritte Bremsleuchte für spezielle Märkte. Die war bei Coupé und Targa oben oder unten hinter dem Heckfenster montiert. Beim Cabriolet saß das dritte Bremslicht oben auf der Motorklappe.

Die Außenlackierung war tief und glänzend, eine Qualität, die Bände für die Qualität des gesamten Fahrzeugs sprach und das Wesen des 911 betonte: mit minimalen und sauberen Designmerkmalen, einschließlich der exakten Karosseriepassungen bei den Türen, der vorderen und hinteren Hauben und der Tankklappe. Ergänzend war schwarze Steinschlagfolie zum Anbringen vor den hinteren Radkästen erhältlich, die dem Gesamteindruck eine elegante Note verlieh.

Alle 911 waren mit vorderen und hinteren Abschleppösen ausgestattet, die vordere als Teil der linken Drehstabschutzhalterung und die hintere an der linken Seite des Fahrzeugs durch die Stoßstange. Bis etwa 1982 befand sich der hintere Punkt an der linken Außenecke des Stoßfängers, danach in der Kennzeichenaussparung in der Nähe des linken Stoßstangenhorns durch das Aluminiumprofil. Die runden Öffnungen wurden jeweils mit einem schwarzen Gummistopfen verschlossen. Ab 1982 wurde der gefederte Haken und die Öse, die im Werkzeugkasten aufbewahrt wurden, durch eine einschraubbare Öse ersetzt.

Am Schweller des 911 befand sich die Öffnung für den Wagenheber am Schwerpunkt, und damit so positioniert, dass die gesamte Seite des Wagens angehoben werden konnte, um den Austausch beider Räder zu erleichtern. Um die Verwendung eines Wagenhebers zu ermöglichen, konnte eine separate Platte mit einer flachen Schale zur Aufnahme des Wagenhebers in die Öffnung eingesetzt werden.

Modelle mit Radio hatten eine elektrisch ausfahrende Antenne auf den Kotflügeln..

Das äußere Erscheinungsbild des 911 war geprägt von Selbstbewusstsein, Zielstrebigkeit und Qualität, Attribute, die sich durch das gesamte Fahrzeug zogen.

## Scheinwerfer

Alle 911 waren mit mehrteiligen Scheinwerfern ausgestattet, die sich in der Spezifikation für RDW und die USA unterschieden. Für das Modelljahr 1974 enthielt der Bosch H4-Fernscheinwerfer eine Glaslinse, einen Reflektor und eine Halogenlampe, einschließlich einer gelben Glühbirne für Europa. Eingefasst waren die Scheinwerfer mit einem Scheinwerferring, verchromt oder in Wagenfarbe, der für RDW-Fahrzeuge zur Standardausstattung gehörte.

Die USA-Spezifikation umfasste eine Einheit mit Sealed Beam, die eine Glühlampe und einen großen, vorstehenden Haltering anstelle des Scheinwerferrings enthielt. Ab dem Modelljahr 1987 war eine überarbeitete H5-Einheit mit Sealed-Beam-Licht erhältlich, die der RDW H4-Linse und dem Scheinwerferring ähnlich war und sofort an zwei schwarzen Befestigungsstoppern am Scheinwerferring zu erkennen war.

**Die Modelljahre 1975 bis 89 hatten vorn eine umlaufende Spoilerlippe aus Polyurethan, die direkt an der Frontschürze befestigt war und in die Faltenbälge und breiteren vorderen Kotflügel überging.**

Scheinwerfer-Reinigungsanlagen waren für die frühen 911 als Option M288 erhältlich. Die aufrecht stehenden Düsen waren auf den jeweiligen Scheinwerfer hin ausgerichtet. Ab etwa 1980 wurden die Standdüsen durch fast bündig im Stoßfänger sitzende Düsen ersetzt. Ab dem Modelljahr 1984 gehörten die Düsen zur Serienausstattung. Der 959 war serienmäßig mit druckbetätigten Scheinwerferwaschanlagen ausgestattet, die hinter flachen, geschlossenen Abdeckungen an der vorderen Stoßstange vor jedem Scheinwerfer verborgen waren.

Ab dem Modelljahr 1987 war eine Leuchtweitenregulierung erhältlich (Option M605), die über einen Drehschalter im Cockpit betätigt wurde.

Auf Wunsch waren an der Karosserie montierte Zusatzscheinwerfer erhältlich, die ab dem Modelljahr 1984 in die untere Schürze eingelassen waren und zur Serienausstattung gehörten, außer beim Club Sport.

### Außenspiegel

Fast ebenso bedeutsam wie das Design der Stoßfänger waren die vierteiligen, rechteckigen, elektrisch betätigten Außenspiegel, die Ende 1975 für das Modelljahr 1976 eingeführt wurden. Sie waren in Wagenfarbe lackiert und wurden bei allen 911 und später bei allen Porsches eingebaut.

Sie bestehen aus vier Hauptelementen: dem direkt an der Karosserie befestigten Sockel, einem Gehäuse in Wagenfarbe und einem Abdeckrahmen (in dem der Elektromotor untergebracht ist) sowie dem Spiegelglas. Diese markanten Spiegel, die sehr gut mit den Stoßstangen harmonierten, ersetzten die einfacheren, rechteckigen oder runden, verchromten oder schwarzen Außenspiegel, die bei den früheren 911ern

**Fast ebenso markant wie die neuen Stoßstangen waren die vierteiligen, rechteckigen und elektrischen Außenspiegel sowie die Scheinwerfereinfassungen in Wagenfarbe, die zuvor in Chrom ausgeführt waren.**

verwendet wurden. Diese Spiegel, die erstmals beim 911 zu sehen waren, wurden weder beim ersten 911 Turbo (wenn auch mit farbigen Spiegeln) noch beim ersten 924 im Jahr 1975 verbaut, sondern beim ersten 928 im Jahr 1977. Um diese komplexeren Spiegel sicher zu befestigen, wurde eine Verstärkungsplatte an der Innenseite der Tür angebracht.

Ab 1976 waren alle 911 mit einem zweiten Außenspiegel ausgestattet, dessen Position sich von der des entsprechenden Fahrertürspiegels unterschied. Er war asymmetrisch angeordnet, um dem Fahrer eine bessere Sicht nach hinten zu ermöglichen. Beim 959 gab es das rechteckige, vierteilige Spiegeldesign des 911 nicht, sondern ein aerodynamisches Design, das aus drei Teilen bestand, nämlich dem Sockel, dem Gehäuse in Wagenfarbe mit Elektromotor und dem Spiegelglas. In der Komfort-Ausführung wurden sie an Fahrer- und Beifahrertür angebracht, in der Sport-Ausführung nur an der Fahrertür.

## Türgriffe

Ab 1972 wurden die Türgriffe so konstruiert, dass sie sich durch einen verdeckten Auslöser hinter dem Zuggriff betätigen ließen. Sie waren verchromt oder schwarz und mit oder ohne Zylinderschloss erhältlich. Einer der bleibenden Eindrücke beim 911 war die Bedienung der Türgriffe.

**Erstkontakt: Wer den verdeckten Auslöser betätigt, öffnet die Tür zu reichlich Fahrfreude.**

## Windschutzscheibe und Heckscheibenwischer

Beim symmetrischen Design der 911-Front liegen die Scheibenwischer-Drehpunkte in der Fahrzeugmitte, was eine gute Wischerabdeckung gewährleistet. Diese Wischer-Achsen wurden später beim Speedster Club Sport im Jahr 1987 alternativ als Verriegelung für die abnehmbare Cockpitabdeckung verwendet. Nach 1968 ruhten die Scheibenwischer auf der Fahrerseite. Vorher lagen die Wischer auf der rechten Seite, was beim Prototyp zu sehen ist. Seit 1968 zeigt daher die Ruhestellung der Wischer, ob das Auto ein Rechts- oder Linkslenker ist.

Ein Heckscheibenwischer war für alle 911 erhältlich und gehörte ab dem Modelljahr 1976 zur Standardausstattung. Das Design blieb während der gesamten Lebensdauer des 911 unverändert.

Eine Intensiv-Scheibenwaschanlage (Option M287) war für spätere Fahrzeuge erhältlich.

**Strenge Symmetrie: Scheibenwischer-Drehpunkte, Waschdüsen und Lufteinlass sind an der Mittelachse ausgerichtet.**

**Ohne Kühler, große Lufteinlässe oder einen massiven Motorblock konnte die Front aerodynamisch-flach gestaltet werden.**

### Stahl-, Guss- und Schmiedräder

Parallel zur Einführung der stärkeren Stoßfänger waren Räder und Reifen die größte optische Veränderung des 911.

Nach den Anfängen mit schmalen, 5 1/2 Zoll breiten Stahlfelgen mit einem Durchmesser von 15 Zoll und 165x15-Reifen an Vorder- und Hinterachse wurden die Felgen und Reifen mit zunehmender Motorgröße und Leistung immer breiter, bis hin zum Wide-Body mit neun Zoll breiten Felgen an der Hinterachse. Der 1972 eingeführte Carrera RS 2.7 war das erste 911-Straßenfahrzeug mit unterschiedlichen Felgen- und Reifenbreiten vorn und hinten, mit sechs Zoll breiten Felgen vorn und sieben Zoll breiten Felgen hinten. Diese Kombination wurde bei den Carrera-Modellen verwendet und im Modelljahr 1978 auch für den SC übernommen.

Die Stahlfelgen der ersten 911 wurden 1966 durch die Einführung der geschmiedeten Fuchs-Aluminiumfelge ergänzt, die bis 1989 ein unverwechselbares und bald vertrautes Rad für den 911 abgab. Ein Niederdruck-Aluminiumgussrad mit fünf Speichen, bekannt als Hackmesser-Felgen, hergestellt von ATS, wurde im Modelljahr 1974 eingeführt, und später, im Modelljahr 1984, wurde ein fünfspeichiges Aluminiumgussrad, bekannt als Telefonscheiben- oder Wählscheiben-Felge, ebenfalls von ATS hergestellt und für den Carrera 3.2 verfügbar.

**Die geschmiedete Fuch-Felge – ob lackiert oder poliert, ob schwarz oder in Wagenfarbe – ist mit der Legende 911 untrennbar verbunden.**

ROTATION
RADIAL

### Zubehör

Zahlreiche Zubehörteile wie Schneeketten, Anhängerkupplung, Kindersitz, Fahrzeugabdeckung und Dachtransportsystem für Skibox, Dachgepäckträgerset, Surfbrettstützen, Kanuträger und Fahrradträger waren erhältlich.

### Markenidentität

Das Porsche-Wappen befand sich vorn auf der Haube, wenn nicht die optionalen »Sicherheitsstreifen« bestellt waren. Der »Porsche«-Schriftzug war bei früheren Modellen auf der Motorhaube, bei den Faltenbalg-Modellen im hinteren Leuchtenband untergebracht. Auf der Motorhaube wurden auch Logos zur Modellbezeichnung angebracht, darunter alle 911-, S-, T- und E-Varianten sowie Carrera, Turbo und SC.

Der Porsche-Schriftzug wurde auch auf den Flanken zwischen den vorderen und hinteren Radkästen verwendet, ab ca. 1967, beim 911 R, bis 1978. Ab 1972 war der Carrera-Schriftzug auch für die Carrera-Modelle bis 1978 erhältlich. Ein ähnliches Logo wurde für den Carrera Club Sport entwickelt, der ein stilisiertes »CS«-Logo auf den vorderen und/oder hinteren Kotflügeln enthielt.

Die sogenannten Sicherheitsstreifen wurden 1974 im Rahmen der »Sicherheits«-Aktion für Amerika eingeführt, zu der auch die Stoßfänger und das Sicherheitslenkrad gehörten. Diese auf Wunsch erhältlichen Magnetstreifen wurden auf der Fronthaube angebracht, was eine vordere Haube ohne Wappen und entsprechende Befestigungslöcher erforderte. Sie waren nicht reflektierend, um Blendung oder Reflexion zu vermeiden, und verliefen in der Mitte der Haube in drei Streifen mit einem 911-Logo. Sie waren bis 1976 in den Farben Schwarz, Orange, Gold und Grün erhältlich.

**In Anlehnung an das Straßenrennen »Carrera Panamericana«, das von 1950 bis 1954 stattfand, heißen schnelle Porsche bis heute »Carrera«.**

Markenidentität: Zu den eindeutigen Identifikations-Merkmalen gehörte das mittig auf der Fronthaube angebrachte Porsche-Wappen, der »Porsche«-Schriftzug zwischen den Rückleuchten und die Modellbezeichnung auf der Motorhaube. Bis 1978 konnten die seitlichen Carrera-Schriftzüge geordert werden. Für Turbo und Club Sport gab es besondere Klebe-Dekors.

Carrera

## Innenraum

Der Innenraum des 911 war gut ausgestattet und ergonomisch gestaltet, um ein Höchstmaß an Funktionalität zu bieten. Der Großteil des Interieurs wurde 1963 entworfen. Mit der Weiterentwicklung des 911 änderten sich auch einige Details bei Ergonomie und Komfort. Als praktisches und komfortables Auto war der 911, wie Ferry Porsche später sagte, »... das einzige Auto, das Sie von einer afrikanischen Safari nach Le Mans, dann ins Theater und dann auf die Straßen von New York bringt.«

Vom lederbezogenen Armaturenbrett und den Türverkleidungen über die genähten Ledertürtafeln, die Leder- oder Teilledersitze bis hin zu den dicken Plüschteppichen war die Verarbeitung von höchster Qualität. Daher sprach Porsche auch von einem Luxus-Sportwagen. Der Fahrerkomfort stand an erster Stelle, und die serienmäßigen Sitze, Komfortsitze oder Sportsitze mit verstärkten Seitenwangen, waren gut geformt und hatten einen großen Verstellbereich nach vorn und hinten.

Der Innenraum des 911 wurde von Jahr zu Jahr verbessert, aber das ursprüngliche Layout blieb im Wesentlichen erhalten. Der Innenraum war genauso gut durchdacht wie der Rest des Autos und alles funktionierte auf eine sehr zufriedenstellende Art und Weise.

## Armaturenbrett

Ein gepolstertes Armaturenbrett mit gerundeter Oberkante verlief quer über die Fahrzeugbreite und war über den Armaturen gewölbt. Es fügte sich harmonisch an die Oberseite der Türverkleidungen an und bei späteren Fahrzeugen enthielt es auch die zentralen Lüftungsauslässe. Darunter befand sich ein angewinkelter Teil des Armaturenbretts, das die seitlichen Lüftungsöffnungen, das Zündschloss, die Schalter, das Radio und das Handschuhfach enthielt. Als Abschluss nach unten gab es gepolsterte Knieschutzleisten auf jeder Seite sowie einem ausziehbaren Aschenbecher, der mittig unter den Lüftungsreglern und dem Radio angebracht war.

**Dreispeichen-Lenkrad, Armaturenbrett ohne zentralen Luftauslass und Tartan-Sitzbezüge: ein Innenraum von 1974.**

## Lenkrad

Das Dreispeichenlenkrad mit 380 Millimetern Durchmesser, erstmals im Modelljahr 1974 eingeführt, wurde im Modelljahr 1985 durch das neue Vierspeichen-»Sport«-Lenkrad mit länglichem, gepolstertem Bezug ersetzt. Das Zünd-/Lenkradschloss saß bündig auf der Armaturenbrettblende links neben dem Lenkrad.

## Sitze

Die Einführung der einteiligen Rückenlehnen mit integrierten Kopfstützen als Standard erfolgte zum Modelljahr 1974. Zeitgleich wurden Sportsitze mit verbesserter Seitenführung angeboten. Die Verstellung erfolgte hier wie dort manuell. Mit der Einführung des Carrera 3.2 ab Modelljahr 1984 wurde die Auswahl erweitert. Die normalen Sitze wie auch das Sport-Gestühl ließen sich manuell oder elektrisch einstellen. Ab Modelljahr 1987 waren die elektrisch einstellbaren Sitze Standardausrüstung. Sitzheizung wurde ab Modelljahr 1986 angeboten.

Die Rücksitze entsprachen weitgehend denen des 356. Links und rechts des Getriebetunnels befanden sich auf einem unteren Rahmen zwei individuell gestaltete, mit Teppich ausgelegte Nischen. In den Boden der Aussparung wurden zwei geformte und gepolsterte Sitzkissen gelegt, und im oberen Bereich jeder Aussparung befand sich eine gepolsterte Rückenlehne, die an der Unterseite mit einem Scharnier zum Umklappen versehen war. Die Rückenlehnen, die bei früheren Fahrzeugen mit einem Lederriemen und bei späteren Fahrzeugen mit einem Zugverschluss befestigt wurden, waren an ihren Rückseiten mit Teppichboden bezogen und ließen sich flachlegen, um so eine halbe oder ganze Gepäckablage im hinteren Teil des Fahrzeugs zu bilden. Die Option M419, eine hintere Gepäckablage, war ab dem Modelljahr 1984 als vorgeformtes Fach erhältlich, das sich über den Rücksitzmulden positionieren ließ und eine permanente Gepäckablage mit zwei darunter liegenden Sicherheitsfächern mit Abdeckungen und Schlössern bot.

Die vorderen Sitze waren mit Dreipunkt-Automatik-Sicherheitsgurten ausgerüstet. Für die hinteren Passagiere gab es entweder Hüftgurte oder automatische Dreipunktgurte.

Club Sport, Speedster und 959 S hatten aus Gewichtsgründen keine Rücksitze.

## Türen und Sicherheit

Eine der herausragenden Qualitäten des 911 war die Bedienung der Türen. Die Türgriffe mit dem Zughebel wurden erstmals 1972 verbaut und arbeiteten zuverlässig und mit eindeutiger Rückmeldung. Die Türen sprangen mit Schwung auf und mussten mit Nachdruck geschlossen werden.

Der vertikale Türverriegelungsknopf, der in abgeschlossenem Zustand bündig versenkt war (so dass er nicht hochgezogen werden konnte), befand sich oben auf der Türverkleidung. Außen befand sich das versenkte Türschloss, das beim Schlüsseldrehen den Knopf nach oben drückte und so die Tür entriegelte. Durch diese Konstruktion war es für einen Einbrecher schwierig, das Fahrzeug zu entriegeln. Der Türentriegelungsgriff, der bei späteren Fahrzeugen mit einer Leuchte versehen war, befand sich in der Armlehne, in die auch ein Ablagefach mit Klappdeckel integriert war. Den Deckel gab es beim Club Sport nicht, um Gewicht zu sparen.

Eine optionale Zentralverriegelung (M341) war für spätere 911 erhältlich. Die Schlösser wurden manuell mit dem Zündschlüssel in den Türschlössern betätigt, konnten aber auch elektronisch über einen Druckknopf in der Mittelkonsole bedient werden. Spätere 911, die mit einer manuellen Diebstahlwarnanlage ausgestattet waren, verfügten über zwei weitere Schlüssel, mit denen das System über einen Schlüsselschalter in der Fahrertürkante aktiviert und deaktiviert werden konnte.

**Das Dreispeichen-Lenkrad mit großen Prallflächen wurde 1974 eingeführt.**

**Das Cockpit der G-Serie war eine perfekte Synthese aus Ergonomie und Komfort. Das Basis-Layout stammte noch von 1963, erfuhr aber stetige Verbesserungen. Die Innenraum-Qualität setzte in dieser Klasse Maßstäbe.**

### Fenster und Schiebedach

Ab 1976 hatte der 911 serienmäßig elektrische Fensterheber. Nur beim Club Sport und dem Speedster musste gekurbelt werden. Mit zwei Kippschaltern auf der Fahrerseite ließen sich beide Seitenscheiben bewegen. Auf der Beifahrerseite gab es nur einen Schalter für das entsprechende Fenster.

Für das Coupé wurde ein Schiebedach angeboten. Bei Modellen mit diesem elektrisch betätigten Extra fand sich ein kleiner Schalter oberhalb des Zündschlosses am Armaturenbrett. Für Notfälle gab es eine Kurbel zur manuellen Betätigung des Schiebedachs. Der Hebel war unter dem Dachhimmel erreichbar, wenn der Reißverschluss der Verkleidung geöffnet wurde.

### Lüftung und Heizung

Die Belüftung des 911 wurde stetig verbessert. Die zu öffnenden hinteren Seitenscheiben beim Coupé und die zu öffnenden vorderen Dreiecksfenster beim Targa, die bereits bei früheren 911ern vorhanden waren, wurden durch den Einbau eines zentralen Lüftungsauslasses am Armaturenbrett ersetzt. Ab dem Modelljahr 1977 erhöhte ein zentraler Ausströmer die mögliche zugeführte Luftmenge. Er wurde ab dem Modelljahr 1987 zusammen mit entsprechenden seitlichen Auslässen weiter vergrößert. Die Luft wurde durch vier Auslassöffnungen geleitet: zur Windschutzscheibe, seitlich in die Kabine, in die Mitte der Kabine und in den Fußraum.

Ohne einen Motor mit Flüssigkeitskühlung, bei dem das heiße Medium die Luft zum Heizen der Kabine erwärmte, mussten zwei Wärmetauscher eingesetzt werden. Sie nutzten die warme Abluft zur Erwärmung der in die Kabine geleiteten Frischluft. Ein zusätzliches Gebläse, das sich oben auf dem Motor befand, wurde serienmäßig in alle 911er eingebaut, um die Warmluft umzuwälzen. Das elektrische Gebläse saugte und pumpte Luft (durch die Luftverteilerrohre, Rohre und Schläuche) in das hintere Ende der Wärmetauscher. Die warme Luft wurde von der Vorderseite

**911-Cockpit, ca. 1974: Lautsprecher oben mittig auf dem Armaturenbrett, noch kein zentraler Luftauslass und Fensterkurbeln.**

des Wärmetauschers durch das Fahrzeug zum Armaturenbrett geleitet, wo sie über die Auslässe an der Windschutzscheibe, die seitlichen und zentralen (ab MJ 1977) Auslässe am Armaturenbrett und die Auslässe im Fußraum verteilt wurde. Zwischen den Vordersitzen befanden sich manuelle Betätigungshebel, mit denen die Klappen des Wärmetauschers betätigt wurden. Bei späteren Fahrzeugen war ein automatisches Heizungssteuergerät (Option M424) erhältlich, das den Warmluftstrom je nach Bedarf dämpfte, mit zusätzlichen Schiebereglern am Armaturenbrett für die Belüftung und Entfeuchtung. Die Betätigungshebel wurden für die leichteren Club Sport und Speedster verwendet, sie waren ebenfalls zwischen den Vordersitzen angeordnet.

Um die Entlüftung der Passagierzelle des 911 zu gewährleisten, gab es elf Ausgangskanäle oberhalb des Rückfensters unterhalb der Dachlinie. Beim 959 waren es dann nur sechs Kanäle mit größerem Durchmesser.

### Klimaanlage

Optional war eine automatische Klimaanlage (Option M559 und M573) erhältlich, die eine Kombination aus Belüftung, Kühlung und Heizung bei einer

voreingestellten Temperatur ermöglichte. Die Fahrzeuge mit Klimaanlage hatten eine Pumpe hinten rechts am Motor, die über eine Keilriemenscheibe angetrieben wurde, und einen Kältemittelbehälter unter dem vorderen linken Kotflügel. Der Hauptkondensator der Klimaanlage befand sich unter dem Kühlergrill des hinteren Motordeckels, der beim 911 Turbo 3,3 kleiner war, um den Ladeluftkühler unterzubringen. Ein zusätzlicher Klimakondensator befand sich unter der Fahrzeugnase, mit einem Steinschlagschutzgitter und einer Aufprallschutzleiste, die bei Fahrzeugen ohne Frontspoiler sichtbar war.

### Teppiche

Individuell zugeschnittene, luxuriöse Silverknit-Velours-Teppiche waren bei allen 911 ab dem Modelljahr 1974 serienmäßig, während die Jubiläums- und Jahreswagen mit Seidenvelours ausgestattet waren. Der Gepäckraum war serienmäßig mit Veloursteppichen ausgestattet, die gegen Silverknit oder Seidenvelours ausgetauscht werden konnten. Der 911 verfügte nicht über einen einteiligen

**911 Carrera, ca. 1985: hier schon mit mittigem Luftauslass des Carrera 3.2 und mit dem neuen Vierspeichen-Lenkrad.**

Teppich, sondern über einzelne Form- und Kantenteile, die einen kompletten Teppichsatz bildeten, der zur Reinigung leicht herausgenommen werden konnte. Der Kofferraum war mit einzelnen Teppichstücken ausgekleidet, die bei späteren Fahrzeugen zur Aufnahme des Bremskraftverstärkers geändert wurden.

## Radios

Alle 911 waren mit einem Radio und den dazugehörigen Lautsprechern und einer Antenne erhältlich. Für spätere Fahrzeuge gab es einen CD-Player (Ausstattung M690). Die Radiooptionen wurden unter einem individuellen Ausstattungscode größtenteils von Becker

oder Blaupunkt für die früheren Fahrzeuge und nur Blaupunkt für spätere Fahrzeuge aufgeführt.

### Mobiltelefon

Spätere Fahrzeuge waren mit einer Vorbereitung für ein Mobiltelefon (Ausstattung M195) einschließlich Hörerhalterung und externer Dachantenne erhältlich.

### Innenraumbeleuchtung

Der Innenraum verfügte über drei Hauptkabinenleuchten, eine über dem Rückspiegel und je eine über den B-Säulen am Dachhimmel, sowie Leuchten unter den Gepäck- und Motordeckeln. Spätere Fahrzeuge verfügten über eine Handschuhfachbeleuchtung.

### Gepäckraum

Der Gepäckraum vorn zwischen den Kotflügeln war vollständig mit Teppich ausgeschlagen. Darunter lagen das faltbare Ersatzrad (außer beim 959) sowie der Kraftstofftank. Der tiefe Kasten (mit Klappdeckel) hinter dem Kraftstofftank auf der rechten Seite des Gepäckraums war ursprünglich für die Batterie vorgesehen und wurde später zur Unterbringung einer frühen Webasto-Heizung verwendet, bevor er zusätzliche Komponenten der Klimaanlage aufnahm. Bei späteren 911 war dieses Fach leer und wurde als Schmugglerfach bekannt.

Vorn links unter der Fronthaube befanden sich die Batterie, ein Wagenheber und ein umfangreicher Werkzeugsatz in einer lederumwickelten Werkzeugtasche. Zu den Werkzeugen gehörten: eine Abschleppöse, ein Zündkerzenschlüssel, eine Radstütze, ein Sortiment von Schraubenschlüsseln und Schraubendrehern, eine Zange, ein Keilriemenscheibenschlüssel sowie ein Ersatzkeilriemen und Sicherungen. Der Sicherungskasten befand sich auf der linken Seite am Stehblech.

**Das Interieur des 959 lehnte sich stark an das des 911 an. Änderungen betrafen vor allem die Anzeigen und Bedienelemente für Allrad und Fahrwerk.**

Ab dem Modelljahr 1974 wurden die Fahrgestellnummernschilder aus Aluminium bei den RDW-Fahrzeugen von der Frontplatte auf die rechte Seite des Fahrzeugs in den Kofferraum verlegt. Fahrzeuge nach amerikanischer Spezifikation wurden ohne Fahrgestell-Identifizierungsschild ausgeliefert und hatten stattdessen ein VIN-Etikett am Türpfosten der Fahrertür.

### Funktionalität, Komfort und Bedienung

Der Innenraum des 911 empfing die Insassen positiv, man fand schnell und einfach eine bequeme Position. Der Fahrer saß aufrecht mit guter Rundumsicht, die Kopffreiheit war großzügig. Das Cockpit war funktional. Das Armaturenbrett enthielt fünf Rundinstrumente mit dem mittig prominent platzierten Drehzahlmesser. Rechts und links davon gab es den Tachometer und die Öldruck-/Temperaturanzeige. Weiter links und rechts davon befanden sich die Uhr und die Kraftstoffanzeige. Das Interieur des 911 war von Anfang an zweckmäßig und effizient und vermittelte dem Fahrer ein Gefühl der leichten Beherrschbarkeit.

### Lenkung und Bedienung

Das 911-Lenkrad bot ohne Servounterstützung eine ausreichende Hebelwirkung, um den Wagen bei niedrigen Geschwindigkeiten und beim Einparken leicht zu manövrieren. Beim 959 erleichterte der Einbau einer Servolenkung die Arbeit. An der Lenksäule befanden sich zwei Hebel, einer auf jeder Seite. Der linke Hebel steuerte die Blinker und das Abblend- und Fernlicht, der rechte Hebel die Scheibenwischerfunktionen und die Scheibenwaschanlage. Optional war auch eine automatische Geschwindigkeitsregelung (Ausstattung M454) erhältlich, die über einen zusätzlichen Hebel rechts vom Lenkrad bedient wurde.

### Pedale und Schaltung

Gaspedal, Bremse und Kupplungspedal waren stehend angeordnet. Die Bedienung gelang spielend, selbst die Kupplung erforderte nicht zu viel Kraft. Die Anordnung des Bremspedals zum Gaspedal erschwerte allerdings die Bedienung mit Hacke und Spitze. Der

funktionale Schaltknüppel ragte hoch aus der flachen Mittelkonsole hervor. Der Handbremshebel lag gut erreichbar und leicht bedienbar zwischen den Sitzen.

### Sicherheitshebel

Alle 911 waren mit einem abschließbaren Zughebel auf der linken Seite des Cockpits vor der Fahrertür ausgestattet. Mit ihm ließ sich die vordere Gepäckraumklappe entriegeln. Der 959 hatte einen Schwenkhebel in einer dreieckigen Aussparung vor der Fahrertür in der Seitenwand. Der Seilzug zur Entriegelung der hinteren Haube befand sich sowohl beim 911 als auch beim 959 in der B-Säule links. So waren beide Abteile gut geschützt, solange der Innenraum sicher war. Unbenommen blieb die Möglichkeit, den Gepäckraum (beim 911) vom Wageninneren aus zu

**Bis heute ist die Anordnung der Instrumente und vor allem der zentrale Drehzahlmesser ein Merkmal für die sportliche Auslegung des 911.**

entriegeln. Die Tankklappe wurde mit einem Zughebel ganz links am Armaturenbrett entriegelt. Bei allen 911-Modellen war eine bündig abschließende Klappe hinten oben am vorderen linken Kotflügel und beim 959 eine bündig abschließende runde Klappe oben links an der vorderen Gepäckraumklappe angebracht. Zusätzlich zur Tankklappe des 959 gab es eine bzw. zwei bündig abschließende Klappe(n) (ähnlich denen der 911-Kraftstoffklappe beim Modelljahr 1972) zum Einfüllen von Öl und Hydraulikflüssigkeit, wobei letztere bei der Sport-Ausführung nicht erforderlich war. Diese Klappen wurden vom Motorraum aus geöffnet.

### Cabrio-Dach

Die 911 Cabriolets mit entweder manuellem oder elektrisch betätigtem Faltverdeck hatten zwei Verriegelungsvorrichtungen an der Oberkante des Scheibenrahmens. Zum Ent- und Verriegeln des Verdecks dienten Hebel, die im Handschuhfach untergebracht waren. Spätere elektrisch betriebene Verdecke wurden mit demselben Wippschalter wie das Schiebedach bedient, der sich unter dem Armaturenbrett befand. In Notfällen konnte das Dach mithilfe der Radschlüssel geschlossen werden, indem man zwei Muttern auf beiden Seiten der Rücksitze löste. Das Dach konnte dann manuell geschlossen werden.

### Targadach

Targas hatten ein abnehmbares, faltbares Stoffverdeck. Das Dachteil konnte im Gepäckraum untergebracht werden und ließ sich mithilfe von Griffen und Ziehharmonika-Schienen auseinanderziehen oder zusammenfalten. Am Targabügel befanden sich zwei Aufnahmen, in die zwei Bolzen des Targa-Verdecks hineingeschoben wurden. Danach wurde das Dach mit Arretierungshebeln am oberen Scheibenrahmen festgespannt. Ein- und Ausbau des Dachs konnte eine geschickte Person allein bewerkstelligen.

### CASIS

Fahrzeuge nach amerikanischer Spezifikation konnten mit einem CASIS (Computer Assisted Shift Indicator System) mit einem kleinen, nach oben gerichteten Pfeil in der Drehzahlanzeige ausgestattet werden. Der Pfeil leuchtete auf, wenn der Motor seine wirtschaftlichste Drehzahl erreicht hatte, um darauf hinzuweisen, einen höheren Gang einzulegen.

### Qualität

Der 911 bot einen Einblick in die Denkweise der Ingenieure, die ihn entworfen, konstruiert und gebaut haben. Dabei handelten sie, unabhängig davon, was andere machten, niemals konventionell. Porsche blieb standhaft entschlossen, ein besseres Auto zu bauen, indem man Dinge anders machte.

Von der unorthodoxen Anordnung des unkonventionellen luftgekühlten Sechszylinder-Boxermotors über die leichte Fahrbarkeit und die sportliche Dynamik, die exakte Passgenauigkeit, die Lackierung und die Funktion bis hin zum komfortablen und luxuriösen Innenraum strahlte der 911 Qualität aus, die sich nicht nur im Produktiondetail und der Ausführung zeigte, sondern auch in der grundlegenden Technik.

Die Faszination des 911 waren weder oberflächlich noch effekthascherisch, sondern Teil seiner DNA.

# AUF DER STRASSE

Der 911 ist ein sehr angenehm zu fahrendes Auto. Er meistert alle Strapazen des täglichen Pendelns und des damit verbundenen Lebensstils auf komfortable Weise. Obwohl er ein leistungsstarker Sportwagen ist, erfüllt er die Aufgaben einer komfortablen Limousine sehr gut. Außerdem lässt er sich leicht und schnell fahren, ist straff und dynamisch und bietet eine gute Rückmeldung, eine kraftvolle Beschleunigung und standfeste Bremsen, was zu einem positiven Gesamteindruck führt, selbst wenn man seine Leistungsreserven und Agilität nutzt.

Trotzdem gibt es das Manko von Untersteuer- und Übersteuertendenzen, die in der Einbaulage des Motors begründet sind. Das eher geringe Gewicht auf der Vorderachse sorgt für Untersteuern und das zu hohe Gewicht auf der Hinterachse für Übersteuern.

### Untersteuern

Vom ersten Tag an litt der 911 an seiner Neigung zum Untersteuern und schob dabei entgegen des Lenkradeinschlags über die Vorderräder zum Kurvenaußenrand. Das hatte Porsche zwar selbst frühzeitig erkannt, blieb aber eine Tendenz bei allen Serien-911.

Das niedrige Gewicht auf der Vorderachse sorgte in Kurven dafür, dass die Vorderräder nicht genügend Seitenführung aufbauen konnten und der Wagen in schnell gefahrenen Kurven nicht dem Lenkeinschlag folgte und so weiter als gewollt nach außen drängte. Helmuth Bott begegnete der Eigenschaft anfangs mit zusätzlichen Gewichten im Bug des Autos, um das Phänomen auszumerzen.

Die anfänglichen Handling-Probleme wurden abgemildert durch die Verlagerungen von Bauteilen vor die Drehachse. Ab 1969 wuchs der Radstand von 2.211 auf 2.272 Millimeter, indem die Hinterachsstreben und der Längslenker verlängert wurden. Dabei blieb die Einbaulage des Motors unverändert. Mit der Einführung von Stabilisatoren vorn und hinten wurde die Rollneigung gemindert und ermöglichte es den Ingenieuren, eine bessere Fahrstabilität zu erreichen. Größere Räder und breitere Reifen bewirkten ein Übriges für besseren mechanischen Grip.

Im Laufe der Entwicklung des 911 stellte Porsche fest, dass sich der 911 durch den Einsatz spezieller Stabilisatoren vorn und hinten sowie größerer Reifenbreiten richtig abstimmen ließ. Stabilisatoren, anfangs mit Lenkern und später als einteilige Stäbe, wurden zu einer wichtigen Ergänzung der Drehstabfederung, die in Kombination mit den Dämpfern verwendet wurde und es den Ingenieuren ermöglichte, den 911 so abzustimmen, dass er seine Neigung zum Untersteuern in den Griff bekam. Ein gewisses Maß an Untersteuern war jedoch notwendig, um der natürlichen Übersteuerungseigenschaft der Konstruktion entgegenzuwirken.

### Übersteuern

Das Übersteuern lag in den Genen der Heckmotor-Konstruktion und den Querkräften, die bei Kurvenfahrten auf den 911 einwirkten. Hier lag auch das größte Potenzial für Schwierigkeiten, denn diesem Phänomen war nicht leicht beizukommen. Das Problem des Übersteuerns lag wissenschaftlich gesehen in der grundsätzlichen Anordnung des Heckmotors, wobei die Platzierung der schweren Motormasse hinter der Hinterachslinie zu einem Pendeleffekt bei seitlicher Belastung führte, da das Gewicht versuchte, sich zu drehen. Wie beim Untersteuern konnten die Ingenieure auch beim Übersteuern mit den Stabilisatoren gegensteuern, sodass ein sicheres Untersteuern erhalten und das Übersteuern kontrollierbar wurde. Aber es ging noch weiter.

**Bei jedem Wetter ein angenehmer Aufenthaltsort.**

1
2
3
4
5
6
7
80
100
120
160
180
260

**Auch nachts bleiben alle wichtigen Informationen im Blick.**

Die Hinterradaufhängung des 911 sorgte dafür, dass sich die Hinterräder beim Verzögern oder Bremsen nach außen neigten, was als Vorspur bekannt ist. Auf einer geraden Linie war dies kein großes Problem, aber bei Kurvenfahrten stellte es eine schwierige Situation dar. Wenn das Auto beim Verzögern in eine Kurve einbog, wurde das innere Hinterrad leichter, und die Kurvenlast wurde auf das äußere Hinterrad übertragen. Da die Räder dann einen positiven Sturz bekamen, lenkte das äußere Rad plötzlich das Heck des Wagens nach außen, weg von der eigentlichen Fahrtrichtung des Wagens, und man hatte Übersteuern. Die Lösung für dieses Problem kam beim 911 nicht zum Einsatz, doch für den 928 entwickelten die Porsche-Ingenieure die Weissach-Achse (**W**inkel-**EI**nstellende, **S**elbst-**S**tabilisierende **A**usgleichs-**CH**arakteristik), die den Wagen für Normalverbraucher beherrschbarer macht.

## Balance

Bei normaler Fahrweise blieb durch das Abbremsen vor einer Kurve und das Einlenken beim Beschleunigen alles am Heck unter Kontrolle, und der 911 folgte seinem vorgegebenen Kurs. Wenn jedoch in der Mitte

**Die Gestaltung der Kotflügel ermöglicht punktgenaues Positionieren des Autos.**

der Kurve eine abrupte Anpassung erforderlich war, um das Auto zu verlangsamen, kam es zum plötzlichen Übersteuern. Beim 911 wurde dies durch das Gewicht des hinter der Hinterachse liegenden Motors hervorgerufen, der wie ein Pendel wirkte, und es erforderte einiges an fahrerischem Geschick, um das Übersteuern am Scheitelpunkt der Kurve in den Griff zu bekommen.

Der Motor ist das schwerste Bauteil in jedem Auto und wird normalerweise zwischen oder über den Achsen montiert. Beim 911 war der Motor jedoch hinter der Hinterachse eingebaut. Das war unter normalen Umständen in Ordnung, aber bei Kurvenfahrten konnten die Schwerkraftkräfte einen Pendeleffekt verursachen und das Auto durch plötzliches Übersteuern ins Schleudern bringen.

Mit der Weiterentwicklung des 911 und höheren Motorleistungen wurden auch die Federung, die Straßenlage und das Fahrverhalten verbessert. Der 911 wurde im Laufe der Jahre immer weiter optimiert, und die möglichen maximalen Querkräfte nahmen zu. Beim Carrera 3.2 erreichte Porsche 0,85 g, was für die damalige Zeit als gut angesehen wurde.

Der 911 war ein schnelles Auto, das sich in einem angenehmen Bereich zwischen Unter- und

**Die unerbittliche Erprobung in Weissach sorgte dafür, dass der 911 allen Herausforderungen des Alltags gewachsen war.**

Übersteuern bewegte. Das Fahren im Grenzbereich erforderte jedoch vollen Einsatz. Man musste genau verstehen, wie sich ein 911 unter Druck verhält, um sein Fahrverhalten wirklich zu schätzen.

Der 911 wurde entwickelt, um gefahren zu werden, und das Fahren dieser Legende enttäuscht nicht. Genauso wie die Qualität der Technik glänzen auch das Fahrverhalten und die Eigenschaften des 911. Als zugänglicher Sportwagen bietet er ein hohes Maß an Komfort und gewährt viel Vertrauen in seine Eigenschaften. Die Fahrerposition bietet eine außergewöhnlich gute Rundumsicht und alle Bedienelemente sind so angeordnet, dass sie leicht zu erreichen sind. Der Innenraum ist eine Mischung aus Seriösität und Sportlichkeit, und lange bevor der Schlüssel gedreht wird, hat man das Gefühl, dass der Wagen genau das tut, wofür er entwickelt wurde.

### Im 911 unterwegs

Das Fahren eines 911 vermittelt das Gefühl von persönlichem Wohlbefinden, wie in einer die Außenwelt abschirmenden Kapsel und bietet den Zustand völliger Abgeschiedenheit: Ein Ort, von dem aus die eigentliche Aufgabe, das Führen eines 911, mit vollem Vertrauen ausgeführt werden kann.

Drehen Sie den Schlüssel und das Surren des Anlassers wird schnell durch ein scharfes Knurren hinter Ihrem Kopf ersetzt. Beobachten Sie, wie sich die orangefarbene Nadel des großen, mittig angeordneten Drehzahlmessers im Leerlauf einpendelt und bei der geringsten Bewegung des rechten Fußes sofort wieder nach oben springt. Weitere Informationen sind zu diesem Zeitpunkt nicht notwendig. So wie die Nadel in die Höhe schnellt, wächst auch die Vorfreude auf das Kommende.

Das Kupplungspedal, ebenso wie Brems- und Gaspedal stehend angeordnet, tritt sich leichter als in manch anderen Sportwagen. Der Gangwechsel ist dagegen ein zweischneidiges Schwert: Das neuere und etwas straffere G50-Getriebe kam zum Modelljahr 1987 als Nachfolger des bewährten 915-Getriebes. Das G50 lässt sich schneller und exakter schalten, während das »alte« 911-Gefühl ein wenig auf der Strecke bleibt. Letztendlich bleibt es eine Frage des persönlichen Geschmacks. Der längere Schaltweg des 915 ist mühsamer, was zu längeren Schaltpausen führt und die Drehzahl zwischen den Schaltvorgängen etwas sinken lässt. Das tut dem Auto irgendwie gut. Dennoch ist der Gangwechsel in beiden Getrieben schnell erlernt und entsprechend beherrscht. Der erste Gang liegt bei beiden Getrieben vorn links, nur die Lage des Rückwärtsgangs unterscheidet sich. Man gibt Gas und lässt die Kupplung kommen. Die Kraft ist sofort da und der 911 schiebt zielstrebig vorwärts. Wenn Sie den ersten Gang kurz schalten und den zweiten die Arbeit machen lassen, können Sie ihn ganz einfach bis zur roten Linie fahren. Schalten Sie hoch, kurz bevor der Drehzahlbegrenzer den Spaß im dritten und vierten Gang verdirbt, und Sie können einen 911 vom Feinsten erleben. Das Drehmoment sorgt dafür, dass bis zum roten Bereich stets reichlich Leistung zur Verfügung steht. Ohne Verzögerung schiebt der Sechszylinder bis zu 4.000/min an, bevor er den Ton wechselt und noch bissiger vorantreibt. Die Kraftentfaltung bleibt gleichmäßig über den gesamten Drehzahlbereich und 160 km/h sind schnell erreicht.

Ein guter Sportwagen zeichnet sich dadurch aus, dass er nicht schnell gefahren werden muss, um voll zur Geltung zu kommen. Steigen Sie einfach ein und fahren Sie einen 911: Er wird Ihnen beim Cruisen genauso viel Freude bereiten wie beim Vollgasfahren.

Wie das Kupplungspedal ist auch das Bremspedal stehend angeordnet. Die Bremsen packen gut dosierbar bissig zu und bremsen aus hoher Geschwindigkeit sehr effizient. Die vier Bremssättel sorgen für kraftvolle Verzögerung und sorgen so für viel Vertrauen beim schnellen Fahren.

Mit einem 911 kommt man schnell von A nach B. Dabei fühlt man sich sicher und hat Vertrauen. Elfer-Fahrer haben beim Aussteigen meist ein seliges Lächeln auf den Lippen.

Erst auf einer Rennstrecke werden die Grenzen eines 911 und seines Fahrers wirklich ausgelotet. Einen schnell gefahrenen 911 zu beherrschen und seine Grenzen zu erfahren, ist sehr befriedigend. Es ist ein schmaler Grat, der definiert, wie gut ein Fahrer einen 911 beherrscht. Da ist diese feine Grenze zwischen Unter- und Übersteuern, eine Linie, die sich biegen und vielleicht sogar brechen lässt, aber nur von denjenigen, die es können.

Wenn Sie mehr Gas geben, werden Sie die Eigenheiten des Fahrverhaltens spüren. Das erste, was auffällt, ist

**Das Modelljahr 1977: 911 Turbo 3.0, 911 Coupé 3.0 (vordere Reihe), 911 Targa 2.7, 911 Coupé 2.7 (hintere Reihe).**

das Untersteuern, wenn man langgezogene Kurven hart durchfährt. Die einzige Möglichkeit, das Untersteuern zu überwinden, ist das kontrollierte Herausbeschleunigen aus der Kurve, wenn es nicht anders gelingt, die Kontrolle zu behalten. Dies führt jedoch schnell zum Übersteuern, bei dem das Heck des Autos ausbricht. Andererseits lässt sich die Tendenz mit dem rechten Fuß recht gut unter Kontrolle halten und das Auto so ausbalancieren.

Es dauert eine Weile, bis man in den Rhythmus kommt und die schnellsten Linien findet, aber dann kann man den 911 am Nacken packen und bis ans und über das Limit treiben. Man bremst immer später und beschleunigt immer früher, bis man die Grenze gefunden hat und das Heck beim Bremsen nachgibt oder beim Beschleunigen übersteuert. Das ist der Punkt, an dem man den 911 in vollen Zügen genießen kann.

Sehr schnell wird das Gefühl, das Auto beim Einlenken auf den Bremsen mit dem Lenkrad auszubalancieren, süchtig machen, da immer weniger Grip zur Verfügung steht, aber die Geschwindigkeit immer noch vorhanden ist. Der 911 liefert bis in den Grenzbereich, bevor er unkontrollierbar wird. Man kann einen 911 hart fahren und er kommt trotzdem immer wieder zurück. Nie hat man das Gefühl, dass ein Versagen droht.

Behalten Sie die Temperatur der Hinterreifen im Auge und achten Sie auf Bremsfading, denn je schneller Sie fahren, desto heißer wird alles. Semi-Slicks sind eine gute Option, wenn Sie die Grenzen ausloten wollen. Sie sind eine gute Kombination aus legaler Straßennutzung und schnellem Rennstreckeneinsatz, und sie reduzieren das Untersteuern und bieten eine höhere Lenkpräzision.

Eine nasse Strecke bietet möglicherweise das beste 911-Erlebnis. Obwohl die Geschwindigkeiten niedriger sind, kann die Fahrt im 911 insgesamt sehr aufregend und lohnend sein. Der 911 ist auf trockener Strecke nicht das schnellste Auto, wenn man ihn mit einigen der leichteren Gegner vergleicht, aber das Gewicht kommt bei Nässe sehr gelegen.

Es geht jedoch nicht nur um Geschwindigkeit und Agilität, sondern auch um Komfort und Fahrspaß. Der 911 ist auf der Straße leicht zu fahren und wird Sie nicht in Schwierigkeiten bringen, bleibt dabei aber schnell und faszinierend.

Perfektion im Zeichen der Burg.

# DAS FINALE

## Zukunftssicher

Wenn man die Philosophie des 911 analysiert, stößt man auf ein einfaches Konzept, das die Vorteile eines luftgekühlten Sechszylinder-Boxermotors mit niedrigem Schwerpunkt im Heck, einer Karosserie mit geringem Luftwiderstand, einem Innenraum, in der vier Passagiere relativ bequem Platz finden, und eines Gepäckraums von angemessener Größe bietet. Ein schneller, effizienter, kompakter, leichter, sicherer, komfortabler und praktischer Personentransporter – genau das, was sich Ferry Porsche gewünscht hatte.

Darin liegt das Geheimnis des 911-Erfolgs. Er konnte alle geforderten Eigenschaften erfüllen und blieb bei seiner Weiterentwicklung den Vorgaben treu. Sein besonderer Vorteil: der Motor. Der kompakte Sechszylinder war ein geniales Werk, das von seinen Vorgängern mit vier Zylindern abgeleitet war. Er war eine ausgezeichnete Basis für die großartigen Ingenieure, um mit besonderen technischen Leistungen eine immer bessere Kraftentfaltung zu erreichen.

Dasselbe Auto, dasselbe Paket, es hat sich nie verändert. Das ursprüngliche Konzept war so vielseitig, dass es sich nicht grundlegend zu ändern brauchte. Es war ein Auto, das für die nächsten Jahrzehnte konzipiert war. Es war in der Tat zukunftssicher.

## Der Neubeginn

Nach dem Ende der zweiten 911-Evolution im Jahr 1989 und der letzten, die die Chassisnummern 911 trug, wurde der Typ 911 im Jahr 1990 durch den Typ 964 ersetzt, ein Auto, das einen Großteil der Basis-DNA und des technischen Know-hows aus dem vorangegangenen Jahrzehnt, einschließlich des 959, übernahm.

**Bekanntes Line-up in neuem Gewand: Mit Cabrio, Targa und Coupé der neuen Baureihe 964 war klar, dass der 911 auch für die Zukunft gerüstet war.**

# MOTOR, GETRIEBE UND FAHRWERK 1963 BIS 1989

### Luftgekühlter Sechszylinder-Boxermotor

Der luftgekühlte 901-Boxermotor verfügte anfangs über ein zweiteiliges Kurbelgehäuse aus Aluminiumguss, separat angebrachte Biral-Zylinderbuchsen (gusseiserne Hülsen und Aluminium-Kühlrippen), die später durch Aluminium mit Nikasil-Beschichtung ersetzt wurden, geschmiedete Aluminiumkolben und kettengetriebene, obenliegende Nockenwellen. Er blieb während der gesamten Entwicklung des 911 weitgehend unverändert. Dieser Motor arbeitete mit einer Trockensumpfschmierung, bei der sich der Großteil des Motoröls in einem separaten Ölbehälter befindet, um eine ununterbrochene Ölversorgung des Motors selbst bei starker Querbeschleunigung zu gewährleisten. Schon früh gab es Überlegungen, diesen Motor auf bis zu 2,7 Liter zu vergrößern, tatsächlich wurde er inoffiziell auf bis zu 3,5 Liter Hubrauminhalt vergrößert.

Zwischen 1969 und 1973 wurde ein druckgegossenes zweiteiliges Magnesium-Kurbelgehäuse eingeführt, womit das Gewicht des Motors um zehn Kilogramm sank. Bedenken hinsichtlich der Festigkeit des Magnesium-Kurbelgehäuses für Motoren mit hoher Leistung veranlassten Porsche, bei späteren Carrera RS 2.7-Motoren wieder auf Aluminiumdruckguss umzusteigen; die Änderung wurde im Mai 1973 homologiert. Für die 2,7- und 3,0-Liter-Motoren des Modelljahrs 1974 wurde wieder auf Aluminium umgestellt. Die späteren Carrera RS 2.7-Kurbelgehäuse waren ebenfalls aus Aluminium gefertigt.

Der ursprünglich überquadratisch mit einer Bohrung von 80 mm und einem Hub von 66 mm sowie einem Verdichtungsverhältnis von 9:1 ausgelegte 2,0-Liter-Motor 901/01 leistete 95 KW (130 PS) bei 6.100/min. Im Gegensatz dazu leistete der gleiche Basis-Boxermotor, der für den 3.3 Turbo entwickelt wurde, mit einer Bohrung von 97 mm und einem Hub von 74,4 mm 221 kW (300 PS) bei 5.500/min – ein Beweis für die Entwicklungsfähigkeit des 901-Motors.

Der 911-Boxermotor hatte zwei V-förmig angeordnete Ventile pro Zylinder, die von einer obenliegenden, vierfach gelagerten, kettengetriebenen Nockenwelle pro Zylinderbank angetrieben wurden, sowie Kipphebel in zwei Nockenwellengehäusen, die mit sechs freiliegenden Zylinderköpfen und Zylindern

**Ein Motor vom Typ 911/93: 6-Zylinder-Boxer mit 2,7 Litern Hubraum, 175 PS und achtfach gelagerter Kurbelwelle, wie er im 911 S 2.7 von 1974 zum Einsatz kam.**

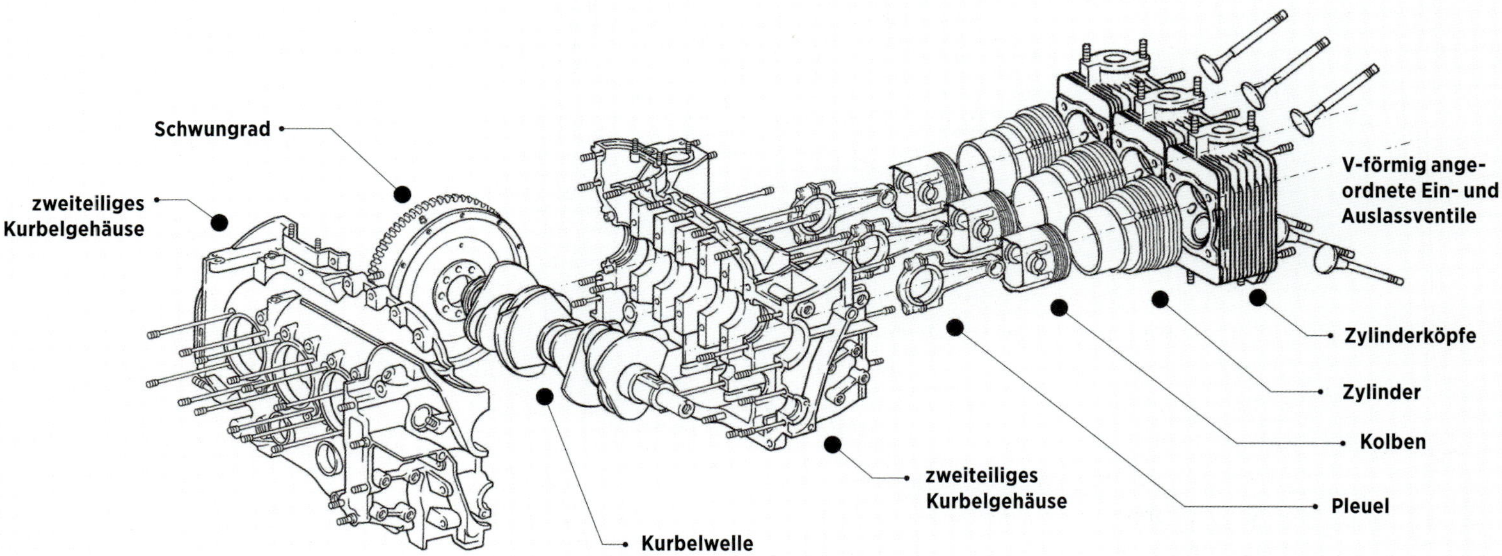


**Der Aufbau des 6-Zylinder-Boxers.**

verschraubt waren, mit geschmiedeten Kolben, die direkt durch Öl gekühlt wurden, das aus den Kurbelgehäusedüsen gespritzt wurde, geschmiedeten Pleueln und einer Kurbelwelle aus geschmiedetem Stahl mit acht Hauptlagern, die im zweiteiligen Kurbelgehäuse aus Leichtmetallguss verbaut war. Direkt unter der Kurbelwelle, im Kurbelgehäuse, befand sich die Zwischenwelle zum Antrieb der beiden Steuerketten und der Ölpumpe. Die Steuerketten trieben die beiden Nockenwellen an und waren mit Kettenspannern versehen. Als Verbesserung gegenüber früheren Motoren wurden die Steuerkettenspanner ab dem Baujahr 1984 bei allen 911-Motoren mit Spritzöl versorgt.

Ohne einen kühlenden Wassermantel waren die beweglichen Massen eines luftgekühlten Motors einer starken Belastung ausgesetzt. Die grundlegende Funktionsweise der Luftkühlung beim 911-Motor bestand darin, Außenluft über das Gitter in der Motorabdeckung in den weitgehend abgedichteten Motorraum zu saugen und diese Luft mithilfe eines riemengetriebenen Axiallüfters, der an der Rückseite des Motors angebracht war, über den Motor zu blasen. Beim 911 gab es eine andere Lüfteranordnung als beim 356. Statt eines verdeckten Radiallüfters arbeitete nun ein freiliegender Axiallüfter, der bei allen 911-Motoren hinten verbaut war und die Luft direkt über den Motor und nicht durch ein versetztes Luftführungsgehäuse leitete. Dadurch wurde ein gleichmäßiger Luftstrom über das Kurbelgehäuse und die Zylinder gewährleistet. Da die jeweils drei Zylinder weit voneinander entfernt waren, wirkte die Luftkühlung sehr effizient.

1976 experimentierte Porsche mit einem fünfflügeligen Motorkühlgebläse, das in die späteren 2.7-Motoren und die Carrera 3.0-Motoren eingebaut wurde. Damit sollten Emissionswerte und möglicherweise eine Reihe von Geräuschbeschränkungen erfüllt werden, aber auch eine geringfügige Leistungssteigerung erreicht werden. Die Drehzahl des Lüfters mit fünf Blättern war höher als die des 11-Blatt-Lüfters, aber er erzeugte einen geringeren Luftstrom über den Motor, was zu höheren Motortemperaturen führte. Für RDW-Fahrzeuge war dies weitgehend akzeptabel, aber in heißeren Ländern, insbesondere in den USA, führte dies zu Überhitzungsproblemen bei den 2,7-Liter-Motoren. Ab dem Modelljahr 1978 und mit dem 911 SC kehrte Porsche zum Lüfter mit elf Flügeln zurück.

Die Größe der Lüfter und die Kurbelwellenübersetzung wurden mehrmals geändert. Mit der Einführung des Lüfters mit elf Flügeln ab dem Modelljahr 1978 erhöhte sich die Übersetzung auf 1,8:1, wodurch 1.380 Liter Luft pro Sekunde bewegt wurden. Ab dem Modelljahr 1980 schließlich wurde der Durchmesser des Lüftergebläses auf den des 911 Turbo vergrößert und die Übersetzung auf 1,67:1 verringert, wodurch bei 6.000/min 1.500 Liter Luft pro Sekunde gefördert wurden. Diese Konfiguration wurde ab dem Modelljahr 1984 für den 3,2-Liter-Motor übernommen.

Die Motorkühlung wurde zusätzlich durch das Motoröl unterstützt. Die Kühlung des Öls erfolgte über den am Motor montierten Ölkühler und eine zusätzliche, vorn angebrachte Ölspirale bzw. einen zweiten Ölkühler, der sich unter dem rechten vorderen Kotflügel befand. Die Luftkühlung wurde durch eine Trockensumpf-Ölschmierung ergänzt, bei der die Masse des Motoröls in einem separaten Ölbehälter vorgehalten wurde – ein direkt aus dem Rennsport stammendes Konstruktionsmerkmal, das eine kontinuierliche Ölversorgung auch bei extremen Querbeschleunigungen sicherstellte.

Ein bedeutender Schritt in der Entwicklung des 911-Motors war die Verwendung der von Mahle patentierten und hergestellten, mit Nikasil (Nickel-Siliziumkarbid) beschichteten Aluminiumzylinder in den Motoren nach dem Modelljahr 1973. Diese Bauart ersetzte die von Karl Schmidt hergestellten Biral-Zylinder. Bei Nikasil handelte es sich um eine elektrolytisch abgeschiedene Beschichtung mit niedrigen Reibbeiwerten. Die Nikasil-Zylinderbuchsen wurden später in allen 911-Motoren verwendet, weil sie für eine verbesserte Wärmeleitfähigkeit, Zylinderschmierung und Langlebigkeit sorgten. Die Beschichtung wurde auf der Grundlage des im 917 verwendeten Zwölfzylindermotors vom Typ 912 entwickelt und ermöglichte größere Zylinderbohrungen.

Der ab 1963 verbaute Boxermotor entwickelte sich: Mit anfangs zwei Litern Hubraum wuchs er auf 2,2 Liter im Modelljahr 1970 und 2,4 Liter im Modelljahr 1972. Der 2,7-Liter-Motor wurde im Modelljahr 1973 mit dem Carrera RS 2.7 eingeführt, der ab dem Modelljahr 1974 auch die Fahrzeuge der zweiten Generation antrieb. Er wurde im Modelljahr 1975 für den Turbo und 1976 für den 911 auf 3,0 Liter vergrößert. 1978 wurde er für den Turbo auf 3,3 Liter vergrößert, 1984 für den Carrera auf 3,2 Liter.

Der Motor des 901 mit zwei Litern Hubraum wog 184 kg, der Motor des 911 SC war mit 190 kg nur sechs Kilogramm schwerer. Der 3,2-Liter-Motor brachte 219 kg auf die Waage und war damit etwa 35 kg schwerer als der Originalmotor, konnte jedoch ohne Modifikation in einem 901-Motorraum untergebracht werden. Der Dreiliter-Turbomotor wog 207 kg. Das Gewicht erhöhte sich 1977 beim 3,3-Liter-Turbo mit Ladeluftkühler auf 230 kg – der schwerste 911-Motor.

Die 3,3-Liter-Turbo- und die 3,2-Liter-Carrera-Motoren waren sich bemerkenswert ähnlich. Der luftgekühlte Sechszylinder-Boxermotor mit leichtem Kurbelgehäuse und Zylindern aus Aluminiumdruckguss, je einem Einlass- und einem Auslass-Ventil in V-förmiger Anordnung, einer obenliegenden, kettengetriebenen Nockenwelle pro Zylinderreihe, der Kurbelwelle auf acht geschmiedeten Stahlhauptlagern und mit Trockensumpfschmierung war bis auf die größere Bohrung von 97 Millimetern beim Turbo im Vergleich zum Carrera mit 95 Millimetern identisch. Der Hub war bei beiden Motoren mit 74,4 Millimetern ebenfalls identisch. Die Leistung fiel mit 221 KW (300 PS) um 51 kW (69 PS) höher aus als beim Carrera, mit 67 kW (91 PS) pro Liter, im Vergleich zum Carrera mit 54 kW (73 PS) pro Liter. Die Höchstgeschwindigkeit stieg um knapp 20 km/h.

Angesichts des 3,3-Liter-Serienmotors für den 911 Turbo hätte der Carrera des Jahrgangs 1984 auch mit einem 3,3-Liter-Saugmotor ausgestattet werden können, doch stattdessen entschied sich Porsche für die zwei Millimeter kleinere Bohrung wie beim früheren SC-Motor. Dies mag wirtschaftliche Gründe gehabt haben oder lag an der Leistungsfähigkeit des Getriebes vom Typ 915, das 1987 dem robusteren G50-Getriebe wich. So blieb der Hubraum bei 3,2 Litern, trotz der Möglichkeit, die Motorenproduktion zu vereinheitlichen.

### 2,7 Liter, Typ 911

Der Hubraum des Sechszylinders wuchs von 2,4 auf 2,7 Liter durch eine von 84 auf 90 Millimeter vergrößerte Bohrung, exakt auf 2.687 cm³. Im Folgenden eine Übersicht aller Motortypen mit 2,7 Litern Hubraum:

| | | | | |
|---|---|---|---|---|
| 911/41 | 2.7 | 110 kW | 150 PS | |
| 911/42 | 2.7 | 129 kW | 175 PS | |
| 911/43 | 2.7 | 121 kW | 165 PS | |
| 911/44 | 2.7 | 118 kW | 160 PS | |
| 911/46 | 2.7 | 110 kW | 150 PS | Sportomatic |
| 911/47 | 2.7 | 129 kW | 175 PS | Sportomatic |
| 911/48 | 2.7 | 121 kW | 165 PS | Sportomatic |
| 911/49 | 2.7 | 118 kW | 160 PS | Sportomatic |
| 911/81 | 2.7 | 121 kW | 165 PS | |
| 911/82 | 2.7 | 121 kW | 165 PS | |
| 911/83 | 2.7 | 154 kW | 209 PS | |
| 911/84 | 2.7 | 121 kW | 165 PS | |
| 911/85 | 2.7 | 121 kW | 165 PS | |
| 911/86 | 2.7 | 121 kW | 165 PS | Sportomatic |
| 911/89 | 2.7 | 121 kW | 165 PS | Sportomatic |
| 911/90 | 2.7 | 121 kW | 165 PS | Sportomatic |
| 911/92 | 2.7 | 110 kW | 150 PS | |
| 911/93 | 2.7 | 129 kW | 175 PS | |
| 911/94 | 2.7 | 121 kW | 165 PS | |
| 911/97 | 2.7 | 110 kW | 150 PS | Sportomatic |
| 911/98 | 2.7 | 129 kW | 175 PS | Sportomatic |
| 911/99 | 2.7 | 121 kW | 165 PS | Sportomatic |

### 3,0 Liter, Typ 930

Beim Dreilitermotor vom Typ 930 blieb der Hub mit 70,4 Millimetern im Vergleich zum 2,7-Liter gleich, doch die Bohrung wurde auf 95 Millimeter vergrößert. Der Hubraum betrug somit 2.994 cm³. Der Motor des Carrera 3.0 RS war der erste Dreiliter-911, der zwar als Motor vom Typ 911 bezeichnet wird, aber vielleicht doch eher ein Typ 930/01 war.

| | | | | |
|---|---|---|---|---|
| 911/77 | 3.0 | 170 kW | 231 PS | |
| 930/02 | 3.0 | 147 kW | 200 PS | |
| 930/03 | 3.0 | 132 kW | 179 PS | |
| 930/04 | 3.0 | 132 kW | 179 PS | |
| 930/05 | 3.0 | 132 kW | 179 PS | |
| 930/06 | 3.0 | 132 kW | 179 PS | Sportomatic |
| 930/07 | 3.0 | 132 kW | 179 PS | |
| 930/08 | 3.0 | 132 kW | 179 PS | |
| 930/09 | 3.0 | 138 kW | 188 PS | |
| 930/10 | 3.0 | 150 kW | 204 PS | |
| 930/12 | 3.0 | 147 kW | 200 PS | Sportomatic |
| 930/13 | 3.0 | 132 kW | 179 PS | Sportomatic |
| 930/15 | 3.0 | 132 kW | 179 PS | Sportomatic |
| 930/16 | 3.0 | 132 kW | 179 PS | |
| 930/17 | 3.0 | 132 kW | 179 PS | |
| 930/18 | 3.0 | 190 kW | 258 PS | |
| 930/19 | 3.0 | 138 kW | 188 PS | Sportomatic |

### 3,0 Liter, Typ 930 Turbo

Zum Modelljahr 1975 wurde der erste Turbomotor mit einem KKK-Turbolader und gleichzeitig als erster vom Typ 930 eingeführt.

| | | | |
|---|---|---|---|
| 930/50 | 3.0 T | 191 kW | 260 PS |
| 930/51 | 3.0 T | 180 kW | 245 PS |
| 930/52 | 3.0 T | 191 kW | 260 PS |
| 930/54 | 3.0 T | 180 kW | 245 PS |

### 3,3 Liter, Typ 930 Turbo

Mit einer auf 97 Millimeter vergrößerten Bohrung und einem Hub von 74,4 Millimetern wuchs der Hubraum auf 3.299 cm³. Der 3,3-Liter-Motor kam weiterhin mit einem KKK-Turbolader auf den Markt, hatte aber zusätzlich einen Ladeluftkühler.

| | | | |
|---|---|---|---|
| 930/60 | 3.3 T | 221 kW | 300 PS |
| 930/61 | 3.3 T | 195 kW | 265 PS |
| 930/62 | 3.3 T | 195 kW | 265 PS |
| 930/63 | 3.3 T | 195 kW | 265 PS |
| 930/64 | 3.3 T | 195 kW | 265 PS |
| 930/65 | 3.3 T | 195 kW | 265 PS |
| 930/66 | 3.3 T | 221 kW | 300 PS |
| 930/68 | 3.3 T | 210 kW | 286 PS |

Zum Modelljahr 1984 wurde ein leistungsgesteigerter Turbomotor eingeführt. Der Motorblock war mit einem »S« gekennzeichnet und arbeitete unter höherem Ladedruck, mit einem größeren Ladeluftkühler, einer Abgasanlage mit geringerem Gegendruck und doppelten Endrohren an jeder Seite sowie einem zusätzlichen Ölkühler.

### 3,2 Liter, Typ 930

Mit dem wie beim Turbo 3.3 vergrößerten Hub von 74,4 Millimetern bei gleicher Bohrung von 95 Millimetern wie beim SC lag der Hubraum bei 3.164 cm³. Der Motor profitierte von permanent mit Öl geschmierten Steuerkettenspannern, womit ein Schwachpunkt früherer Motoren beseitigt werden konnte.

| | | | |
|---|---|---|---|
| 930/20 | 3.2 | 170 kW | 231 PS |
| 930/21 | 3.2 | 152 kW | 207 PS |
| 930/25 | 3.2 | 160 kW | 218 PS |
| 930/26 | 3.2 | 170 kW | 231 PS |

Mit der Einführung des Carrera Club Sport im Modelljahr 1987 schuf Porsche eine Blaupause des 3,2-Liter-Motors, der mit hohlen Ventilschäften statt bis 6.250/min bis zum Erreichen des roten Bereichs bis 6.850/min gedreht werden durfte. Der Club-Sport-Motor erhielt keine eigene Kennzeichnung außer einem »SP« auf dem Kurbelgehäuse.

### 2,8 Liter, Typ 959

Der aus dem Typ 930 entwickelte 2,85-Liter-Boxermotor mit doppelter Turboaufladung war mit einer Leistung von 330 kW (450 PS) der stärkste 911-Motor. Er verwendete das Kurbelgehäuse, die Kurbelwelle und die Zylinderlaufbuchsen des Typs 930 und behielt die 95-mm-Bohrung der 3,0- und 3,2-Liter-Motoren bei, hatte aber einen kürzeren Hub von 67 mm. Die Spezifikation umfasste einen Twin-Turbolader mit zwei Ladeluftkühlern und Ladedruckregelung sowie eine Bosch-Motronic-Kraftstoffeinspritzung, wassergekühlte Zylinderköpfe mit vier obenliegenden Nockenwellen und vier Ventilen pro Zylinder mit hydraulischem Ventilspielausgleich. Der Motor war konzipiert für den Betrieb mit 95-oktanigem, bleifreiem Kraftstoff.

| | | | |
|---|---|---|---|
| 959/50 | 2.8 T | 330 kW | 450 PS |
| 959/50 | 2.8 T | 379 kW | 515 PS |

Eine leistungsstärkere »Sport«-Version mit modifizierten Turboladern und erhöhtem Ladedruck erreichte eine Leistung von 379 kW (515 PS).

### 3,5 Liter, Typ 930

Porsche hatte den Motor vom Typ 930 mit 100 Millimetern Bohrung und einem Hubraum von 3,5 Litern entwickelt. Obwohl dieser Motor erprobt war, ging er nie in Produktion. Er hätte vielleicht in einen Carrera 3.5 eingesetzt werden können, zeitgleich mit der Einführung des G50-Getriebes im Modelljahr 1987. Leider kam es nie dazu, vielleicht weil der eigentliche Ersatzmotor des Typs M64 mit 3,6 Litern Hubraum für das Modelljahr 1990 vorgesehen war. Wahrscheinlicher ist jedoch, dass die finanziellen Zwänge und Beschränkungen des Jahres 1987 dafür verantwortlich waren.

Gulf-Porsche
Gulf
21

Kaum ein Hersteller hat den Technologie-transfer vom Renn-sport auf die Straße so konsequent umgesetzt wie Porsche. Auch die Baureihe 911 profi-tierte vom Motorsport und von Seriensiegern wie dem 917.

PORSCHE

### Effizienz

Die Porsche-Ingenieure mussten eine gute Balance zwischen Kraftstoffverbrauch und Schadstoffausstoß bei gleichzeitiger Leistungssteigerung finden. Eine Mehrleistung musste mit einem geringeren Kraftstoffverbrauch einhergehen, um die internationalen Normen zu erfüllen und gleichzeitig den Kunden, die nichts anderes von der Weiterentwicklung des 911 erwarteten, mehr Leistung zu bieten. Der 911 SC von 1978, der mit einer Lufteinblasung für verbesserte Abgaswerte ausgestattet und entsprechend abgestimmt war, erfüllte zwar die Abgasnormen, aber seine Leistung wurde dadurch beeinträchtigt. Erst mit der Entwicklung der Bosch-Motronic-Kraftstoffeinspritzung konnte die Leistung des 911 bei gleichzeitiger Effizienz des Motors deutlich gesteigert werden.

### Abgassystem

Ab 1963 bestand das grundlegende Auspuffsystem aus zwei Wärmetauschern (mit integrierten Auspuffkrümmern) auf jeder Seite des Motors mit nach hinten abgewinkelten Auslasskrümmern. Die Krümmer mündeten direkt in den am Heck des Fahrzeugs (hinter dem Motor) angebrachten Schalldämpfer mit einem einzelnen Auspuffrohr in der linken hinteren Ecke des Fahrzeugs. Der Endschalldämpfer verfügte über zwei Einlassöffnungen und einen Endrohrauslass.

Ab 1975 wurde das System durch neu gestaltete Wärmetauscher-Einheiten mit größerem Volumen (in die auch die Auspuffkrümmer integriert wurden) und seitlich abgewinkelten Auslässen ergänzt. Ein einzelnes Auspuffrohr, das sogenannte Crossover-Rohr, verlängerte den rechten Auslasskrümmer über den linken Wärmetauscher. Beide Auspuffkrümmer mündeten in den Vorschalldämpfer oder Katalysator (der auf der linken Seite des Motors verbaut war). Diese überarbeitete Konstruktion mündete einmal in den am Heck des Fahrzeugs angebrachten Schalldämpfer mit einem einzelnen Auslass an der linken Ecke des Fahrzeugs. Der Nachschalldämpfer verfügte über einen Einlass und einen Auslass am Endrohr.

**Der 3-Liter-Turbomotor des Porsche 911 von 1974, hier noch mit einfachem Endrohr.**

Beim 911 Turbo 3.0 und 3.3 war das System bis 1982 im Wesentlichen das gleiche wie beim Standard-Elfer, aber der Vorschalldämpfer wurde durch ein Abgasleitungsrohr ersetzt, das die Abgase in die Turbine und das Wastegate leitete. Die Abgase, sowohl von der Turbine (heiße Seite) als auch vom Wastegate, traten direkt in den Endschalldämpfer am Heck des Fahrzeugs ein, mit einem einfachen Endrohr (3,0 Liter und frühe 3,3 Liter) und einem doppelten Endrohr (nur 3,3 Liter) an der linken Ecke des Fahrzeugs. Der Endschalldämpfer war schmaler, um den Turbolader unterbringen zu können, und verfügte über zwei Einlassöffnungen (Turbine und Wastegate) und ein oder zwei Endrohre.

Ab 1975 umfasste das Abgassystem für die 911 mit USA-Spezifikation zwei neu konfigurierte Wärmetauscher mit einem Paar thermischer Reaktoren (Vorläufer des Katalysators), in die die Abgaskrümmer jeder Zylinderreihe auf beiden Seiten des Motors integriert waren, jedoch ohne das Querrohr, das direkt in den Endschalldämpfer mündete. Bei den Dreiliter-Turbos waren die Wärmetauscher über einen Auspuffkrümmer auf der Rückseite miteinander verbunden (einschließlich eines Abgasfilters), der die Zuleitungen zum Turbolader und dem Wastegate speiste. Thermoreaktoren wurden bei allen 911 eingeführt, die in Märkte mit strengen Emissionsvorschriften (USA) verkauft wurden, um die Abgase zu erhitzen, dabei den überschüssigen Kraftstoff zu verbrennen und die Emissionen zu reduzieren. Infolgedessen überhitzten nicht selten die Motoren mit der Folge vieler Motorschäden. Die Thermoreaktoren wurden daher nach 1977 nicht mehr eingebaut, sondern durch einen Dreiwege-Katalysator (Ausstattung M157) für die USA ersetzt. Alle 911 mit USA-Spezifikation erhielten außerdem eine Lufteinblasung über eine riemengetriebene Pumpe (Keilriemen beim 911 oder Zahnriemen beim 911 Turbo), die Luft in die Auspuffkrümmer pumpte (über einen Luftschlauch), um auf diese Weise die strengen amerikanischen Abgasvorschriften zu erfüllen.

Ab 1983 wurde das System des 3,3-Liter-911 Turbo dahingehend modifiziert, dass das Wastegate einen separaten Abgasauslass über einen unabhängigen Schalldämpfer erhielt, der nicht mehr über den Hauptnachschalldämpfer entlud. Der Nachschalldämpfer

Werkfüllung
Factory Fill
Shell Kraftstoffe und Shell Schmierstoffe
Shell Fuels and Shell Lubricants

war schmaler, um Einbauraum für den Turbolader zu schaffen. Er verfügte über eine Einlassöffnung (nur Turbine) und zwei Endrohre.

Ab 1987 wurden beim 959 mit seinen wassergekühlten Zylinderköpfen die Wärmetauscher entfernt und durch zwei Auspuffkrümmer und zwei Auspuffrohre ersetzt, die das System mit Doppelturbolader und einfachem Wastegate-Bypass speisten. Die Abgase der beiden Turbinen (heiße Seite) wurden direkt in den Endschalldämpfer am Heck des Fahrzeugs (hinter dem Motor) mit zwei Auspuffendrohren geleitet. Der Nachschalldämpfer verfügte über zwei Einlassöffnungen und zwei Endrohrausgänge. Wie beim 3,3-Liter-Turbo blies das einzelne Wastegate durch einen separaten Auslass über einen unabhängigen Schalldämpfer ab, ohne durch den Hauptschalldämpfer zu führen.

## Kraftstoff-Einspritzung

Die ursprünglichen 901- und 911-Motoren waren mit zwei Dreifach-Überlaufvergasern Solex 40 PI mit einfachem Choke ausgestattet, die bald gegen zwei dreifach-Fallstromvergaser Weber 40 IDS/40 IDA mit dreifachem Choke ausgetauscht wurden, bevor der 911 E im Modelljahr 1969 mit einer mechanischen Bosch-Saugrohreinspritzung mit Doppelreihen-Sechsstempel-Pumpe ausgestattet wurde. Der 911 E war der erste 911 Serien-Straßenwagen, der mit einer Kraftstoffeinspritzung ausgerüstet war.

Bei der Kraftstoffeinspritzung wird der Kraftstoff unter Druck gesetzt und durch die Einspritzdüsen gepresst, um eine Zerstäubung zu erreichen (ein Prozess, bei dem der flüssige Kraftstoff in einen Sprühnebel zerlegt wird). Die Kraftstoffeinspritzung in die Ansaugöffnungen wird mengenmäßig präzise gemessen und zeitlich exakt zugeführt.

Die mechanische Kraftstoffeinspritzung (Mechanical Fuel Injection, MFI) wurde durch ein Ventil gesteuert, das direkt mit dem Gaspedal verbunden war. Die Kraftstoffzufuhr erfolgte in Abhängigkeit von der mechanischen Betätigung der Drosselklappe. MFI wurde im Modelljahr 1974 und 1975 im Carrera 2.7 und im limitierten Carrera 2.7 MFI Sondermodell im Modelljahr 1976 eingesetzt, dem letzten Serien-Elfer mit MFI.

Ab dem Modelljahr 1974 verbaute Porsche die Bosch K-Jetronic, eine antriebslose, kontinuierliche Saugrohreinspritzung, die einen konstanten Kraftstoffnebel in die Einlasskanäle einspritzt. Das System kam bei allen 911 mit Saugmotor von 1973 bis 1983 zum Einsatz, außer beim Carrera 2.7 und beim 911 Turbo von 1975 bis 1989, die weiterhin mit der mechanischen Saugrohreinspritzung fuhren. Der Kraftstoff wurde bei der K-Jetronic gleichmäßig dosiert in alle Zylinder gespritzt, während das Kraftstoff-Luft-Gemisch in die Brennräume gesaugt wurde. So wurde das Gemisch kontinuierlich und gleichmäßig an jeden Zylinder verteilt. Strenge Emissionswerte auf der ganzen Welt sorgten für die Einführung verbesserter Dreiwege-Katalysatoren. Sie regulierten die Emissionen von Kohlenwasserstoffen (HC), Kohlenmonoxid (CO) und Stickoxiden ($NO_x$) unter Verwendung von Lambda- oder Sauerstoffsensoren, die das Verhältnis von Luft und Abgasen regulierten und sicherstellten, dass der gesamte Kraftstoff so sauber wie möglich verbrannt wurde, was weitere elektronische Kontrollen erforderte.

Im Modelljahr 1984 wurde für den 911 Carrera 3.2 die fortschrittlichere, elektronische Bosch Motronic mit einer elektronisch gesteuerten Kraftstoffeinspritzung eingeführt, bei der die Kraftstoffzufuhr anstelle eines kontinuierlichen Sprühstrahls genau gesteuert wird, um ein möglichst effizientes, stöchiometrisches Luft-Kraftstoff-Verhältnis zu erreichen. Die stöchiometrische oder theoretische Verbrennung ist der ideale Verbrennungsprozess, bei dem der gesamte Kohlenstoff (C) zu Kohlendioxid ($CO_2$), der gesamte Wasserstoff (H) zu Wasser ($H_2O$) und der gesamte Schwefel (S) zu Schwefeldioxid ($SO_2$) verbrannt wird. Dabei ist sichergestellt, dass der Kraftstoff vollständig verbrannt wird.

**Der Sechszylinder-Boxer war von Anfang an das Herzstück des 911. Über die Jahrzehnte wurde er vergrößert und verbessert, blieb der ursprünglichen Idee aber stets treu, sogar beim Technologieträger 959.**

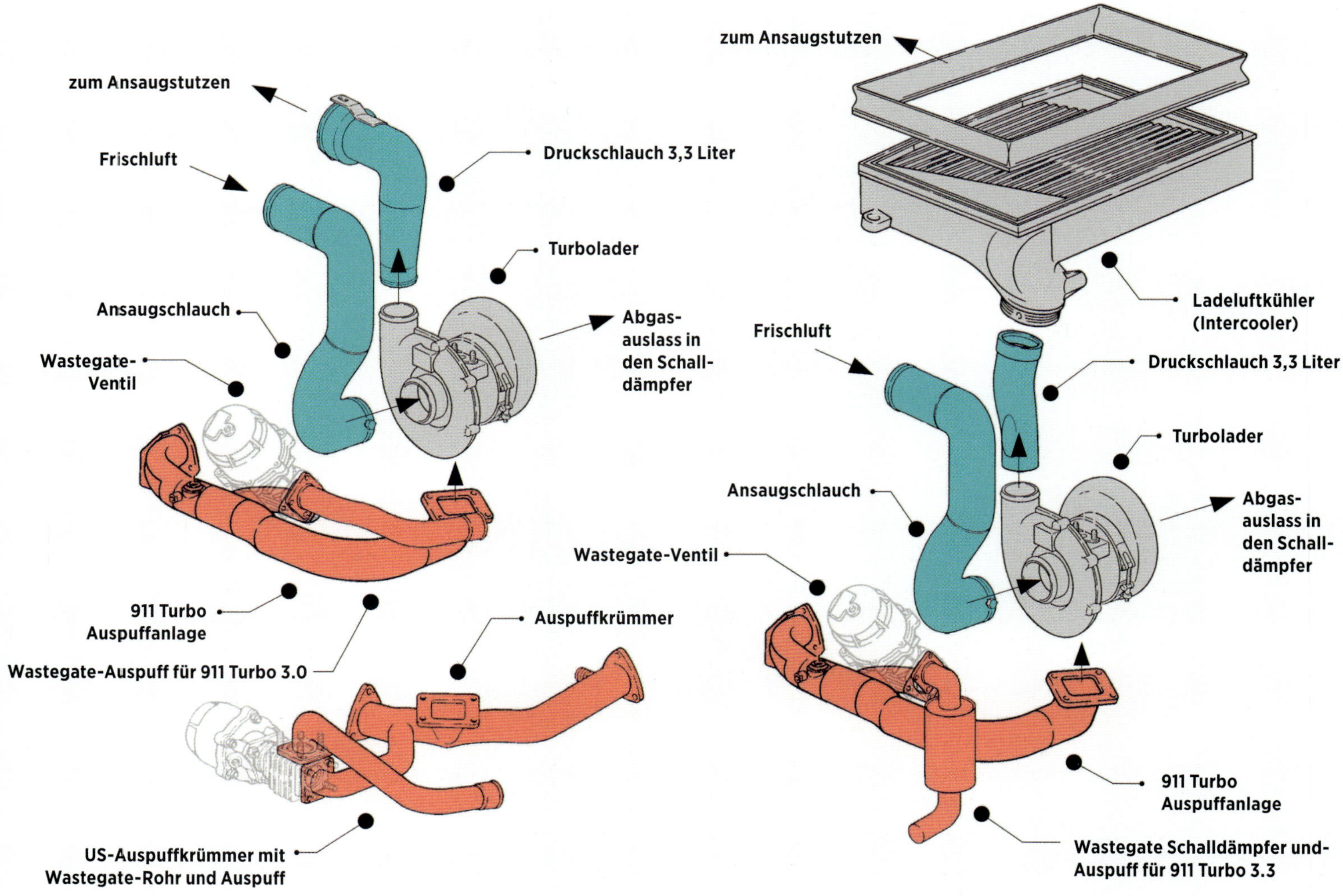


**Der Aufbau von Typ-930-Turbo-Motor mit 3 Litern (l.) und 3,3 Litern (r.) Hubraum.**

Bei der Motronic handelte es sich um eine Bosch L-Jetronic mit digitaler Motorelektronik (DME), ein Motormanagementsystem, das die Zündung und die Kraftstoffeinspritzung steuerte, so dass der 911-Motor optimal arbeiten konnte. Das Motronic-System steuerte und dosierte den Kraftstoff und gab den Zündzeitpunkt vor, um die Verbrennung genau zum richtigen Zeitpunkt auszulösen. Die DME verarbeitete die Daten verschiedener Sensoren im Motor. Die Motordrehzahl wurde vom Drehzahlsensor gemessen, die Luftmenge, die dem Motor zugeführt wurde, vom Luftmengensensor, die Abgase wurden von einer Sauerstoffsonde gemessen und zusätzliche Informationen wurden von den Sensoren für den Zündzeitpunkt gewonnen. Die DME berechnete dann den optimalen Zündzeitpunkt und die Kraftstoffzufuhr, um möglichst viele PS mit den geringsten Emissionen zu erzeugen.

Durch ständige Überwachung und sofortige Anpassung des Kraftstoff-Luft-Gemischs und des Zündzeitpunkts waren über viertausend Kombinationen möglich, die Haltbarkeit, Zuverlässigkeit und Leistung ohne Kompromisse gewährleisteten. In jedem Sekundenbruchteil konnte der DME-Computerchip alle von den Motorsensoren eingegebenen Daten lesen und sie mit dem ursprünglichen Datenkennfeld vergleichen, das auf den von Porsche durchgeführten Prüfstands- und Emissionstests basierte, und vorgab, wieviel Kraftstoff zu liefern und wann der Funke zu zünden war.

Die Motronic-Kraftstoffeinspritzung war ein großer Fortschritt für die Kraftstoffeffizienz des 911 und ermöglichte es, mehr Leistung aus größeren, kraftstoffsparenden Motoren zu holen. So ließen sich die Emissionen der älteren Dreiliter-Motoren reduzieren.

### Leistungsabgabe und Wirkungsgrad

Ab 1983 und mit der Einführung des 3,2-Liter-Motors mit Bosch-Motronic war die Leistungsentwicklung des 911-Motors deutlich harmonischer und gleichmäßiger. Die Leistungsabgabe verhielt sich nun exponentiell zu den Emissionen.

### Kraftübertragung

Porsche rüstete die frühen 911 zunächst mit Schaltgetrieben der Typen 901, 902 und 911 aus, die bis 1971 alle über eine seilzugbetätigte Kupplung verfügten. Danach wurden sie auf den verbesserten Typ 915 umgestellt, der ebenfalls über eine seilzugbetätigte Kupplung verfügte. Ursprünglich hatte Porsche das 901-Getriebe mit dem ersten Gang in einer eigenen Ebene konstruiert, weil der Gang nach dem Anfahren nur selten benutzt werden müsste. Das wurde jedoch beim 915-Getriebe aufgrund des zunehmenden Verkehrs überdacht.

### Typ 915

Das vom Porsche-Renngetriebe Typ 916 abgeleitete Getriebe Typ 915 wurde erstmals im Modelljahr 1971 mit den 2,4-Liter-Motoren als Viergang-Getriebe eingeführt, bevor es zu einem Fünfgang-Getriebe aufgewertet wurde. Mit dem neuen 915-Getriebe kam ein neues Schaltschema. Hier hatte sich die Position des ersten Gangs von links hinten verändert in die Anordnung vorn links gegenüber dem zweiten Gang verändert. Für das Viergang-Getriebe wurde ein überarbeitetes »H«-Schaltschema verwendet, bei dem der Rückwärtsgang rechts hinten lag, während beim Fünfgang-Getriebe der höchste Gang rechts vorn und gegenüber dem Rückwärtsgang lag.

Ursprünglich war das 915er-Getriebegehäuse aus einer Magnesiumlegierung gegossen, um Gewicht zu sparen, während das Glockengehäuse aus Aluminium gegossen war. Zeitgleich mit der Einführung des SC ab dem Modelljahr 1978 wurde auch das Getriebegehäuse aus Aluminium gegossen, um die Festigkeit zu erhöhen. Dies bildete eine gute Grundlage für die stärkeren Motoren mit 3,2 Litern Hubraum im Modelljahr 1984, obwohl der Typ 915 dabei bis an seine Grenzen belastet wurde.

Für den 3,2-Liter-Motor wurde das Getriebe des Typs 915 mit einem Ölkühler ausgestattet. Damit sollte das Getriebeöl unter der höheren Leistungs- und Drehmomentbelastung des Typ 930/20-Motors kühler gehalten werden. Der Ölkühler wurde auf der linken Seite des Getriebegehäuses kurz vor den Antriebswellen montiert.

Die Probleme mit der Kühlung des Öls im Getriebe des Typs 915 führten 1986 zu dessen Aus. Porsche erkannte, dass die eigenen Synchronisierungen, so langlebig und zuverlässig sie auch sein mochten, den steigenden Schaltkräften nicht mehr gewachsen waren und entschied sich beim neuen G50-Getriebe ab dem Modelljahr 1987 wie bei den Modellen 924/944 für die bei Audi bewährten Borg-Warner-Synchronisierungen.

### Typ 930

Als Weiterentwicklung des Typs 915 war das Getriebe Typ 930 ein Viergang-Getriebe, das speziell für den 911 Turbo im Modelljahr 1975 entwickelt wurde. Das aus Aluminium gegossene Getriebegehäuse mit deutlich verstärkten Aluminiumrippen, einem größeren Kupplungsdurchmesser, dickeren Wellen und größeren Übersetzungsverhältnissen sowie der Möglichkeit der Druckumlaufschmierung wurde bis zum Modelljahr 1989 auch im 3.3 Turbo verwendet, als dann das G50-Getriebe eingebaut wurde.

Nach drei Jahren Turbo-Motorsport-Erfahrung war Porsche 1974 bereit, die Turbo-Technik in Serie zu bringen. Der Lader von Kühnle, Kopp & Kausch (KKK) wurde beim Turbo 3.0 und auch beim späteren Turbo 3.3 verwendet.

### Typ G50

Das neue G50-Getriebe mit den Borg-Warner-Synchronisierungen und ohne Ölkühler wurde von Getrag, einem unabhängigen Hersteller, speziell für den Carrera 3.2 im Modelljahr 1987 entwickelt. Die völlige Neukonstruktion hatte ein so großes Potenzial in Bezug auf die Drehmomentbelastung, dass Porsche das neue G50-Getriebe im Modelljahr 1989 auch im 911 Turbo einsetzte – als erstes Fünfgang-Getriebe, das in einem 911 Turbo verwendet wurde. Eine weitere Entwicklung sorgte dafür, dass Porsche bei Bedarf mit dem G50-Getriebe Gewicht einsparen konnte, indem man trotz der Verwendung von Aluminium für die Produktion auf ein Magnesiumgehäuse zurückgriff.

Der Wechsel vom Typ 915 zum Typ G50 war ein wichtiger Schritt, der eine völlig neue Herangehensweise an die Gangwechsel mit sich brachte. Das G50-Getriebe war weitaus effizienter konstruiert und zeichnete sich durch verbesserte Bedienbarkeit und kürzere Schaltwege aus. Mit der verbesserten Konstruktion ging jedoch auch eine Gewichtszunahme von etwa 12,7 Kilogramm einher. Dies war ein Teil der Gewichtszunahme beim Carrera 3.2 von 1.160 kg für die Modelle der Modelljahre 1984 bis 1986 auf 1.210 kg für die Modelle der Jahre 1987 bis 1989. Trotz dieses Mehrgewichts gab Porsche eine Zeit von 6,1 Sekunden für die Beschleunigung von 0 auf 100 km/h an, was möglicherweise auf die Effizienz des neuen Getriebes und der Kupplung zurückzuführen war.

Für das Getriebe vom Typ 915 verwendete Porsche eine seilzugbetätigte Kupplung mit einem Lamellendurchmesser von 225 Millimetern. Ab dem Modelljahr 1987 wurde die Kupplung auf eine hydraulische Betätigung umgestellt und der Durchmesser der Kupplungsscheibe auf 240 Millimeter erhöht, was dem Durchmesser des Typs 930 entspricht, der im 911 Turbo verwendet wird.

### Gewichtsunterschied zwischen den Getrieben

Das G50-Getriebe samt Kupplung wog etwas mehr als 12,5 Kilogramm und damit mehr als das 915-Getriebe einschließlich der Kupplung.

### Typ G59 PSK

Das speziell für den 959 entwickelte Sechsgang-Getriebe G59 mit Borg-Warner-Synchronisierung ähnelte dem G50-Getriebe, verfügte jedoch über eine vordere Abtriebswelle, die ein vorderes Differential antrieb, das durch ein an beiden Enden befestigtes »Transaxle«-Längsrohr lief. Das Schaltschema lautete G, 1, 2, 3, 4 und 5, wobei »G« für Gelände stand und im Allgemeinen auf unbefestigten Fahrbahnen verwendet werden sollte.

Das Antriebssystem des 959 war etwas komplexer als das serienmäßige G50-Getriebe und mit einem elektronisch gesteuerten, variablen Allradantrieb ausgestattet. Porsche nannte es PSK (Porsche-Steuer Kupplung), ein System, das die Verteilung der Antriebskraft auf die Räder regelte.

Das gesamte Antriebsmoment wurde auf die Vorder- und die Hinterachse verteilt. Unter Beschleunigung konnten bis zu 80 Prozent der Antriebskraft auf die Hinterräder übertragen werden. Unter normalen Bedingungen wurde ein konstantes Verhältnis von 60 zu 40 gewählt. Damit die Vorder- und die Hinterachse mit unterschiedlichen Geschwindigkeiten laufen konnten, wurde eine Lamellenkupplung zur Regulierung der Antriebskraftverteilung verwendet. Dieser variable Allradantrieb ermöglichte es, die Kraft je nach Fahrbedingungen oder Radschlupf auf die Vorder- und Hinterräder und je nach Vorgabe der an jedem Rad montierten Drehzahlsensoren zu verteilen.

### Sportomatic

Das halbautomatische Sportomatic-Getriebe war ein interessanter Kompromiss. Eine clevere Idee, die eine konventionelle Gangschaltung mit dem Komfort von nur zwei Pedalen verband, aber im Gegensatz zu einem vollautomatischen Getriebe immer noch die Eingabe des Fahrers erforderte und so das Beste aus beiden Welten bot: einfache Bedienung im Alltagsverkehr, aber bei Gelegenheit sportliches Schalten und Bremsen mit dem linken Fuß.

Um das System zu testen, nahm Porsche 1967 mit einem mit Sportomatic ausgestatteten 911 R am Marathon de la Route in der Eifel teil, dem mit 84 Stunden längsten Langstreckenrennen der Welt

**Der Sechszylinder-Biturbo-Boxer des Porsche 959 von 1987 mit 2,85 Litern Hubraum.**

Z1
ing. h.c. F. Porsche A.G. Stuttgart-
911 SC - 2,7 l
zeitpunkt bei 900 U/min O.T.
gnition timing at 900 r.p.m. to TDC
er le point d'allumage à 900 t/min
PMH
lare punto d'accensione a 900 giri / min al PMS
901 106 101 5R

**Luftgekühlt:** Durch Schlitze in der Motorhaube oder im Heckspoiler wurde die Luft vom Lüfterrad angesaugt und durch Kanäle in Richtung Straße bewegt, sodass der Motor von einem konstanten Luftstrom gekühlt werden konnte.

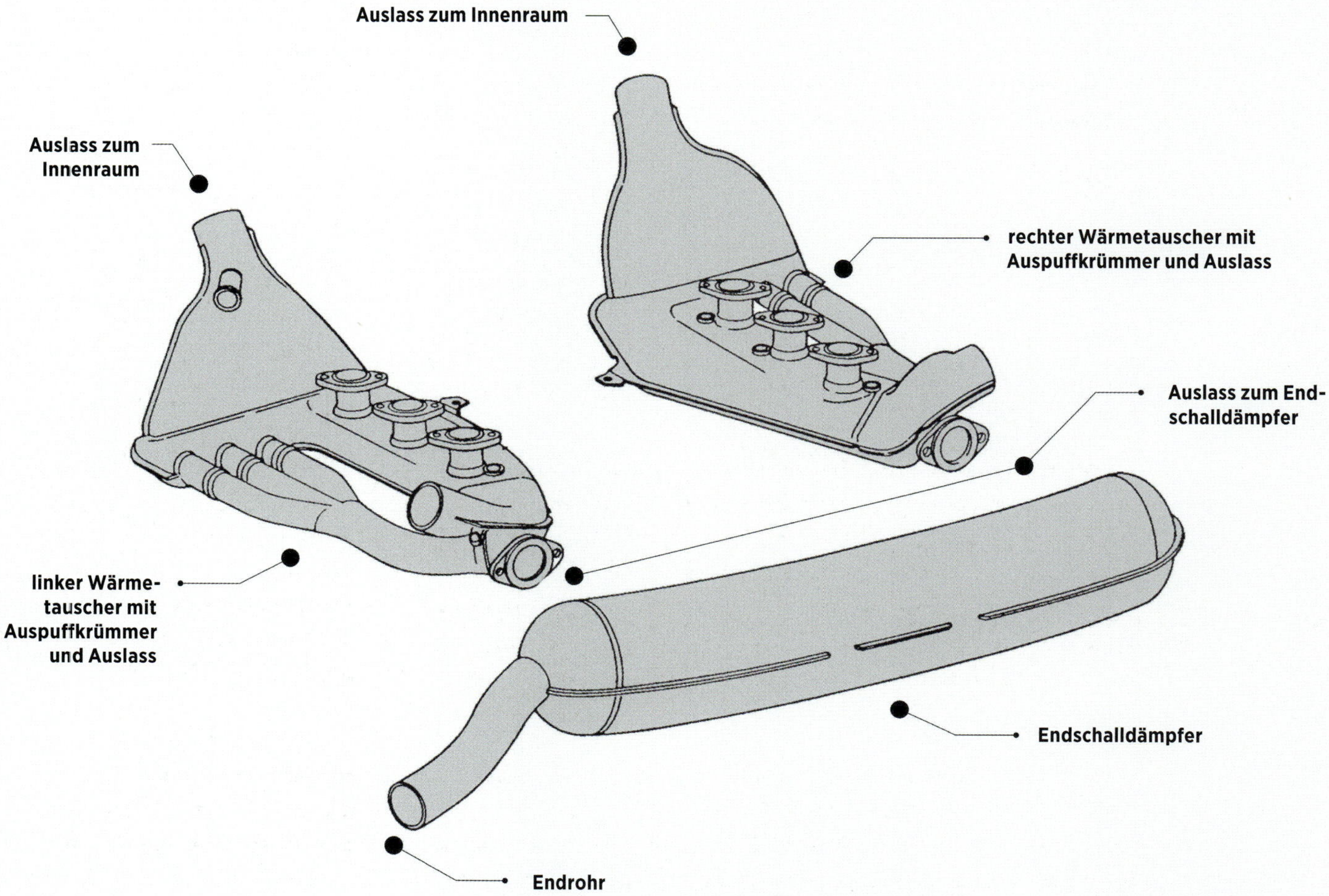


**Standard-Abgasanlage des 911 vor 1976.**

am Nürburgring. Er gewann das zermürbende Rennen, indem er 323 Runden auf der rund 28 Kilometer langen Strecke zurücklegte und dabei 9.043 Kilometer mit einer Durchschnittsgeschwindigkeit von 67 km/h zurücklegte.

Wie bei einer Automatik wurde ein hydraulischer Drehmomentwandler als Ersatz für das Schwungrad zwischen Motor und Getriebe eingesetzt. Dies ermöglichte dem Fahrer das Anhalten und Anfahren, ohne ein Kupplungspedal betätigen zu müssen. So ließ sich das Auto auf dem Bremspedal im Stand halten oder einfach mit Tritt auf das Gaspedal beschleunigen. Der Fahrer konnte mit einem standardmäßigen Viergang-Getriebe des 911 die Gänge wie bei einem manuellen Fahrzeug nutzen und je nach Bedarf hoch- und runterschalten. Die Gänge wurden manuell mit einer Knüppelschaltung eingelegt. Wenn der Fahrer den Schalthebel betätigte und bewegte, wurde die Kupplung elektronisch getrennt und schnell wieder eingekuppelt, sobald der gewünschte Gang eingelegt war. Die Geschwindigkeit der Kupplungsbetätigung wurde

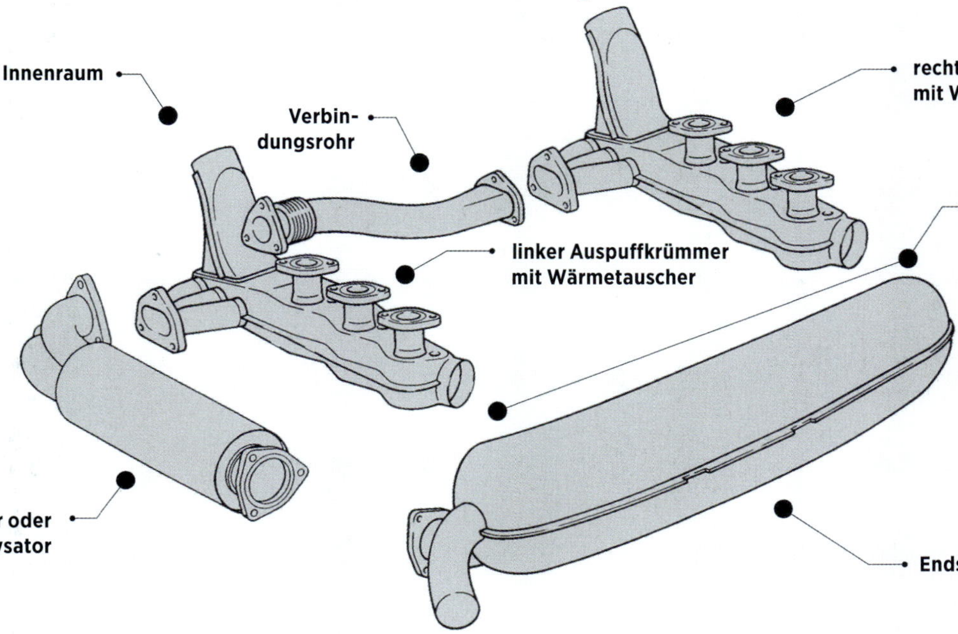


**Standard-Abgasanlage des 911 mit Verbindungsrohr ab 1976.**

außerdem durch ein Modulationsventil gesteuert, das die Geschwindigkeit des Schaltvorgangs in Abhängigkeit von der Gaspedalstellung anpasste. Wie bei einem Schaltgetriebe musste während des Schaltvorgangs vom Gas gegangen werden.

Bei der Viergang-Schaltung wurde ein »H«-Muster für die Stufen L, D, D3 und D4 verwendet, wobei L in der Mitte und nach vorn und P und R links vorn und hinten lagen. Ab dem Modelljahr 1972 war das Dreigang-Schaltschema dasselbe, jedoch ohne die D4-Position, mit dem höchsten Gang rechts vorn. Die P- oder Park-Bedienung erfolgte genauso wie bei einer Automatik, um das Getriebe zu sperren und ein Kriechen des Drehmomentwandlers beim Parken zu verhindern, was ansonsten beim Fahren mit der Fußbremse verhindert wurde. Aufgrund des hohen Drehmoments in jedem 911 konnte die Sportomatic vom Start weg gefahren werden, ohne dass L oder Low verwendet werden mussten. Im Alltagsverkehr reichte es, den Gang einzulegen, ohne beim Anfahren und Anhalten tätig werden zu müssen.

Das Sportomatic-Getriebe wurde erstmals im Modelljahr 1967 eingeführt und bis 1980 angeboten, wo es zuletzt im 911 SC verwendet wurde. Ab dem Modelljahr 1974 war das Viergang-Getriebe vom Typ 925 und ab dem Modelljahr 1975 das Dreigang-Getriebe vom Typ 925 Sportomatic optional erhältlich. Modifikationen am Motor, einschließlich der Befestigungslaschen für das Sportomatic-Getriebegehäuse, wurden bei den verschiedenen Motortypen speziell gekennzeichnet.

### Getriebe-Datenbank

| Typen 915, 925, 930, G50 und G59 | | | |
|---|---|---|---|
| 915/06 | Fünfgang | 925/02 | Viergang Sportomatic |
| 915/16 | Viergang | 925/09 | Dreigang Sportomatic |
| 915/35 | Fünfgang | 925/12 | Dreigang Sportomatic |
| 915/40 | Fünfgang | 925/13 | Dreigang Sportomatic |
| 915/43 | Fünfgang | 925/15 | Dreigang Sportomatic |
| 915/44 | Fünfgang | 925/16 | Dreigang Sportomatic |
| 915/45 | Viergang | 925/17 | Dreigang Sportomatic |
| 915/48 | Viergang | | |
| 915/49 | Viergang | 930/30 | Viergang |
| 915/60 | Fünfgang | 930/33 | Viergang |
| 915/62 | Fünfgang | 930/34 | Viergang |
| 915/63 | Fünfgang | 930/36 | Viergang |
| 915/65 | Viergang | | |
| 915/66 | Viergang | G50/00 | Fünfgang |
| 915/67 | Fünfgang | G50/01 | Fünfgang |
| 915/68 | Fünfgang | G50/02 | Fünfgang |
| 915/69 | Fünfgang | G50/50 | Fünfgang |
| 915/72 | Fünfgang | | |
| 915/73 | Fünfgang | G59/01 | Sechsgang |

### Aufhängung Torsionsstäbe

Unter Torsion versteht man die Verdrehung eines Objekts (in diesem Fall eines Rohrs oder einer Stange) relativ zu den beiden Enden. Wird ein Ende des Rohrs oder der Stange befestigt und ein Hebel am anderen Ende angesetzt, entsteht eine Torsionsfederung. Der Widerstand des Hebels ist der Betrag der erzeugten »Feder«.

1931 erfand und patentierte Ferdinand Porsche eine »Fahrzeug-Radaufhängung« mit Torsionsstäben, die zu ihrer Zeit revolutionär war. In den frühen 1930er-Jahren setzte Porsche sein System mit großem Erfolg bei seinen Rennwagen und Prototypen ein und übernahm es dann für den KdF-Wagen, der später als Käfer bekannt wurde. Ferry Porsche nutzte dann Drehstablösungen beim 356 und 911. Torsionsstäbe waren eigentlich Schraubenfedern und erfüllten eine ähnliche Aufgabe. Sie waren an beiden Enden verzahnt, wobei ein Ende starr befestigt war, während sich das andere Ende drehen konnte. Dies sorgte für den gewünschten Torsions- oder Verwindungswiderstand gegenüber dem Gewicht des Fahrzeugs und der vertikalen Bewegung der Aufhängung.

Alle 911 hatten Einzelradaufhängung für Vorder- und Hinterräder und waren rundherum mit Drehstäben bestückt, die vorn in Längsrichtung und hinten in Querrichtung angeordnet waren. Diese grundlegende Drehstabkonstruktion blieb von 1963 bis 1989 unverändert und war so konstruiert, dass sie einem Einlenkmoment standhielt. Dieses Drehmoment wurde über die Querlenker/Querstabilisatoren an der Vorderachse und das Federbein an der Hinterachse auf die Drehstäbe übertragen. Während die vorderen Querlenker zur Seite schwenkten, schwenkte das hintere Achsrohr nach hinten.

Vorn hatten alle 911 eine Querlenkeraufhängung. Diese bestand im Wesentlichen aus zwei Drehstäben (an beiden Enden verzahnt), unteren Querlenker/Querlenkern, MacPherson-Federbeinen und einem Hilfsrahmen. Die Torsionsstäbe waren starr in Längshohlrohren befestigt, die Teil der Querlenker waren. Der hintere Teil jedes Querlenkers war im Hilfsrahmen befestigt (was eine Drehung der Querlenker ermöglichte), der direkt mit dem Fahrgestell verschraubt war, mit verzahnten Umlenkhebeln an den Torsionsstäben und Einstellschrauben zur Anpassung der vorderen Fahrhöhe. Die Vorderseite jedes Querlenkers wurde an der Unterseite des Fahrgestells mit einer Querlenkerklemme (die die Drehung jeder Drehstab-Querlenker-Kombination ermöglichte) und einem Schutzbügel (der linke Bügel enthielt eine Abschleppöse) befestigt. Am äußeren Ende jedes Querlenkers befand sich die Verbindung zur Aufnahme des unteren Endes des MacPherson-Stoßdämpferbeins, das die Radnabenbaugruppe enthielt und in einer Halterung oben im Radkasten befestigt war.

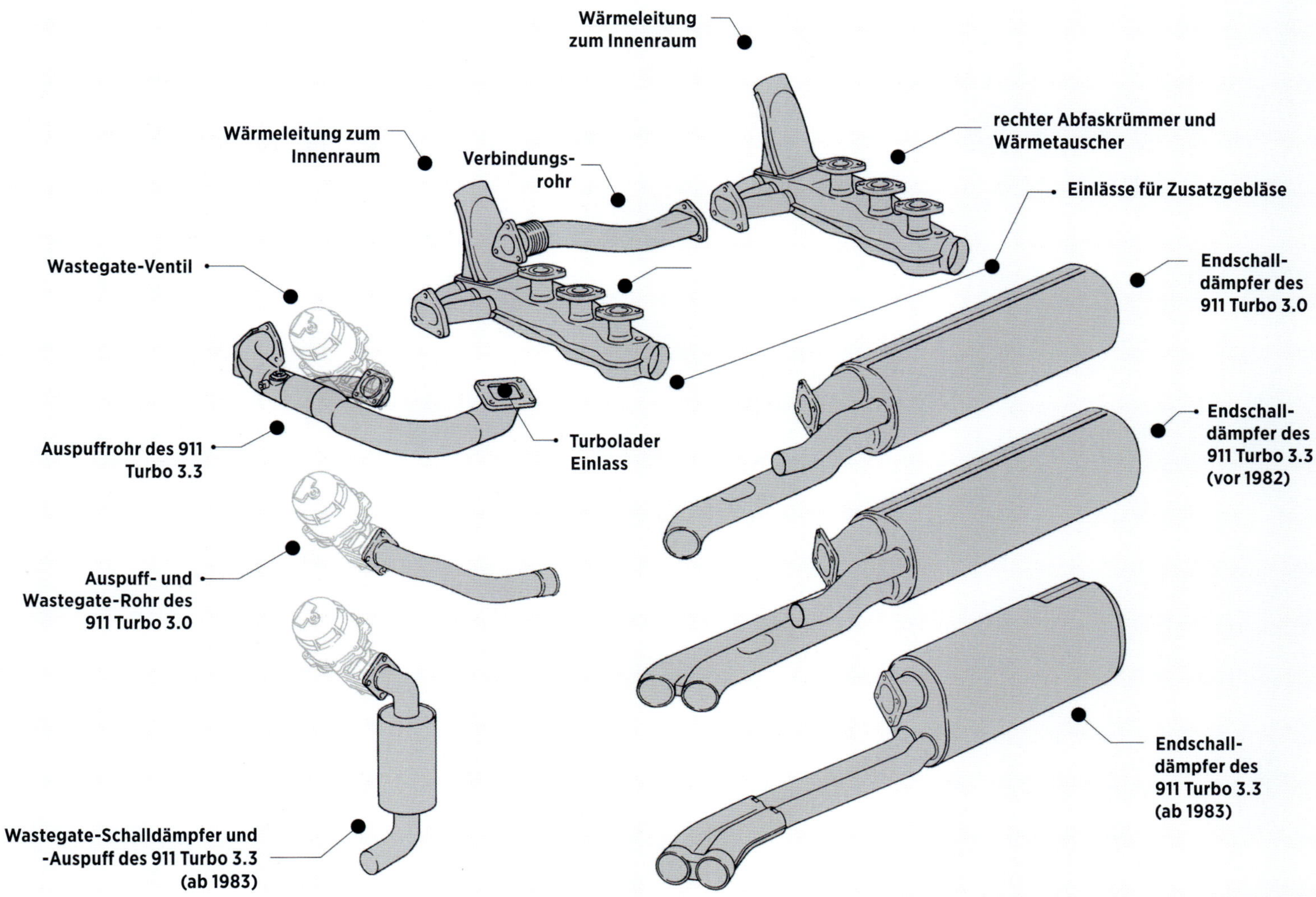


**Standard-Auspuff des 911 Turbo mit Verbindungsrohr ab 1975.**

Hinten hatten alle 911 eine Längslenkeraufhängung. Diese bestand in erster Linie aus zwei Drehstäben (an beiden Enden verzahnt), verzahnten Hinterachsstreben (Schwinge/Federteller), Längslenkern (die ein Dreieck bildeten) und den vertikalen Stoßdämpfern/Dämpfern. Die inneren Enden der Torsionsstäbe waren in das starre Hinterachs-Querrohr (Teil der Karosserie) und die anderen Enden in die drehbaren Hinterachsstreben verzahnt. Die Achsstreben (die später mit einem Exzenterbolzen zur Höhenverstellung in zwei Teilen verstellbar gemacht wurden) waren auf die Torsionsstäbe aufgekeilt, wo sie sich jeweils auf

**Motor vom Typ 930 aus dem 911 Carrera 3.2 von 1984, Kraftstoffeinspritzung durch Bosch-Motronic.**

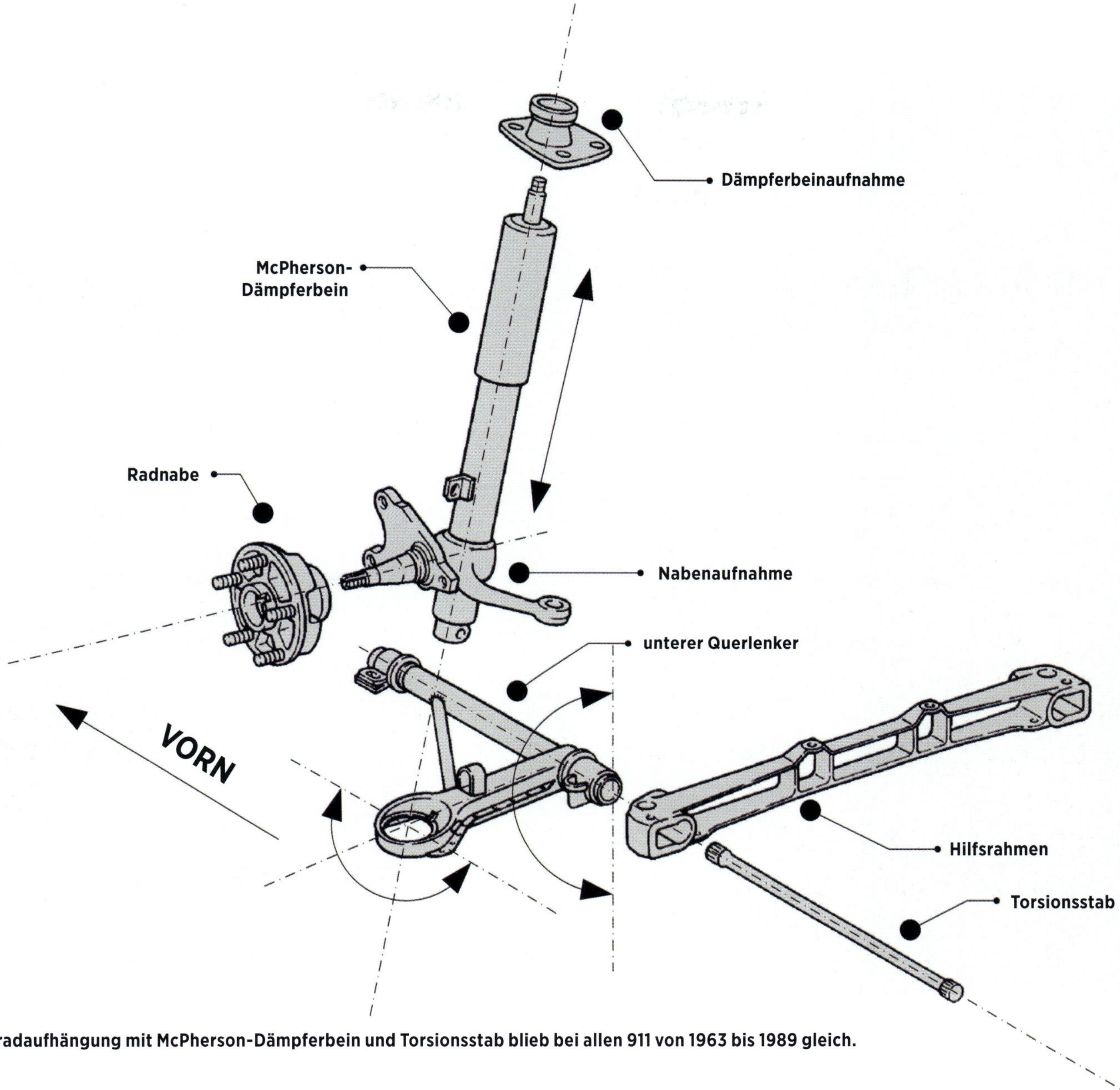


**Die Vorderradaufhängung mit McPherson-Dämpferbein und Torsionsstab blieb bei allen 911 von 1963 bis 1989 gleich.**

zwei vulkanisierten Gummibuchsen drehten, die im hinteren Querrohr innerhalb des Fahrzeugs und im Achsstrebengehäuse saßen, das an der Karosserie im Radkasten befestigt war. Die Längslenker, in denen auch die Radnabenbaugruppen untergebracht waren, wurden am hinteren Ende der Achsstreben (mit einem Exzenterbolzen, der eine weitere Höhenverstellung ermöglichte) und am vorderen Ende (innen) am Querrohr der Hinterachse mit Gummibuchsen befestigt, die für Geräusch- und Fahrdämpfung sorgten. Hydraulische Stoßdämpfer wurden zwischen den hinteren Lenkerfedern und dem oberen hinteren Querträger in der Karosserie angebracht.

Ein charakteristisches Karosseriemerkmal des 911 waren die beiden kreisrunden Stopfen zum Entfernen der hinteren Torsionsstäbe auf jeder Seite, die in den Schwellern vor den hinteren Radkästen angebracht waren. Das Entfernen dieser Stopfen ermöglichte den Ausbau und die Einstellung der hinteren Torsionsstäbe.

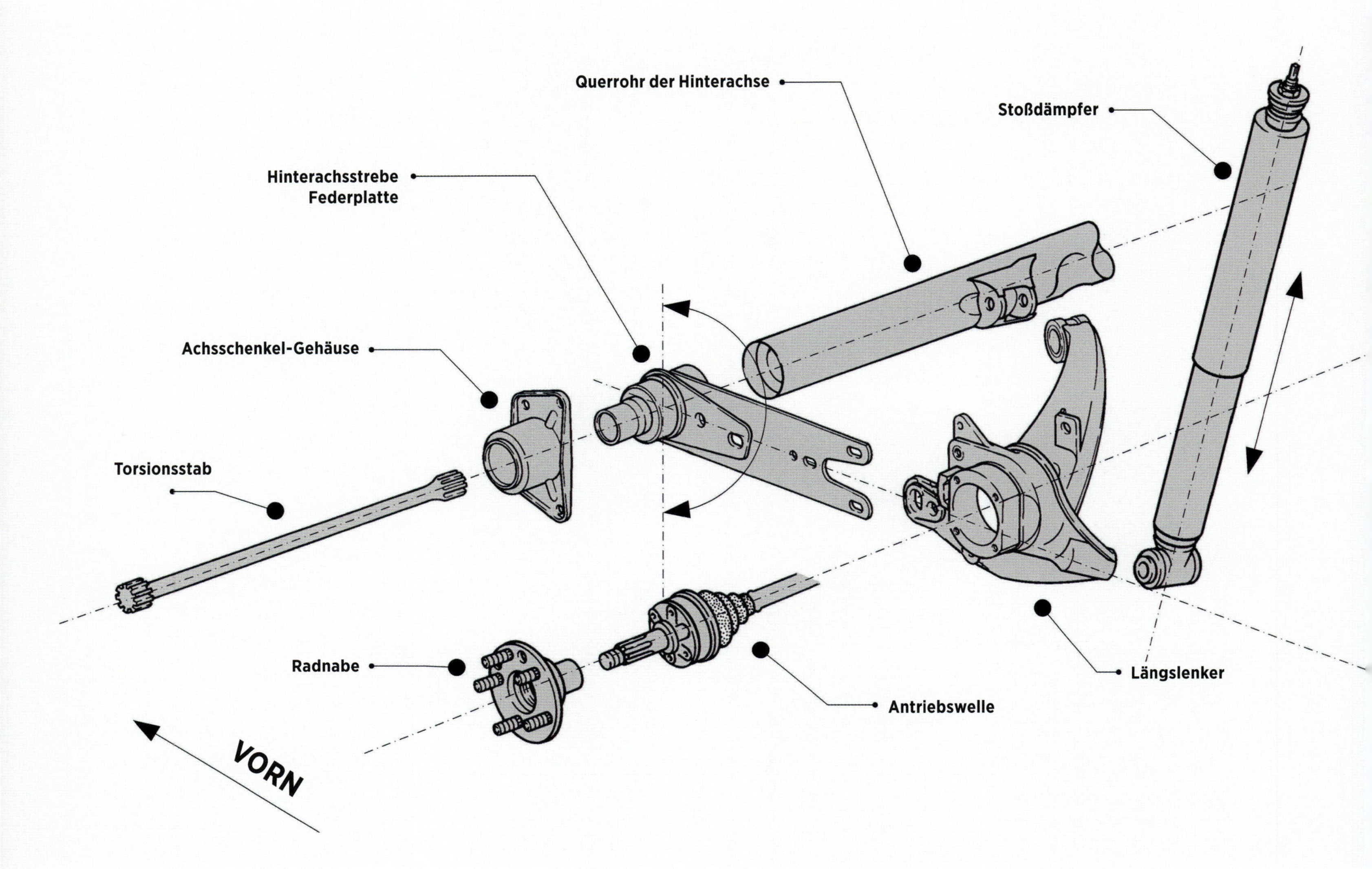


**Hinterradaufhängung des 911 mit Längslenker und Torsionsstab. Auch sie blieb von 1963 bis 1989 unverändert.**

Das gesamte Gewicht des Fahrzeugs wurde durch das Drehmoment auf die Torsionsstäbe übertragen, und die Fahrhöhen waren von der Verzahnung in den starren Gehäusen der Torsionsstäbe an beiden Enden abhängig. An den vorderen Torsionsstäben befanden sich Einstellschrauben und an der Hinterachsstrebe Exzenter-Einstellschrauben, die eine Einstellung ermöglichten. Die vertikale Bewegungsenergie wurde hinten von hydraulischen Teleskopstoßdämpfern und vorn von hydraulischen MacPherson-Teleskopstoßdämpfern absorbiert. Bei der MacPherson-Konstruktion war der Stoßdämpfer direkt an der Naben- und Lenkungsbaugruppe angebracht, die ihrerseits am unteren Querlenker befestigt war und am oberen Ende direkt an der Karosserie, die als Drehpunkt fungierte, um die Räder in Verbindung mit der Lenkung bewegen zu können. Die Stoßdämpfer sorgten für die nötige Dämpfungssteifigkeit, die für unterschiedliche Fahrstile oder entsprechenden Komfort erforderlich war. 911er der

Baujahre 1974 bis 1977 waren ab Werk wahlweise mit Koni-, Boge- oder Bilstein-Stoßdämpfern erhältlich, doch nach dem Baujahr 1978 entfiel die Option auf Koni-Dämpfer.

Stabilisatoren, anfangs mit Lenkern, später vereinfacht, wurden an der Vorder- und Hinterachse des 911 angebracht und waren jeweils mit Gummibuchsen befestigt. Die Stabilisatoren waren sehr wichtig, da sie den Porsche-Ingenieuren ermöglichten, den 911 so abzustimmen, dass er sowohl unter- als auch übersteuern konnte.

### Doppelte Querlenker, gefedertes ›aktives‹ Fahrwerk

Die Ausnahme von der Regel war der 959, bei dem es keine Drehstabfederung gab. Hier verbaute Porsche Schraubenfedern mit doppelten Querlenkern mit jeweils zwei speziellen Bilstein-Stoßdämpfern/Dämpfern pro Rad. Sie waren elektrisch und hydraulisch verbunden, um die Dämpfersteifigkeit und die Fahrhöhe einstellen zu können.

Einer der Dämpfer regelte elektronisch die Dämpfung oder Steifigkeit in Abhängigkeit von der Geschwindigkeit, der zweite Dämpfer steuerte hydraulisch die Fahrhöhe. Dieses »aktive« Fahrwerk der Komfort-Spezifikation passte sich automatisch an die Geschwindigkeit und die Fahrdynamik des Fahrzeugs an oder ließ sich vom Fahrer über manuelle Wahlschalter steuern.

### Bremsen

Die Porsche-Ingenieure in Weissach hatten eine Redewendung, die lautete: »Mehr Bremsen und Fahrwerk als Leistung«. Diese einfache Philosophie, die niemals zuließ, dass ein 911 schneller war als er sicher stoppen konnte, überzeugt bis heute.

Nachdem der 911 vom ersten Tag an mit Scheibenbremsen und ab dem Modelljahr 1966 sogar mit belüfteten Scheiben ausgestattet war, verfügten ab dem Modelljahr 1967 alle 911 über einen Zweikreisbremskreis, getrennt für vorn und hinten, mit einem doppelten Hauptbremszylinder, der sich hinter den Pedalen unter dem Fahrzeug befand. Zehn Jahre später, 1977, wurde ein unterdruckunterstütztes hydraulisches Bremssystem eingeführt, das den erforderlichen Druck auf das Bremspedal auf ein Minimum reduzierte. Dies optimierte die Bremsverzögerung und ermöglichte es, den Wagen in nur fünf Sekunden aus einer Geschwindigkeit von knapp 150 km/h zum Stehen zu bringen, was seinerzeit eine herausragende Verzögerung war. Porsche nannte dies die ideale lineare Bremswirkung, also das Verhältnis von Bremskraft und Pedaldruck. Dazu gehörten ein Unterdruck-Bremskraftverstärker und ein doppelter Hauptbremszylinder, der in der linken hinteren Ecke des Gepäckraums untergebracht war. Die Zweikreis-Bremsanlage mit belüfteten Bremsscheiben und Unterdruckverstärker, wie sie für den 911 SC im Modelljahr 1978 beworben wurde, brachte einen 911 SC auf trockener Fahrbahn in nur 3,2 Sekunden aus 100 km/h zum Stillstand, und das bei minimalem Pedaldruck selbst nach wiederholten Bremsungen fadingfrei.

Mit belüfteten Scheiben an allen vier Rädern und gusseisernen Zweikolben-Bremssätteln wurde die Bremskraft eines 911 perfekt auf die Räder übertragen. Ab dem Modelljahr 1978 wurde der 911 Turbo 3.3 mit einer verbesserten Bremstechnik ausgestattet, die ursprünglich für das 917-Rennprogramm entwickelt worden war: mit gelochten Scheiben vorn und hinten, beide bestückt mit Vierkolben-Aluminium-Bremssätteln. Der Wide-Body M491 Turbolook-Carrera profitierte von den Bremsen des 3.3 Turbo, die eben auch in Verbindung mit dem Saugmotor-911 eine bessere Verzögerungsleistung boten.

Die Handbremse arbeitete bei allen Ausführungen des 911 mit Bremsbacken, die sich in den Trommeln der hinteren Scheiben befanden.

Nach der Einführung der im Gruppe-B-911 eingebauten Technologie wurde ab dem Modelljahr 1987 erstmals ein Antiblockiersystem (ABS) eingesetzt – zunächst nur im 959. Das System verhinderte ein Blockieren der Räder bei voller Verzögerung und erhielt damit die Lenkfähigkeit. Der 928 war jedoch bereits ab dem Modelljahr 1984 mit ABS ausgestattet. Porsche und Wabco-Westinghouse entwickelten gemeinsam ein computergesteuertes Vier-Kanal-Antiblockiersystem, das dem Fahrer Sicherheit und Kontrolle bei einer Vollbremsung bot.

Aluminium-Schmiederad von Fuchs.

Aluminium-Gussfelge von ATS (»Hackmesser«).

Magnesium-Gussfelge von Speedline für den 959.

Aluminium-Gussfelge von ATS (»Wählscheibe«).

### Räder

Der 911 war mit Rädern mit positiver Einpresstiefe ausgestattet. Porsche gab bei den Rädern für den 911 das Maß der Einpresstiefe (ET) in Millimetern an. Diese ergab sich aus dem Abstand der gedachten Mittellinie des Rades bis zur Nabenauflagefläche. Die positive Einpresstiefe oder ET zog die Felge nach außen, wodurch eine tiefe Schüssel entstand und die Spurweite des Fahrzeugs vergrößert wurde.

Für den 911 gab es drei Radspezifikationen. Angeboten wurden Felgen aus Stahl, gegossenem oder geschmiedetem Aluminium und gegossenem Magnesium.

### Stahl

Ab dem Modelljahr 1974 wurden für den 911 serienmäßig silbern lackierte Stahlräder mit verchromten Radkappen und Porsche-Wappen verwendet.

### Fuchs Aluminium-Schmiederäder

Die Fuchs-Schmiederäder waren leicht und stabil. Erhältlich von Modelljahr 1966 bis 1989, serienmäßig für den 911 Turbo ab Modelljahr 1975 und den Breitbau Turbo-Look 3.2 Carrera ab Modelljahr 1984 und optional für alle 911 oder später als Teil der Sportausstattungsoptionen, M401 (mit 15 Zoll Durchmesser) und M395 (mit 16 Zoll Durchmesser).

Alle Fuchs-Leichtmetallräder waren serienmäßig mit Kugelsatz-Radmuttern ausgestattet, und ab 1978 wurden alle 911, die mit den Schmiederädern ausgestattet waren, mit selbstsichernden Radmuttern ausgestattet. Ein vergleichbar großes Schmiederad war etwa zwei Kilogramm leichter als ein Leichtmetallrad.

### ATS Fünfspeichen-Aluminium-Druckgussrad

Von 1974 bis 1983 waren für 911, 911 S, Carrera 3.0 und SC die ATS-Fünfspeichenräder aus Leichtmetalldruckguss erhältlich. Sie konnten entweder poliert oder lackiert sein.

### ATS Aluminium-Druckguss-Fünfloch

Vom Modelljahr 1984 bis 1989 war exklusiv für den Carrera 3.2 ein ATS-Leichtmetalldruckgussrad in Silbermetallic mit fünf Löchern erhältlich.

### Notrad mit faltbarem Reifen

Ab dem Modelljahr 1977 wurden alle 911 mit einem faltbaren Reifen auf einem Stahlrad mit einem kleinen elektrischen Kompressor und einem Reifendruckmesser ausgeliefert. Dies ermöglichte ein raumsparendes, kleineres Reserverad.

Dank Fortschritten in der Reifentechnologie, unter anderem durch Runflat-Reifen von Dunlop und später auch Bridgestone, benötigte der 959 kein Reserverad mehr.

### Fuchs

1963 stellte Porsche den 901 mit Stahlrädern vor, wollte aber schon bald den leistungsstärkeren 911 S mit starken und leichten Rädern ausstatten. Otto Fuchs gelang dies mit seinem Aluminium-Schmiedeverfahren, das später zu einem der unverwechselbaren »Markenzeichen« des 911 wurde. So blieb der Name »Fuchs« als Bezeichnung für das berühmteste und markanteste bei Porsche verbaute Rad erhalten.

An der Seite von Butzi Porsche war Porsche-Stylist Heinrich Klie, der Mann, der für das Design des 914 verantwortlich zeichnete, maßgeblich an der ursprünglichen Formgestaltung des geschmiedeten »Fuchs«-Aluminiumrads beteiligt. Nach umfangreichen Entwicklungsarbeiten wurden Ende 1965 die ersten Schmiederäder im Format 4½ J x 15 an einem 911 Targa montiert und mit überwältigendem Erfolg auf der IAA in Frankfurt präsentiert. Im Anschluss an die Messe bestellte Porsche sofort 5.000 Räder für das Modelljahr 1966.

Beim Schmiedeverfahren erhält das erhitzte Metall seine Form unter Druck. Das Verfahren beginnt mit einem Stück einer Aluminiumlegierung (Aluminium, Silizium, Magnesium und Mangan), das dann mit einer großen Presse in die Radform gepresst wird. Dabei entsteht ein sehr stabiles Rad mit wenig oder gar keinem Verzug.

Die heute längst legendäre Fuchs-Felge wurde mit dem Ende der 911-Produktion im Jahr 1989 aus dem Programm genommen und von Porsche nie wieder verwendet.

### ATS

Auto Technisches Spezialzubehör (ATS) wurde in den späten 1960er-Jahren von Günther Schmid gegründet. Als Pionier in der Herstellung von Aluminium-Sandgussrädern für den Zubehörmarkt begann ATS 1970 mit dem fortschrittlichen Niederdruck-Gussverfahren für die Massenproduktion, das zum Industriestandard wurde. Der Ruf des Unternehmens bei qualitativ hochwertigen Rädern zog Porsche an, und das Fünfspeichenrad »Hackmesser« wurde zur Standardausrüstung vieler 911, gefolgt vom Fünfspeichenrad »Telefonscheibe« ab dem Modelljahr 1984.

### Speedline 959 Fünfspeichenrad

Speziell für den 959 wurden die einzigartigen und speziell entwickelten 17-Zoll-Magnesiumguss-Fünfspeichenräder des italienischen Radherstellers Speedline verwendet. Sie waren hohl gegossen und wurden mit dem Reifen zu einem druckbeaufschlagten Element kombiniert. Zur Überwachung des Reifendrucks wurden bei jedem Rad zwei Sensoren angebracht. Ursprünglich war ein aerodynamisches Design mit flachen Radspeichen an einem Vorserienrad zu sehen, das es jedoch nie in die Produktion schaffte. Vor der Verwendung beim 959 hatte Speedline 1982 das hohle Magnesiumrad für die 956 Gruppe-C-Rennwagen entwickelt.

**Der absolute Klassiker für den 911: die Fuchs-Schmiedefelgen mit ihrer Kombination aus geringem Gewicht und hoher Belastbarkeit.**

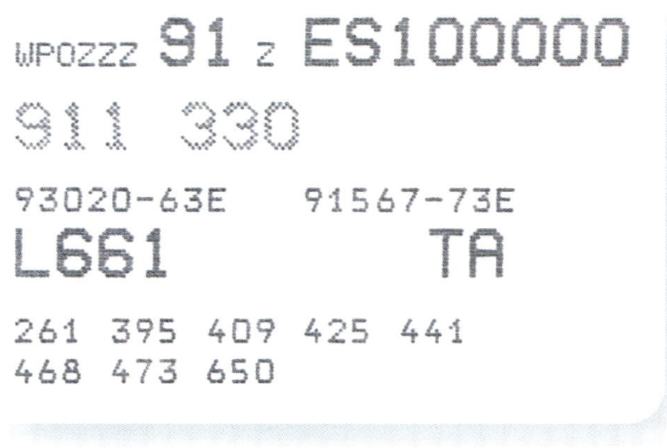


# SERIENNUMMERN

Die vollständige Fahrgestellnummer war in den Querträger direkt hinter dem Kraftstofftank im Kofferraum auf der rechten Seite des Fahrzeugs fest eingeprägt. Diese Nummern waren Werks-Fahrgestell- oder Rahmennummern. Ergänzend dazu gab es in den USA ein Fahrgestellschild oder ein Etikett im Türrahmen mit der VIN (Vehicle Identification Number) bzw. FIN (Fahrzeug-Identifizierungsnummer).

- Von Modelljahr 1970 bis 1979 wurde eine 10-stellige Nummer verwendet.
- Nur für Modelljahr 1980 wurde eine modifizierte 10-stellige Nummer verwendet.
- Von Modelljahr 1981 bis 1989 wurde eine 17-stellige Nummer verwendet.

Ab dem Modelljahr 1981 folgte die Umstellung auf die international genormte 17-stellige Nummer, beginnend mit dem Hersteller-Code WPO für Porsche. Die drei folgenden Ziffern wurden nur in den USA und Kanada verwendet und blieben ansonsten Platzhalter (ZZZ). In den Papieren und auf den FIN-Aufklebern von US-Autos wich die Nummer deshalb oft von der eingestanzten Nummer des Fahrzeugs ab.

Ab dem Modelljahr 1971 entsprachen die Buchstaben und Ziffern, die zur Bestimmung des Modelljahres verwendet wurden, der Tabelle der Internationalen Normungsorganisation (ISO) für derartige Kennzeichnungen und waren Teil der Fahrgestellnummer bzw. der Fahrzeug-Identifizierungsnummer.

**Nicht nur bei Kauf oder Verkauf ist es wichtig, das gute Stück eindeutig identifizieren zu können. Oben ein Aufkleber mit FIN/Fahrzeug-Identifizierungsnummer.**

## FIN-Typenschilder

Ab 1973 und mit der Einführung der neuen, kräftigen Stoßfänger wurden die Aluminium-Typenschilder für die Fahrgestellnummer von der vorderen Querwand entfernt.

Bei den 911 für die Märkte im Rest der Welt (RDW) wurde das Typenschild am Innenkotflügel im Kofferraum auf der rechten Seite des Fahrzeugs befestigt, sichtbar durch einen Ausschnitt in der Teppichverkleidung. Beim 959 wurde das Fahrgestellschild an der rechten Seite der vorderen Schlossträger-Querverkleidung befestigt, sichtbar durch einen Ausschnitt in der Teppichverkleidung. Diese Aluminium-FIN-Typenschilder, auf denen der Typ (911) und die Modellbezeichnung (G bis N) angegeben waren, wurden bei den RDW-Elfern bis zur Einführung überarbeiteter Schilder im Modelljahr 1981 mit der Einführung der WPO-FIN-Nummern (B bis K) beibehalten. Die nach Amerika gelieferten 911 hatten ein FIN-Etikett am linken Türpfosten und trugen außerdem eine vollständig eingestanzte, sichtbare FIN-Nummer auf der linken Seite des Fahrzeugs, die durch die Windschutzscheibe sichtbar war. Der 959 hatte ein verdecktes »Karosserie BAUR«-Schild (mit einer individuellen Karosserienummer), das links neben dem Fahrgestellschild angebracht war.

Spätere 911 wurden mit einem Klebeetikett ausgestattet, das den Namen und den Code der Außenlackierung enthielt und sich im Kofferraum auf der rechten Seite des Fahrzeugs befand. Bei RDW-Elfern befand sich dieser Aufkleber vor dem Aluminium-FIN-Typenschild. Frühe 911 hatten ein Farbkennzeichnungsschild, das an den Türpfosten der A-Säule genietet war.

Ab Mai 1983 wurden alle 911 mit einem FIN/Code-Aufkleber versehen, der auf der Unterseite der vorderen Kofferraumklappe direkt hinter dem Deckelschloss angebracht war. Dieser Aufkleber identifizierte das Auto mit allen wichtigen Informationen, darunter:

**Vollständige FIN/Fahrgestellnummer**
**Auftragstyp**
**Motor- und Getriebetyp**
**Karosseriefarbe und Innenverkleidung**
**Liste der optionalen ›M‹ Codes**

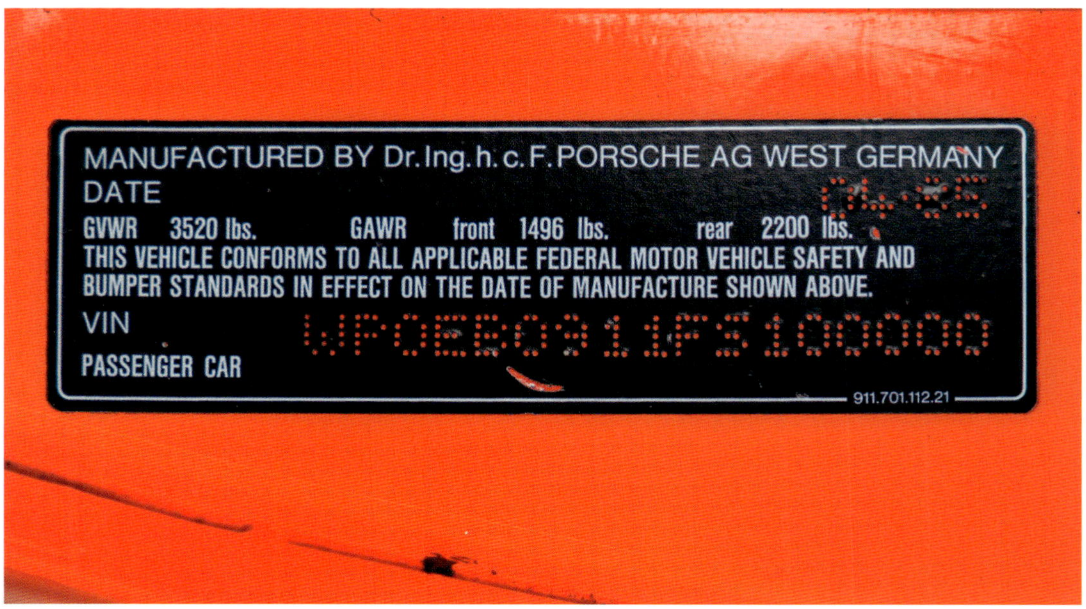


**»WPO« FIN-Aufkleber eines amerikanischen 911.**

Typenschild eines 911 SC der G-Serie, wie es von 1974 bis 1980 verwendet wurde.

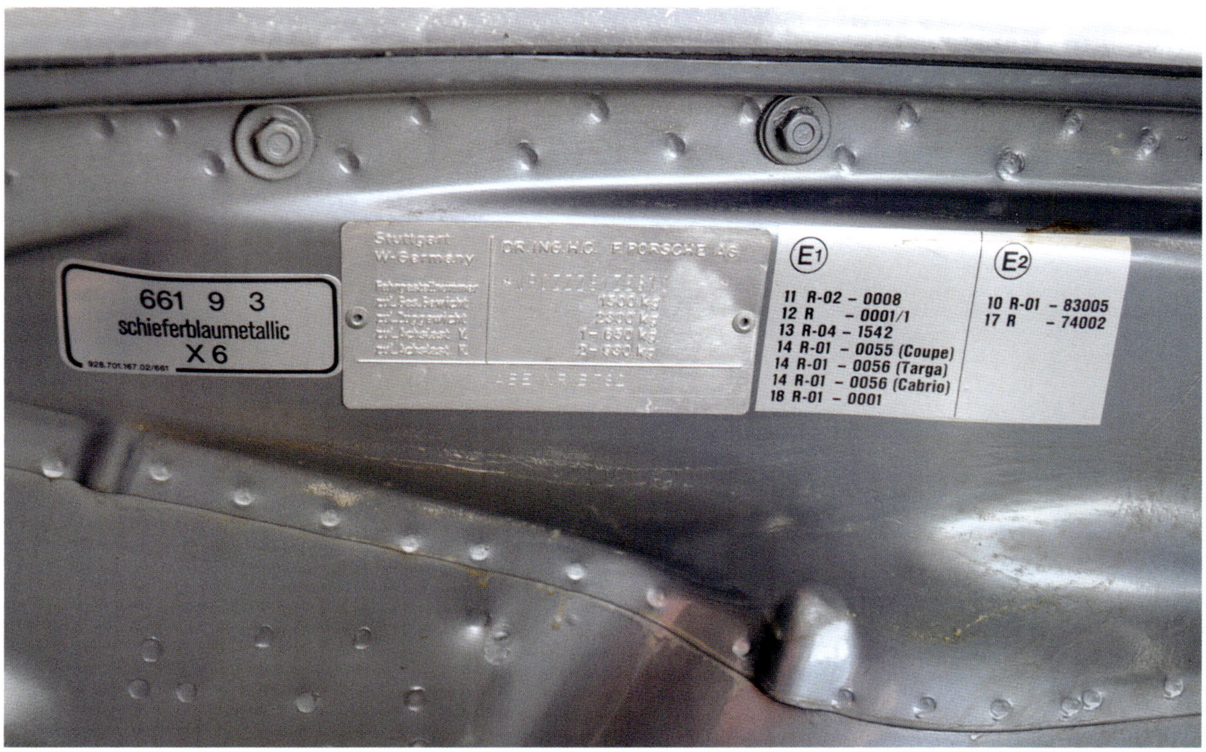


»WPO« Typenschild, das von 1981 bis 1989 verwendet wurde.

## Modelljahre 1970 bis 1979

10-stellige Nummer, bestehend aus Typ (T), Modellljahr (J), Motor (M), Karosserietyp (K) und fortlaufender Chassis-Nummer (N). Das Typenschild aus Aluminium hatte die Größe 148 x 46 mm.

Aufbau: **TTT J M K NNNN**
Beispiel: **9110100001**
Gemäß der folgenden Tabellen handelt es sich hier um einen 911 aus dem Modelljahr 1970 mit dem Motor des 911 T, der Karosserieform Coupé und der Chassis-Nr. 0001.

| | | | | | |
|---|---|---|---|---|---|
| **TTT** | **Typ** | 911 | | | |
| | | 930 (Turbo) | | | |
| **J** | **Jahr** | 0 | MJ 1970 | C-Modell | |
| | | 1 | MJ 1971 | D-Modell | |
| | | 2 | MJ 1972 | E-Modell | |
| | | 3 | MJ 1973 | F-Modell | |
| | | 4 | MJ 1974 | G-Modell | ab hier: Faltenbälge |
| | | 5 | MJ 1975 | H-Modell | |
| | | 6 | MJ 1976 | I-Modell | |
| | | 7 | MJ 1977 | K-Modell | |
| | | 8 | MJ 1978 | L-Modell | |
| | | 9 | MJ 1979 | M-Modell | |
| **M** | **Motor** | | 1 | 911 T | |
| | | MJ 1970–1971 | 2 | 911 E | |
| | | | 3 | 911 S | |
| | | | 1 | 911 T | |
| | | | 2 | 911 E | |
| | | MJ 1972–1973 | 3 | 911 S | |
| | | | 5 | 911 T Vergaser | |
| | | | 6 | 911 Carrera (RS 2.7) | |
| | | | 1 | 911 | |
| | | | 2 | 911 E | |
| | | | 3 | 911 S | |
| | | MJ 1974–1975 | 4 | Carrera USA | |
| | | | 6 | Carrera | |
| | | | 7 | 930 Turbo | |
| | | | 2 | 911 S USA | |
| | | | 3 | 911 | |
| | | MJ 1976–1977 | 6 | Carrera 3.0 | |
| | | | 7 | 930 Turbo | |
| | | | 8 | 930 Turbo (USA) | |

| | | | | | |
|---|---|---|---|---|---|
| | | MJ 1978–1979 | 2 | 911 SC (USA) | |
| | | | 3 | 911 SC | |
| | | | 7 | 930 Turbo | |
| | | | 8 | 930 Turbo (USA/Japan) | |
| **K** | **Karosserie** | 0 | Coupé | | |
| | | 1 | Targa | | |
| **NNNN** | **Chassis-Nummer** | 0001–9999 | | | |

## Modelljahr 1980

10-stellige FIN mit Angabe zum Typ (T, erste zwei Ziffern), Modelljahr (J), Herstellerstandort (S), Typ (letzte Ziffer), Motor (M) und fortlaufende Fahrgestellnummer (N). Nur für Modelljahr 1980 entfiel der Karosserietyp und der SC wurde ohne Hinweis auf Coupé oder Targa identifiziert. 148 mm x 46 mm große Aluminium-Typenschilder. Einige Typenschilder trugen den Stempel »N«, aber die Fahrgestellnummer war mit »A« gestempelt.

**TT J S T M NNNN**

| | | | | | |
|---|---|---|---|---|---|
| **TT** | Typ | 91 | | | |
| | | 93 | | | |
| **J** | Jahr | N | MJ 1980 | N-Model | SC/Turbo |
| | | A | | A-Programm | |
| **S** | Standort | 0 | Stuttgart | | |
| **T** | Typ | 0 | 930 | | |
| | | 1 | 911 | | |
| **M** | Motor | 3 | RDW | | |
| | | 4 | USA | | |
| | | 7 | Turbo | | |
| **NNNN** | Chassis-Nummer | 0001–9999 | | | |

## Modelljahre 1981 bis 1989

17-stellige Fahrzeug-Identifikationsnummer mit der Herstellerkennung (WPO), USA-spezifischen Codes (ZZZ), Typ (T, erste zwei Stellen), Prüfzeichen (P), Modelljahr (J), Herstellerstandort (S), Typ (T, letzte Stelle), Karosseriecode (K) und fortlaufender Fahrgestellnummer (N). Im Modelljahr 1981 wurde auch das Aluminium-Typen- oder FIN-Schild geändert. Das ursprünglich längliche Schild mit gerollten Kanten wurde durch ein kürzeres und breiteres Schild mit flachen Kanten ersetzt.

**WPO ZZZ TT P J S T K NNNN**

| | | | | | |
|---|---|---|---|---|---|
| **WPO** | **Hersteller-Code** | Porsche | | | |
| **ZZZ** | Bei US-Fahrzeugen mit den Codes ABO oder EBO ersetzt: | | | | |
| | | A: Karosseriecode USA/CDN Carrera Coupé | | | |
| | ABO/EBO | E: Karosseriecode USA/CDN Carrera Targa & Cabriolet | | | |
| | | B: Code für US-Motorvarianten | | | |
| | | O: Rückhaltesystem, hier: Gurte | | | |
| **TT** | 91 | 911 | | | |
| | 93 | 930 | | | |
| | 95 | 959 | | | |
| **P** | | Prüfziffer | | | |
| **J** | **Modelljahr** | B | MJ 1981 | B-Programm | SC/Turbo |
| | | C | MJ 1982 | C-Programm | SC/Turbo |
| | | D | MJ 1983 | D-Programm | SC/Turbo |
| | | E | MJ 1984 | E-Programm | Carrera/Turbo |
| | | F | MJ 1985 | F-Programm | Carrera/Turbo |
| | | G | MJ 1986 | G-Programm | Carrera/Turbo |
| | | H | MJ 1987 | H-Programm | Carrera/Turbo/959 |
| | | J | MJ 1988 | J-Programm | Carrera/Turbo/959 |
| | | K | MJ 1989 | K-Programm | Carrera/Turbo |
| **S** | **Standort** | S | Stuttgart | | |
| **T** | 1 | 911 | | | |
| | 0 | 930 | | | |
| | 9 | 959 | | | |
| **K** | **Karosserie** | 0 | 911 Coupé | | |
| | | 1 | 911 SCRS (nur 1984*) | | |
| | | 2 | 911 Coupé, USA & Canada | | |
| | | 4 | 911 Targa | | |
| | | 5 | 911 Cabriolet & Speedster | | |
| | | 6 | 911 Targa, USA & Canada | | |
| | | 7 | 911 Cabriolet & Speedster, USA & Canada | | |
| **NNNN** | **Chassis-Nummer** | 0001–0009 | | | |

* Dieser Coupé-Code wurde 1984 speziell und ausschließlich für den SCRS, den für die Gruppe B homologierten Typ 954 vergeben.

# ANHANG

**911 SC**

**Die Schnittzeichnung zeigt den typischen Aufbau eines Modells der G-Serie, der sich während der gesamten Laufzeit nur wenig änderte.**

## Fahrgestell-Datenbank

| Typ | Modell | Version | cm³ | Land | MJ | ISO | Chassis Nr. |
|---|---|---|---|---|---|---|---|
| **1974** | **G-Modell** | | | | | | |
| 911 | | Coupé | 2.7 | | 74 | 4 | 91141 00001>> |
| 911 | | Targa | 2.7 | | 74 | 4 | 91141 10001>> |
| 911 | S | Coupé | 2.7 | | 74 | 4 | 91143 00001>> |
| 911 | S | Targa | 2.7 | | 74 | 4 | 91143 10001>> |
| 911 | Carrera | Coupé | 2.7 | | 74 | 4 | 91146 00001>> |
| 911 | Carrera | Targa | 2.7 | | 74 | 4 | 91146 10001>> |
| 911 | Carrera | Coupé | 2.7 | (USA)(CDN) | 74 | 4 | 91144 00001>> |
| 911 | Carrera | Targa | 2.7 | (USA)(CDN) | 74 | 4 | 91144 10001>> |
| 911 | Carrera RS | Coupé | 3.0 | | 74 | 4 | 91146 09000>> |
| **1975** | **H-Modell** | | | | | | |
| 911 | | Coupé | 2.7 | | 75 | 5 | 91151 00001>> |
| 911 | | Targa | 2.7 | | 75 | 5 | 91151 10001>> |
| 911 | S | Coupé | 2.7 | | 75 | 5 | 91153 00001>> |
| 911 | S | Targa | 2.7 | | 75 | 5 | 91153 10001>> |
| 911 | Carrera | Coupé | 2.7 | | 75 | 5 | 91156 00001>> |
| 911 | Carrera | Targa | 2.7 | | 75 | 5 | 91156 10001>> |
| 911 | S | Coupé | 2.7 | (USA)(CDN) | 75 | 5 | 91152 00001>> |
| 911 | S | Targa | 2.7 | (USA)(CDN) | 75 | 5 | 91152 10001>> |
| 911 | Carrera | Coupé | 2.7 | (USA)(CDN) | 75 | 5 | 91154 00001>> |
| 911 | Carrera | Targa | 2.7 | (USA)(CDN) | 75 | 5 | 91154 10001>> |
| 911 | S | Coupé | 2.7 | (CAL) | 75 | 5 | 91152 00001>> |
| 911 | S | Targa | 2.7 | (CAL) | 75 | 5 | 91152 10001>> |
| 911 | Carrera | Coupé | 2.7 | (CAL) | 75 | 5 | 91154 00001>> |
| 911 | Carrera | Targa | 2.7 | (CAL) | 75 | 5 | 91154 10001>> |
| 911 | Turbo | Coupé | 3.0 | | 75 | 5 | 93057 0001>> |

| Typ | Modell | Version | cm³ | Land | MJ | ISO | Chassis Nr. |
|---|---|---|---|---|---|---|---|
| **1976** | **I-Modell** | | | | | | |
| 911 | | Coupé | 2.7 | | 76 | 6 | 91163 00001>> |
| 911 | | Targa | 2.7 | | 76 | 6 | 91163 10001>> |
| 911 | Carrera | Coupé | 2.7 | | 76 | 6 | 91166 09001>> |
| 911 | Carrera | Targa | 2.7 | | 76 | 6 | 91166 19001>> |
| 911 | Carrera 3.0 | Coupé | 3.0 | | 76 | 6 | 91166 00001>> |
| 911 | Carrera 3.0 | Targa | 3.0 | | 76 | 6 | 91166 10001>> |
| 912 | E | Coupé | 2.0 | (USA)(CDN) | 76 | 6 | 91260 00001>> |
| 911 | S | Coupé | 2.7 | (USA)(CDN) | 76 | 6 | 91162 00001>> |
| 911 | S | Targa | 2.7 | (USA)(CDN) | 76 | 6 | 91162 10001>> |
| 911 | S | Coupé | 2.7 | (CAL) | 76 | 6 | 91162 00001>> |
| 911 | S | Targa | 2.7 | (CAL) | 76 | 6 | 91162 10001>> |
| 911 | | Coupé | 2.7 | (J) | 76 | 6 | 91161 00001>> |
| 911 | | Targa | 2.7 | (J) | 76 | 6 | 91161 10001>> |
| 911 | S | Coupé | 2.7 | (J) | 76 | 6 | 91163 00001>> |
| 911 | S | Targa | 2.7 | (J) | 76 | 6 | 91163 10001>> |
| 911 | Turbo | Coupé | 3.0 | | 76 | 6 | 93067 0001>> |
| 911 | Turbo | Coupé | 3.0 | (J) | 76 | 6 | 93067 0001>> |
| 911 | Turbo Carrera | Coupé | 3.0 | (USA)(CDN) | 76 | 6 | 93068 0001>> |
| **1977** | **K-Modell** | | | | | | |
| 911 | | Coupé | 2.7 | | 77 | 7 | 91173 00001>> |
| 911 | | Targa | 2.7 | | 77 | 7 | 91173 10001>> |
| 911 | Carrera | Coupé | 3.0 | | 77 | 7 | 91176 00001>> |
| 911 | Carrera | Targa | 3.0 | | 77 | 7 | 91176 10001>> |
| 911 | S | Coupé | 2.7 | (USA)(CDN) | 77 | 7 | 91172 00001>> |
| 911 | S | Targa | 2.7 | (USA)(CDN) | 77 | 7 | 91172 10001>> |
| 911 | S | Coupé | 2.7 | (J) | 77 | 7 | 91173 00001>> |
| 911 | S | Targa | 2.7 | (J) | 77 | 7 | 91173 10001>> |
| 911 | Turbo | Coupé | 3.0 | | 77 | 7 | 93077 0001>> |
| 911 | Turbo | Coupé | 3.0 | (J) | 77 | 7 | 93077 0001>> |
| 911 | Turbo Carrera | Coupé | 3.0 | (USA)(CDN) | 77 | 7 | 93078 0001>> |
| **1978** | **L-Modell** | | | | | | |
| 911 | SC | Coupé | 3.0 | | 78 | 8 | 91183 00001>10000 |
| 911 | SC | Targa | 3.0 | | 78 | 8 | 91183 10001>> |
| 911 | SC | Coupé | 3.0 | (USA)(CDN)(CAL) | 78 | 8 | 91182 00001>10000 |
| 911 | SC | Targa | 3.0 | (USA)(CDN)(CAL) | 78 | 8 | 91182 10001>> |
| 911 | SC | Coupé | 3.0 | (J) | 78 | 8 | 91183 09501>19500 |
| 911 | SC | Targa | 3.0 | (J) | 78 | 8 | 91183 19501>> |
| 911 | Turbo | Coupé | 3.3 | | 78 | 8 | 93087 00001>> |
| 911 | Turbo | Coupé | 3.3 | (USA)(CDN)(CAL) | 78 | 8 | 93088 00001>> |
| 911 | Turbo | Coupé | 3.3 | (J) | 78 | 8 | 93087 09501>> |

| Typ | Modell | Version | cm³ | Land | MJ | ISO | Chassis Nr. |
|---|---|---|---|---|---|---|---|
| **1979** | **M-Modell** | | | | | | |
| 911 | SC | Coupé | 3.0 | | 79 | 9 | 91193 00001>10000 |
| 911 | SC | Targa | 3.0 | | 79 | 9 | 91193 10000>> |
| 911 | SC | Coupé | 3.0 | (USA)(CDN)(CAL) | 79 | 9 | 91192 00001>10000 |
| 911 | SC | Targa | 3.0 | (USA)(CDN)(CAL) | 79 | 9 | 91192 10001>> |
| 911 | SC | Coupé | 3.0 | (J) | 79 | 9 | 91193 09501>> |
| 911 | SC | Targa | 3.0 | (J) | 79 | 9 | 91193 19501>> |
| 911 | Turbo | Coupé | 3.3 | | 79 | 9 | 93097 00001>> |
| 911 | Turbo | Coupé | 3.3 | (USA)(CDN)(CAL) | 79 | 9 | 93098 00001>> |
| 911 | Turbo | Coupé | 3.3 | (J) | 79 | 9 | 93097 09501>> |
| | | | | | | | |
| **1980** | **N-Modell & A-Programm** | | | | | | |
| 911 | SC | Coupé/Targa | 3.0 | | 80 | A | 91A01 30001>39999 |
| 911 | SC | Coupé/Targa | 3.0 | (USA)(CDN) | 80 | A | 91A01 40001>49999 |
| 911 | SC | Coupé/Targa | 3.0 | (J) | 80 | A | 91A01 30001>39999 |
| 911 | Turbo | Coupé | 3.3 | | 80 | A | 93A00 70001>79999 |
| 911 | Turbo | Coupé | 3.3 | (J) | 80 | A | 93A00 70001>79999 |
| | | | | | | | |
| **1981** | **B-Programm** | | | | | | |
| 911 | SC | Coupé | 3.0 | | 81 | B | 91BS1 00001>05000 |
| 911 | SC | Targa | 3.0 | | 81 | B | 91BS1 40001>45000 |
| 911 | SC | Coupé | 3.0 | (USA)(CDN) | 81 | B | 91BS1 20001>25000 |
| 911 | SC | Targa | 3.0 | (USA)(CDN) | 81 | B | 91BS1 60001>65000 |
| 911 | SC | Coupé | 3.0 | (J) | 81 | B | 91BS1 29500>29999 |
| 911 | SC | Targa | 3.0 | (J) | 81 | B | 91BS1 69500>69999 |
| 911 | Turbo | Coupé | 3.3 | | 81 | B | 93BS0 00001>02000 |
| 911 | Turbo | Coupé | 3.3 | (CDN) | 81 | B | 93BS0 50001>52000 |
| | | | | | | | |
| **1982** | **C-Programm** | | | | | | |
| 911 | SC | Coupé | 3.0 | | 82 | C | 91CS1 00001>05000 |
| 911 | SC | Targa | 3.0 | | 82 | C | 91CS1 40001>45000 |
| 911 | SC | Coupé | 3.0 | (USA)(CDN) | 82 | C | 91CS1 20001>25000 |
| 911 | SC | Targa | 3.0 | (USA)(CDN) | 82 | C | 91CS1 60001>65000 |
| 911 | SC | Coupé | 3.0 | (J) | 82 | C | 91CS1 09500>09999 |
| 911 | SC | Targa | 3.0 | (J) | 82 | C | 91CS1 49500>49999 |
| 911 | Turbo | Coupé | 3.3 | | 82 | C | 93CS0 00001>02000 |
| 911 | Turbo | Coupé | 3.3 | (CDN) | 82 | C | 93CS0 50001>52000 |

| Typ | Modell | Version | cm³ | Land | MJ | ISO | Chassis Nr. |
|---|---|---|---|---|---|---|---|
| **1983** | **D-Programm** | | | | | | |
| 911 | SC | Coupé | 3.0 | | 83 | D | 91DS1 00001>05000 |
| 911 | SC | Targa | 3.0 | | 83 | D | 91DS1 40001>45000 |
| 911 | SC | Cabriolet | 3.0 | | 83 | D | 91DS1 50001>55000 |
| 911 | SC | Coupé | 3.0 | (USA)(CDN) | 83 | D | 91DS1 20001>25000 |
| 911 | SC | Targa | 3.0 | (USA)(CDN) | 83 | D | 91DS1 60001>65000 |
| 911 | SC | Cabriolet | 3.0 | (USA)(CDN) | 83 | D | 91DS1 70001>75000 |
| 911 | SC | Coupé | 3.0 | (J) | 83 | D | 91DS1 09501>09999 |
| 911 | SC | Targa | 3.0 | (J) | 83 | D | 91DS1 49501>49999 |
| 911 | SC | Cabriolet | 3.0 | (J) | 83 | D | 91DS1 59501>59999 |
| 911 | Turbo | Coupé | 3.3 | | 83 | D | 93DS0 00001>02000 |
| 911 | Turbo | Coupé | 3.3 | (CDN) | 83 | D | 93DS0 50001>52000 |
| | | | | | | | |
| **1984** | **E-Programm** | | | | | | |
| 911 | SCRS | Coupé | 3.0 | | 84 | E | 91ES1 10001>10021 |
| 911 | 953 | Coupé 4×4 | 3.2 | | 84 | E | 91ES1 00020>00022 |
| 911 | Carrera | Coupé/Turbo-Look | 3.2 | | 84 | E | 91ES1 00001>05000 |
| 911 | Carrera | Targa | 3.2 | | 84 | E | 91ES1 40001>45000 |
| 911 | Carrera | Cabriolet | 3.2 | | 84 | E | 91ES1 50001>55000 |
| 911 | Carrera | Coupé/Turbo-Look | 3.2 | (J) | 84 | E | 91ES1 09501>09999 |
| 911 | Carrera | Targa | 3.2 | (J) | 84 | E | 91ES1 49501>49999 |
| 911 | Carrera | Cabriolet | 3.2 | (J) | 84 | E | 91ES1 59501>59999 |
| 911 | Carrera | Coupé/Turbo-Look | 3.2 | (USA)(CDN) | 84 | E | 91ES1 20001>25000 |
| 911 | Carrera | Targa | 3.2 | (USA)(CDN) | 84 | E | 91ES1 60001>65000 |
| 911 | Carrera | Cabriolet | 3.2 | (USA)(CDN) | 84 | E | 91ES1 70001>75000 |
| 911 | Turbo | Coupé | 3.3 | | 84 | E | 93ES0 00001>01000 |
| 911 | Turbo | Coupé | 3.3 | (CDN) | 84 | E | 93ES0 50001>52000 |
| | | | | | | | |
| **1985** | **F-Programm** | | | | | | |
| 911 | Carrera | Coupé | 3.2 | | 85 | F | 91FS1 00001>05000 |
| 911 | Carrera | Targa | 3.2 | | 85 | F | 91FS1 40001>45000 |
| 911 | Carrera | Cabriolet | 3.2 | | 85 | F | 91FS1 50001>55000 |
| 911 | Carrera | Coupé | 3.2 | M298 | 85 | F | 91FS1 00001>05000 |
| 911 | Carrera | Targa | 3.2 | M298 | 85 | F | 91FS1 40001>45000 |
| 911 | Carrera | Cabriolet | 3.2 | M298 | 85 | F | 91FS1 50001>55000 |
| 911 | Carrera | Coupé | 3.2 | (AUS)(S)(CH) | 85 | F | 91FS1 00001>05000 |
| 911 | Carrera | Targa | 3.2 | (AUS)(S)(CH) | 85 | F | 91FS1 40001>45000 |
| 911 | Carrera | Cabriolet | 3.2 | (AUS)(S)(CH) | 85 | F | 91FS1 50001>55000 |
| 911 | Carrera | Coupé | 3.2 | (J) | 85 | F | 91FS1 09501>09999 |
| 911 | Carrera | Targa | 3.2 | (J) | 85 | F | 91FS1 49501>49999 |
| 911 | Carrera | Cabriolet | 3.2 | (J) | 85 | F | 91FS1 59501>59999 |
| 911 | Carrera | Coupé | 3.2 | (USA)(CDN) | 85 | F | 91FS1 20001>25000 |
| 911 | Carrera | Targa | 3.2 | (USA)(CDN) | 85 | F | 91FS1 60001>65000 |
| 911 | Carrera | Cabriolet | 3.2 | (USA)(CDN) | 85 | F | 91FS1 70001>75000 |
| 911 | Turbo | Coupé | 3.3 | | 85 | F | 93FS0 00001>02000 |
| 911 | Turbo | Coupé | 3.3 | (CDN) | 85 | F | 93FS0 50001>52000 |

| Typ | Modell | Version | cm³ | Land | MJ | ISO | Chassis Nr. |
|---|---|---|---|---|---|---|---|
| **1986** | **G-Programm** | | | | | | |
| 911 | Carrera | Coupé | 3.2 | | 86 | G | 91GS1 00001>05000 |
| 911 | Carrera | Targa | 3.2 | | 86 | G | 91GS1 40001>45000 |
| 911 | Carrera | Cabriolet | 3.2 | | 86 | G | 91GS1 50001>55000 |
| 911 | Carrera | Coupé | 3.2 | M298 | 86 | G | 91GS1 00001>05000 |
| 911 | Carrera | Targa | 3.2 | M298 | 86 | G | 91GS1 40001>45000 |
| 911 | Carrera | Cabriolet | 3.2 | M298 | 86 | G | 91GS1 50001>55000 |
| 911 | Carrera | Coupé | 3.2 | (S)(CH) | 86 | G | 91GS1 00001>05000 |
| 911 | Carrera | Targa | 3.2 | (S)(CH) | 86 | G | 91GS1 40001>45000 |
| 911 | Carrera | Cabriolet | 3.2 | (S)(CH) | 86 | G | 91GS1 50001>55000 |
| 911 | Carrera | Coupé | 3.2 | (J) | 86 | G | 91GS1 09501>09999 |
| 911 | Carrera | Targa | 3.2 | (J) | 86 | G | 91GS1 49501>49999 |
| 911 | Carrera | Cabriolet | 3.2 | (J) | 86 | G | 91GS1 59501>59999 |
| 911 | Carrera | Coupé | 3.2 | (USA)(CDN) | 86 | G | 91GS1 20001>25000 |
| 911 | Carrera | Targa | 3.2 | (USA)(CDN) | 86 | G | 91GS1 60001>65000 |
| 911 | Carrera | Cabriolet | 3.2 | (USA)(CDN) | 86 | G | 91GS1 70001>75000 |
| 911 | Turbo | Coupé | 3.3 | | 86 | G | 93GS0 00001>02000 |
| 911 | Turbo | Coupé | 3.3 | (CDN) | 86 | G | 93GS0 55001>57000 |
| 911 | Turbo | Coupé | 3.3 | (USA) | 86 | G | 93GS0 50001>52000 |
| | | | | | | | |
| **1987** | **H-Programm** | | | | | | |
| 911 | Carrera | Coupé | 3.2 | | 87 | H | 91HS1 00001>05000 |
| 911 | Carrera | Club Sport | 3.2 | | 87 | H | 91HS1 05001>05300 |
| 911 | Carrera | Targa | 3.2 | | 87 | H | 91HS1 40001>45000 |
| 911 | Carrera | Cabriolet | 3.2 | | 87 | H | 91HS1 50001>55000 |
| 911 | Carrera | Coupé | 3.2 | (J) | 87 | H | 91HS1 09501>09999 |
| 911 | Carrera | Targa | 3.2 | (J) | 87 | H | 91HS1 49501>49999 |
| 911 | Carrera | Cabriolet | 3.2 | (J) | 87 | H | 91HS1 59501>59999 |
| 911 | Carrera | Coupé | 3.2 | (USA)(CDN) | 87 | H | 91HS1 20001>25000 |
| 911 | Carrera | Club Sport | 3.2 | (USA)(CDN) | 87 | H | 91HS1 25001>25300 |
| 911 | Carrera | Targa | 3.2 | (USA)(CDN) | 87 | H | 91HS1 60001>65000 |
| 911 | Carrera | Cabriolet | 3.2 | (USA)(CDN) | 87 | H | 91HS1 70001>75000 |
| 911 | Turbo | Coupé | 3.3 | | 87 | H | 93HS0 00001>02000 |
| 911 | Turbo | Targa | 3.3 | | 87 | H | 93HS0 10001>12000 |
| 911 | Turbo | Cabriolet | 3.3 | | 87 | H | 93HS0 20001>22000 |
| 911 | Turbo | Coupé | 3.3 | (USA) | 87 | H | 93HS0 50001>55000 |
| 911 | Turbo | Targa | 3.3 | (USA) | 87 | H | 93HS0 60001>62000 |
| 911 | Turbo | Cabriolet | 3.3 | (USA) | 87 | H | 93HS0 70001>72000 |
| 911 | Turbo | Coupé | 3.3 | (CDN) | 87 | H | 93HS0 55001>57000 |
| 911 | Turbo | Targa | 3.3 | (CDN) | 87 | H | 93HS0 65001>67000 |
| 911 | Turbo | Cabriolet | 3.3 | (CDN) | 87 | H | 93HS0 75001>77000 |
| 911 | 959 | Coupé | 2.8 | | 87 | H | 95HS9 00001>01000 |
| 911 | 959 S | Coupé | 2.8 | | 87 | H | 95HS9 05001> |

| Typ | Modell | Version | cm³ | Land | MJ | ISO | Chassis Nr. |
|---|---|---|---|---|---|---|---|
| **1988** | **J-Programm** | | | | | | |
| 911 | Carrera | Coupé | 3.2 | | 88 | J | 91JS1 00001>05000 |
| 911 | Carrera | Club Sport | 3.2 | | 88 | J | 91JS1 05001>05300 |
| 911 | Carrera | Targa | 3.2 | | 88 | J | 91JS1 40001>45000 |
| 911 | Carrera | Cabriolet | 3.2 | | 88 | J | 91JS1 50001>55000 |
| 911 | Carrera | Coupé | 3.2 | (J) | 88 | J | 91JS1 09501>09999 |
| 911 | Carrera | Targa | 3.2 | (J) | 88 | J | 91JS1 49501>49999 |
| 911 | Carrera | Cabriolet | 3.2 | (J) | 88 | J | 91JS1 59501>59999 |
| 911 | Carrera | Coupé | 3.2 | (USA)(CDN) | 88 | J | 91JS1 20001>25000 |
| 911 | Carrera | Club Sport | 3.2 | (USA)(CDN) | 88 | J | 91JS1 25001>25300 |
| 911 | Carrera | Targa | 3.2 | (USA)(CDN) | 88 | J | 91JS1 60001>65000 |
| 911 | Carrera | Cabriolet | 3.2 | (USA)(CDN) | 88 | J | 91JS1 70001>75000 |
| 911 | Turbo | Coupé | 3.3 | | 88 | J | 93JS0 00001>02000 |
| 911 | Turbo | Targa | 3.3 | | 88 | J | 93JS0 10001>12000 |
| 911 | Turbo | Cabriolet | 3.3 | | 88 | J | 93JS0 20001>22000 |
| 911 | Turbo | Coupé | 3.3 | (USA)(CDN) | 88 | J | 93JS0 50001>55000 |
| 911 | Turbo | Targa | 3.3 | (USA)(CDN) | 88 | J | 93JS0 60001>62000 |
| 911 | Turbo | Cabriolet | 3.3 | (USA)(CDN) | 88 | J | 93JS0 70001>72000 |
| 911 | 959 | Coupé | 2.8 | | 88 | J | 95JS9 00001>01000 |
| 911 | 959 S | Coupé | 2.8 | | 88 | J | 95HS9 05001> |
| | | | | | | | |
| **1989** | **K-Programm** | | | | | | |
| 911 | Carrera | Coupé/Club Sport | 3.2 | | 89 | K | 91KS1 00001>05000 |
| 911 | Carrera | Targa | 3.2 | | 89 | K | 91KS1 40001>45000 |
| 911 | Carrera | Cabriolet/Speedster | 3.2 | | 89 | K | 91KS1 50001>55000 |
| 911 | Carrera | Coupé/Club Sport | 3.2 | (USA)(CDN) | 89 | K | 91KS1 20001>25000 |
| 911 | Carrera | Targa | 3.2 | (USA)(CDN) | 89 | K | 91KS1 60001>65000 |
| 911 | Carrera | Cabriolet/Speedster | 3.2 | (USA)(CDN) | 89 | K | 91KS1 70001>75000 |
| 911 | Turbo | Coupé | 3.3 | | 89 | K | 93KS0 00001>02000 |
| 911 | Turbo | Targa | 3.3 | | 89 | K | 93KS0 10001>12000 |
| 911 | Turbo | Cabriolet | 3.3 | | 89 | K | 93KS0 20001>22000 |
| 911 | Turbo | Coupé | 3.3 | (USA)(CDN) | 89 | K | 93KS0 50001>55000 |
| 911 | Turbo | Targa | 3.3 | (USA)(CDN) | 89 | K | 93KS0 60001>62000 |
| 911 | Turbo | Cabriolet | 3.3 | (USA)(CDN) | 89 | K | 93KS0 70001>72000 |

**Schnittzeichnung eines 911 Turbo 3.3.**

**Porsche Ausstattungs-Codes (Mehrausstattungs-Nummer)**

Porsche verwendete die folgenden Mehrausstattungs-Nummern oder M-Codes, die immer aus dem Buchstaben »M« und einer dreistelligen Zahlenkombination bestanden.

| Code | Beschreibung |
|---|---|
| M009 | 3-Gang Sportomatic-Getriebe |
| M018 | Sportlenkrad mit erhöhter Nabe 30 mm |
| M020 | Geschwindigkeitsmesser mit zwei Skalen mph – km/h |
| M024 | Version für Griechenland |
| M026 | Mit Aktivkohlebehälter |
| M027 | Ausführung für Kalifornien |
| M034 | Ausführung für Italien |
| M058 | Stoßstangen mit Pralldämpfer vorn/hinten |
| M061 | Version für Großbritannien |
| M062 | Ausführung für Schweden |
| M070 | Cabriolet-Persenning |
| M097 | Jubiläumsmodell »25 Jahre 911« (D) |
| M098 | Jubiläumsmodell »25 Jahre 911« (USA) |
| M099 | Jubiläumsmodell »25 Jahre 911« (RDW) |
| M103 | Stoßdämpferverstellung |
| M111 | Version für Österreich |
| M113 | Version für Kanada |
| M119 | Version für Spanien |
| M124 | Ausführung für Frankreich |
| M126 | Bedienelemente und Anzeigen in französischer Schreibweise |
| M130 | Bedienelemente und Anzeigen in englischer Schreibweise |
| M139 | Sitzheizung, linker Sitz |
| M148 | Motor mit erhöhter Leistung 930.66 |
| M150 | Betrieb mit verbleitem Benzin |
| M152 | Motorgeräuschreduzierung |
| M154 | Motorsteuergerät für verbesserte Emissionswerte |
| M155 | Motronic-Steuergerät für Fahrzeuge mit Katalysator |
| M156 | Schalldämpfer geräuschreduziert |
| M157 | US-Version mit Lamda-Sonde und Drei-Wege-Katalysator |
| M157 | Drei-Wege-Katalysator, Lambdasonde und digitale Motorelektronik (DME) |
| M158 | Radiogerät Blaupunkt SQR SWR 46 |
| M160 | Radiogerät Blaupunkt Charleston SQR 26 |
| M176 | Gebläse für Ölkühler |
| M185 | Zweipunkt-Sicherheitsgurte, hinten automatisch |
| M185 | Dreipunktgurt, Gurtschloss mit Kabeln, nur für Fahrersitz, und Zweipunktgurt, hinten |
| M186 | Zweipunkt-Sicherheitsgurte hinten, manuell |
| M187 | Scheinwerfer mit Sealed-Beam-Einsatz »asymmetrisch« |
| M190 | Erhöhte Festigkeit der Seitentüren |
| M193 | Version für Japan |
| M195 | Vorbereitung für Mobiltelefonsystem |
| M197 | Stärkere Batterie |
| M208 | Anhängerkupplung |
| M215 | Version für Saudi-Arabien |
| M220 | Sperrdifferential 40 Prozent |
| M221 | Porsche-Sperrdifferenzial |
| M225 | Ausführung für Belgien, Motorbezeichnung: -B |
| M240 | Version für Länder mit minderwertigem Kraftstoff |
| M243 | Kurzer Schalthebel |
| M261 | Außenspiegel – plan – Beifahrerseite, elektrisch verstellbar und beheizbar |
| M269 | Zusatzscheinwerfer |
| M277 | Version für die Schweiz |
| M286 | Verstärkte Scheibenwaschanlage |
| M288 | Scheinwerferwaschanlage |
| M298 | Vorbereitung für bleifreies Benzin Schaltgetriebe |
| M325 | Ausführung für Südafrika/Neuseeland |
| M326 | Radio Blaupunkt Berlin IQR 88 mit ARI |
| M328 | Radio Blaupunkt Bremen SQR 46 mit ARI |
| M329 | Radio Blaupunkt Toronto SQR 48 |
| M330 | Radio Blaupunkt Toronto SQR 46 |
| M335 | Automatik-Sicherheitsgurt, Dreipunkt, hinten |
| M340 | Sitzheizung, rechter Sitz |
| M341 | Zentralverriegelung |
| M348 | Schmiederäder, lackiert – Grand Prix Weiß |
| M375 | Kupplungsbelag ohne Asbest |
| M379 | Seriensitz, links, elektrische Höhenverstellung |
| M380 | Seriensitz, rechts, elektrische Höhenverstellung |
| M381 | Standardsitz, links, manuell verstellbar |
| M382 | Standardsitz, rechts, manuell verstellbar |
| M383 | Sportsitz, links, elektrisch vertikal verstellbar |
| M387 | Sportsitz, rechts, elektrisch höhenverstellbar |
| M395 | Leichtmetallfelgen, geschmiedet, vorn 6J×16 mit Reifen 205/55 VR16 hinten 7J×16 mit Reifen 225/50 VR16 |
| M395 | Leichtmetallfelgen, geschmiedet, 16-Zoll |
| M399 | Klimaanlage ohne Frontkondensator 78 |

| | |
|---|---|
| M401 | Leichtmetallfelgen, geschmiedet 15-Zoll |
| M403 | 911-SC-Jubiläumsfahrzeug 82 |
| M405 | Niveauregulierung |
| M407 | Rücksitze mit statischen Gurten |
| M409 | Sportsitze, Leder |
| M409 | Sportsitze |
| M410 | Sportsitze, Sitz- und Lehnenoberfläche Stoff/Kunstleder |
| M419 | Gepäckablage hinten |
| M423 | Halterung für Kassetten und Münzen |
| M424 | Automatische Heizungssteuerung |
| M425 | Heckscheibenwischer |
| M429 | Nebelscheinwerfer, weiß |
| M430 | Nebelscheinwerfer, gelb |
| M437 | Komfortsitz, links, elektrisch verstellbar |
| M438 | Komfortsitz, rechts, elektrisch verstellbar |
| M439 | Sondermodell 80 |
| M439 | Elektrische Verdeckbedienung |
| M441 | Radiovorbereitung |
| M443 | Getöntes Windschutzscheibenglas und getöntes Seitenscheibenglas mit elektrisch beheizbarer Frontscheibe, einstufig |
| M444 | Cabrio |
| M449 | Notrad, geschmiedet |
| M451 | Reduzierte Radiovorbereitung |
| M454 | Tempomat |
| M462 | »Securiflex«-Windschutzscheibe |
| M463 | Klare Windschutzscheibe |
| M467 | Außenspiegel für Fahrerseite, gewölbt, elektrisch beheizbar und verstellbar |
| M468 | Seitenscheiben grün und Windschutzscheibe grün, oberer Teil dunkler gefärbt |
| M469 | Schwarzer Dachhimmel |
| M470 | Ohne Frontspoiler und Heckspoiler |
| M473 | Mit Frontspoiler und Heckspoiler |
| M474 | Stoßdämpfer (sportlich), vorn und hinten |
| M475 | Bremsbeläge ohne Asbest |
| M479 | Version für Australien |
| M481 | Schaltgetriebe |
| M482 | Motorraumleuchte |
| M482 | Reifendrucküberwachung |
| M483 | Unterschiedliche Motorenteile für Rechtslenker |
| M484 | Symbole und Beschriftungen für Schalter und Instrumente |
| M484 | Version für USA |
| M488 | Beschriftungen in deutscher Sprache |
| M490 | Sound-Paket |
| M491 | Turbo-Look |
| M492 | Scheinwerfer für Linksverkehr |
| M494 | 2 Lautsprecher auf Hutablage |
| M494 | Zusätzlicher Verstärker |
| M496 | Vorbereitung für Philips Telefon »C« Netz |
| M498 | Entfall der Modellbezeichnung am Heck |
| M499 | Version für Deutschland |
| M503 | Cabrio-Ausführung (Speedster) |
| M505 | Flachbau-Version (USA) |
| M506 | Flachbau-Version (RDW) |
| M513 | Lendenwirbelstütze, rechter Sitz |
| M525 | Diebstahlsicherung mit Dauerton |
| M526 | Türverkleidungen (Stoff) |
| M528 | Außenspiegel für Beifahrerseite, gewölbt, elektrisch beheizbar und verstellbar |
| M533 | Anti-Diebstahl-Vorrichtung |
| M553 | Version für USA, Kanada |
| M559 | Klimaanlage |
| M566 | Nebelscheinwerfer, weiß |
| M567 | Getönte Windschutzscheibe, oberer Teil dunkler gefärbt |
| M568 | Getönte Seitenscheiben und getönte Windschutzscheibe |
| M573 | Klimaanlage mit Hochleistungsgebläse |
| M573 | Klimaanlage |
| M576 | Ohne Nebelschlussleuchte |
| M579 | Ausführung für Hong Kong |
| M586 | Lendenwirbelstütze, linker Sitz |
| M592 | Bremsflüssigkeitsstandanzeige |
| M593 | Antiblockiersystem (Bosch) |
| M602 | Hochgesetzte 3. Bremsleuchte |
| M605 | Leuchtweitenregulierung |
| M612 | Vorbereitung für das Philips-Telefonnetz »C2« |
| M637 | Club Sport »CS« |
| M650 | Elektrisches Schiebedach |
| M651 | Elektrischer Fensterheber |
| M657 | Servolenkung |
| M685 | Rücksitze, geteilt |
| M686 | Radio Blaupunkt Ludwigsburg SQM 26 ARI |
| M688 | Radio Blaupunkt Boston SQM 23 |
| M690 | CD-Spieler Radio »CD-10« + ARI |
| M981 | Lederausstattung ohne Sitzbezüge |
| M983 | Sitzbezüge, vorn, Leder |
| M986 | Teillederausstattung |
| M990 | Sitzbezüge, vorn, Stoff/Stoff/Kunstleder |

Es gab viele Porsche »M«-Ausstattungen, die jedoch nicht alle offiziell in der Porsche-Literatur, den Ausstattungs- und Preislisten aufgeführt sind.

## Farben

Bei den frühen 911 wurde ein Schild »Made in Western Germany« auf die A-Säule des Fahrertürscharniers genietet, auf dem ein Kunstharzlack oder eine Farbbezeichnung eingestanzt war. Bei späteren 911 wurde ein Aufkleber mit der Farbnummer auf dem rechten vorderen Kotflügel im Kofferraum angebracht. Dieser zeigte den Farbnummern-Referenzcode, den Farbnamen und den Namen des Fahrzeugs an.

| Code | Name | Name2 | Modelljahre | System |
|---|---|---|---|---|
| 009 | Karminrot | Carmine | 1974–1977 | U1 |
| 024 | Fraise | Fraise | 1974–1975 | U1 |
| 025 | Aubergine | Aubergine | 1974–1975 | U1 |
| 027 | Indischrot | Indian Red | 1974–1986 | U1 |
| 036 | Lachsdiamant | Salmon Diamond | 1974–1975 | M2 |
| 042 | Perurot | Peru Red | 1974–1977 | U1 |
| 099 | Nach Muster (Wahl) | By Pattern (Choice) | 1980–1981 | U1 |
| 106 | Talbotgelb | Talbot Yellow | 1976–1980 | U1 |
| 107 | Continentalorange | Continental Orange | 1976–1978 | U1 |
| 116 | Signalorange | Signal Orange | 1974–1975 | U1 |
| 117 | Hellgelb | Light Yellow | 1974–1977 | U1 |
| 137 | Gelbgrün | Yellow-Green | 1974–1977 | U1 |
| 139 | Blütengelb | Blossom Yellow | 1974–1975 | U1 |
| 156 | Orange | Orange | 1974–1975 | U1 |
| 182 | Chiffonweiß | Chiffon White | 1981–1984 | U1 |
| 213 | Irischgrün | Irish Green | 1974–1977 | U1 |
| 227 | Hellgrün | Light Green | 1974–1975 | U1 |
| 249 | Vipergründiamant | Viper Green Diamond | 1974–1975 | M2 |
| 250 | Silbergründiamant | Silver Green Diamond | 1974–1975 | M2 |
| 253 | Lichtgrün | Light Green | 1974–1975 | U1 |
| 258 | Speedwaygrün | Speedway Green | 1976–1977 | U1 |
| 260 | Daphnegrün | Daphne Green | 1976–1977 | U1 |
| 264 | Vipergründiamant | Viper Green Diamond | 1976–1980 | M2 |
| 265 | Oakgrün | Oak Green | 1976–1980 | M2 |
| 266 | Silbergründiamant | Silver Green Diamond | 1976–1977 | M2 |
| 273 | Farngrün | Fern Green | 1978 | U1 |
| 274 | Olivgrün | Olive Green | 1978–1980 | U1 |
| 275 | Lindgrün-Metallic | Lime Green Metallic | 1978–1980 | M2 |
| 304 | Minervablau | Minerva Blue | 1976–1982 | M2 |
| 305 | Arrowblau | Arrow Blue | 1976–1982 | U1 |
| 328 | Gulfblau | Gulf Blue | 1974–1975 | U1 |
| 334 | Blau-Metallic | Blue Metallic | 1974–1975 | M2 |
| 335 | Gemini-Metallic | Gemini Metallic | 1974–1975 | M2 |
| 336 | Mexicoblau | Mexico Blue | 1974–1975 | U1 |
| 341 | Flieder | Lilac | 1974–1975 | U1 |
| 347 | Dunkelblau | Dark Blue | 1985–1989 | U1 |
| 351 | Dunkelblau | Dark Blue | 1974–1975 | U1 |
| 354 | Acidblau | Acid Blue | 1974–1975 | U1 |
| 360 | Cappaflorio | Cappaflorio | 1976–1977 | U1 |
| 376 | Petrolblau-Metallic | Petrol Blue Metallic | 1978–1980 | M2 |

| | | | | |
|---|---|---|---|---|
| 406 | Cometdiamant | Comet Diamond | 1974-1975 | M2 |
| 408 | Cockneybraun | Cockney Brown | 1974-1980 | U1 |
| 414 | Olive | Olive | 1974-1975 | U1 |
| 432 | Braunkupferdiamant | Brown Copper Diamond | 1974-1975 | M2 |
| 436 | Diamantsahara | Diamond Sahara | 1976-1977 | M2 |
| 443 | Braunkupferdiamant | Brown Copper Diamond | 1976-1980 | M2 |
| 451 | Moccabraun | Mocha Brown | 1978-1980 | U1 |
| 451 | Moccaschwarz | Mocha Black | 1981-1982 | U1 |
| 463 | Opal-Metallic | Opal Metallic | 1979-1980 | M2 |
| 464 | Tabak-Metallic | Tobacco Metallic | 1979-1980 | M2 |
| 474 | Palisander-Metallic | Rosewood Metallic | 1981-1982 | M2 |
| 492 | Muskatbraun-Metallic | Nutmeg Metallic | 1985-1986 | M2 |
| 499 | Keramikbeige | Ceramic Beige | 1987-1888 | U1 |
| 502 | Kaschmirbeige | Cashmere Beige | 1978-1980 | U1 |
| 516 | Saharabeige | Sahara Beige | 1974-1977 | U1 |
| 523 | Bambusbeige | Bamboo Beige | 1981-1982 | U1 |
| 524 | Burnusbraun | Burnous Brown | 1981-1982 | U1 |
| 536 | Pastellbeige | Pastel Beige | 1985-1986 | U1 |
| 539 | Weißgold-Metallic | White Gold Metallic | 1985-1986 | M2 |
| 548 | Apricotbeige | Apricot Beige | 1989 | U1 |
| 550 | Leinen-Metallic | Linen Metallic | 1989 | M2 |
| 601 | Flieder | Lilac | 1979-1980 | U1 |
| 655 | Platin-Metallic | Platinum Metallic | 1981-1984 | M2 |
| 661 | Schieferblau-Metallic | Slate Blue Metallic | 1983-1984 | M2 |
| 662 | Rauchquarz-Metallic | Smoky Quartz Metallic | 1983-1984 | M2 |
| 673 | Marmorgrau | Marble Grey | 1985-1986 | U1 |
| 693 | Steingrau-Metallic | Stone Gray Metallic | 1989 | M2 |
| 697 | Diamantblau-Metallic | Diamond Blue Metallic | 1987-1989 | M2 |
| 699 | Felsengrün-Metallic | Rock Green Metallic | 1987-1988 | M2 |
| 700 | Schwarz | Black | 1974-1989 | U1 |
| 708 | Schwarz-Metallic | Black Metallic | 1979-1982 | M2 |
| 729 | Satin-Schwarz-Metallic | Satin Black Metallic | 1989 | M2 |
| 810 | Rubinrot-Metallic | Ruby Red Metallic | 1983-1984 | M2 |
| 811 | Ziegelrot-Metallic | Brick Red Metallic | 1983-1984 | M2 |
| 822 | Granatrot-Metallic | Garnet Metallic | 1985-1986 | M2 |
| 895 | Weinrot-Metallic | Wine Red Metallic | 1981-1982 | M2 |
| 908 | Grandprixweiß | Grand Prix White | 1974-1989 | U1 |
| 925 | Silber-Metallic | Silver Metallic | 1974-1980 | M2 |
| 936 | Silber-Metallic | Silver Metallic | 1984-1986 | M2 |
| 944 | Platindiamant | Platinum Diamond | 1976-1977 | M2 |
| 956 | Zinn-Metallic | Tin Metallic | 1982-1984 | M2 |
| 961 | Meteor-Metallic | Meteor Metallic | 1985-1986 | M2 |
| 966 | Hellbronze-Metallic | Light Bronze Metallic | 1983-1984 | M2 |
| 980 | Silber-Metallic | Silver Metallic | 1987-1989 | M2 |
| (35U) | Veneziablau-Met | Venetian Blue Met | 1987 | M2 |
| 10W | Limonengelb | Lime Yellow | 1987-1988 | U1 |

| | | | | |
|---|---|---|---|---|
| 20A | Minzgrün | Mint Green | 1981–1982 | U1 |
| 20C | Moosgrün-Metallic | Moss Green Metallic | 1981–1986 | M2 |
| 21M | Türkis | Turquoise | 1987–1988 | U1 |
| 22C | Muranogrün | Murano Green | 1989 | U1 |
| 22D | Schiefer-Metallic | Slate Grey Metallic | 1988–1989 | M2 |
| 22E | Tannengrün-Metallic | Fir Green Metallic | 1989 | M2 |
| 23F | Schiefer-Metallic | Slate Grey metallic | 1989 | WM2 |
| 30T | Hellblau-Metallic | Light Blue Metallic | 1979–1982 | M2 |
| 31G | Pazifikblau-Metallic | Pacific Blue Metallic | 1981–1982 | M2 |
| 32Z | Gletscherblau | Glacier Blue | 1983–1984 | U1 |
| 33N | Kristallgrün-Metallic | Crystal Green Metallic | 1985–1986 | M2 |
| 33P | Irisblau-Metallic | Iris Blue Metallic | 1985–1986 | M2 |
| 33X | Preußischblau-Metallic | Prussian Blue Metallic | 1985–1986 | M2 |
| 34S | Dunkel-Blau-Metallic | Dark Blue Metallic | 1989 | M2 |
| 35V | Marineblau-Metallic | Marine Blue Metallic | 1987–1988 | M2 |
| 35Y | Lagunengrün-Metallic | Lagoon Green Metallic | 1987–1988 | M2 |
| 36P | Veneziablau-Met | Venetian Blue Met | 1987–1988 | M2 |
| 37B | Taubenblau Metallic | Pigeon Blue Metallic | 1989 | M2 |
| 40B | Nougatbraun-Metallic | Nougat Brown Metallic | 1987–1988 | M2 |
| 40D | Espresso Braun Metallic | Espresso Brown Metallic | 1987–1988 | M2 |
| 40L | Cognacbraun-Metallic | Cognac Brown Metallic | 1989 | M2 |
| 60M | Leinen | Linen | 1989 | U1 |
| 80D | Cassisrot-Metallic | Cassis Red Metallic | 1987–1988 | M2 |
| 80F | Cherryrot | Cherry Red | 1987–1988 | U1 |
| 80K | Indischrot | Indian Red | 1987–1989 | U1 |
| 81K | Lachssilber-Metallic | Salmon Silver Metallic | 1989 | M2 |
| 81L | Samtrot-Metallic | Velvet Red Metallic | 1989 | M2 |

| | | |
|---|---|---|
| U = | Uni | 1 = Einschichtverfahren |
| M = | Metallic | 2 = Zweischichtverfahren |

Farbdaten laut Porsche AG im Jahr 2002

## Produktionszahlen

| | | |
|---|---|---|
| 911 Urmodell | 1963 bis 1973 | 111.995 |
| Zweite Evolution | 1973 bis 1989 | 198.496 |
| **911 Gesamtproduktion** | **1963 bis 1989** | **310.491** |

Produktionszahlen nach Angaben der Porsche AG.

## Internationale Ländercodes

| | | | |
|---|---|---|---|
| (A) | Österreich | (I) | Italien |
| (AG) | Arabische Golfstaaten | (J) | Japan |
| (AUS) | Australien | (L) | Luxemburg |
| (B) | Belgien | (N) | Norwegen |
| (CDN) | Kanada | (NL) | Niederlande |
| (CH) | Schweiz | (NZ) | Neuseeland |
| (D) | Deutschland | (P) | Portugal |
| (DK) | Dänemark | (RC) | Taiwan |
| (E) | Spanien | (S) | Schweden |
| (F) | Frankreich | (SA) | Saudi-Arabien |
| (GB) | Großbritannien | (SF) | Finnland |
| (GR) | Griechenland | (USA) | Amerika |
| (HK) | Hong Kong | (ZA) | Südafrika |

## Internationale »C« Codes

Bei den früheren Fahrzeugen war es nicht ungewöhnlich, dass im Handbuch nur der internationale »C«-Code aufgeführt war. Bei späteren Fahrzeugen waren neben dem »C«-Code auch weitere »M«-Optionscodes aufgeführt.

| | |
|---|---|
| C00 | Deutschland |
| C02 | Ausgerüstet mit Katalysator |
| C03 | Fahrzeug für Kalifornien |
| C05 | Frankreich |
| C07 | Italien |
| C09 | Schweden |
| C10 | Schweizer Version – nach MJ 1986 mit Kat |
| C11 | Österreich |
| C15 | Hong Kong |
| C16 | Vereinigtes Königreich |
| C20 | Niederlande |
| C22 | Belgien |
| C23 | Australien |
| C24 | Griechenland |
| C26 | Singapur/Südafrika |
| C32 | Saudi Arabien |
| C36 | Kanada |

## Offizielle Preisliste

| Jahr | Modell | Motor | Preis (DM) | Extras (DM) |
|---|---|---|---|---|
| **MJ 1975** | Turbo Coupé | 3.0 | 65.800 | |
| **MJ 1976** | 911 Coupé | 2.7 | 34.350 | |
| | 911 Targa | 2.7 | 36.850 | |
| | Carrera Coupé | 3.0 | 44.950 | |
| | Carrera Targa | 3.0 | 46.950 | |
| | Turbo Coupé | 3.0 | 66.450 | |
| **MJ 1977** | 911 Coupé | 2.7 | 37.300 | |
| | 911 Targa | 2.7 | 39.800 | |
| | Carrera Coupé | 3.0 | 47.700 | |
| | Carrera Targa | 3.0 | 50.200 | |
| | Turbo Coupé | 3.0 | 70.000 | |
| **MJ 1978** | SC Coupé | 3.0 | 41.850 | |
| | SC Targa | 3.0 | 44.790 | |
| | Turbo Coupé | 3.3 | 79.900 | |
| **MJ 1979** | SC Coupé | 3.0 | 42.950 | |
| | SC Targa | 3.0 | 45.890 | |
| | Turbo Coupé | 3.3 | 79.900 | |
| **MJ 1982** | SC Coupé | 3.0 | 53.600 | |
| | SC Targa | 3.0 | 56.700 | |
| | Turbo Coupé | 3.3 | 92.800 | |

| | | | | |
|---|---|---|---|---|
| **MJ 1984** | Carrera Coupé | 3.2 | 68.560 | |
| | Carrera Targa | 3.2 | 71.660 | |
| | Carrera Cabriolet | 3.2 | 75.980 | |
| | Turbo-Look | 3.2 | | + 25.950 |
| | Turbo Coupé | 3.3 | 114.000 | |
| **MJ 1985** | Carrera Coupé | 3.2 | 72.000 | |
| | Carrera Targa | 3.2 | 76.000 | |
| | Carrera Cabriolet | 3.2 | 82.000 | |
| | Turbo-Look | 3.2 | | + 27.950 |
| | Turbo Coupé | 3.3 | 119.000 | |
| **MJ 1986** | Carrera Coupé | 3.2 | 72.250 | |
| | Carrera Targa | 3.2 | 79.250 | |
| | Carrera Cabriolet | 3.2 | 85.250 | |
| | Turbo-Look | 3.2 | | + 29.350 |
| | Turbo Coupé | 3.3 | 125.000 | |
| **MJ 1987** | Carrera Coupé | 3.2 | 80.500 | |
| | Carrera Targa | 3.2 | 84.600 | |
| | Carrera Cabriolet | 3.2 | 90.800 | |
| | Turbo-Look | 3.2 | | + 29.350 |
| | Club Sport | 3.2 | 80.500 | |
| | Turbo Coupé | 3.3 | 127.850 | |
| | Turbo Targa | 3.3 | 134.850 | |
| | Turbo Cabriolet | 3.3 | 147.850 | |
| **MJ 1988** | Carrera Coupé | 3.2 | 83.700 | |
| | Carrera Targa | 3.2 | 88.000 | |
| | Carrera Cabriolet | 3.2 | 94.200 | |
| | Turbo-Look | 3.2 | | + 29.750 |
| | Club Sport | 3.2 | 83.700 | |
| | Speedster | 3.2 | 110.000 | |
| | Turbo Coupé | 3.3 | 133.500 | |
| | Turbo Targa | 3.3 | 140.500 | |
| | Turbo Cabriolet | 3.3 | 155.000 | |
| **MJ 1989** | Carrera Coupé | 3.2 | 86.000 | |
| | Carrera Targa | 3.2 | 90.500 | |
| | Carrera Cabriolet | 3.2 | 96.800 | |
| | Turbo-Look | 3.2 | | + 29.790 |
| | Club Sport | 3.2 | 83.700 | |
| | Speedster | 3.2 | 110.000 | |
| | Turbo Coupé | 3.3 | 138.800 | |
| | Turbo Targa | 3.3 | 146.000 | |
| | Turbo Cabriolet | 3.3 | 160.900 | |

Ende 1988 konnte das neu eingeführte 964 Carrera 4 Coupé bestellt werden. Der Preis lag bei 114.500 DM, verfügbar war es erst gegen Ende des Jahres 1989.

## Modellübersicht
## 1973 bis 1989

| | | | |
|---|---|---|---|
| **Vorgestellt** | September 1973 | Frankfurt | |
| **Hergestellt** | Modelljahre (MJ) 1974 bis 1989 | | |
| **Modell** | G, H, I, K, L, M, N | | |
| **Programm** | A, B, C, D, E, F, G, H, J, K | | |
| | | **Modelljahre** | |
| **Varianten** | Coupé | 1974–1989 | 911 und Turbo |
| | Coupé | 1987–1988 | 959 and 959 S |
| | Targa | 1974–1989 | 911 |
| | Targa | 1987–1989 | Turbo |
| | Cabriolet | 1983–1989 | 911 |
| | Cabriolet | 1987–1989 | Turbo |
| **Karosserie-Variante** | Standard Breite | 1974–1989 | 911 |
| | Breitbau | 1975–1989 | Turbo |
| | Turbo-Look M491 | 1984–1989 | 3.2 Carrera |
| | 959 | 1987–1989 | 959 und 959 S |
| **Besondere Varianten** | 2.7 Carrera MFI | 1976 | |
| | SC 3.1 L | 1978–1980 | |
| | Turbo Flachbau M506 | 1982–1989 | |
| | Turbo SE | 1982–1989 | Nur UK |
| | Turbo S M148 | 1984–1989 | |
| | Club Sport Coupé M637 | 1987–1988 | |
| | Club Sport Coupé M637 | 1989 | Sonderbestellung |
| | Turbo LE | 1989 | Nur UK |
| | Speedster M503 | 1989 | |
| **Special Editions** | Silberjubiläums-Edition | 1975 | 25 Jahre Porsche |
| | Signature Edition | 1976 | Ferry Porsche |
| | Weissach Edition M439 | 1980 | Weissach Tribute |
| | 50. Geburtstags-Edition M403 | 1982 | 50 Jahre Porsche |
| | Jubiläums-Edition | 1988 | 250.000. 911 |
| | Geburtstags-Edition | 1989 | 25 Jahre 911 |
| **Wettbewerb** | 954 SCRS | 1984 | |
| | 953 4×4 | 1984 | Allradantrieb |
| | Carrera RS 3.0 | 1984 | |
| | 959 | 1985–1986 | |
| | 961 | 1986–1987 | |

| | | | |
|---|---|---|---|
| **Länge** | 4.291 mm | 911 | |
| | 4.260 mm | 959 | |
| **Breite** | 1.610 mm | 911 | 1974-1977 |
| | 1.652 mm | 911 | 1976-1989 |
| | 1.775 mm | 911 Turbo | 1975-1989 |
| | 1.775 mm | Turbo-Look | 1984-1989 |
| | 1.840 mm | 959 | 1987-1988 |
| **Höhe** | 1.320 mm | 911 | 1974-1989 |
| | 1.280 mm (120 mm Bodenfreiheit) | 959 | 1987-1988 |
| **Radstand** | 2.272 mm | | |

## Leergewicht

| Modell | | MJ | DIN Gewicht |
|---|---|---|---|
| 911 | | 1965-1966 | 1.080 kg |
| 911 | | 1966-1967 | 1.080 kg |
| 911 | T | 1968-1969 | 1.080 kg |
| 911 | L | 1968-1969 | 1.080 kg |
| 911 | S | 1968-1969 | 1.030 kg |
| 911 | T | 1970-1971 | 1.020 kg |
| 911 | E | 1970-1971 | 1.020 kg |
| 911 | S | 1970-1971 | 1.020 kg |
| 911 | T | 1972-1973 | 1.050 kg |
| 911 | E | 1972-1973 | 1.075 kg |
| 911 | S | 1972 -1973 | 1.075 kg |
| 911 | Carrera RS 2.7 | 1973 | 1.075 kg |
| 911 | | 1974 | 1.075 kg |
| 911 | S | 1974 | 1.075 kg |
| 911 | Carrera 2.7 | 1974-1975 | 1.075 kg |
| 911 | | 1975 | 1.075 kg |
| 911 | S | 1975 | 1.075 kg |
| 911 | Turbo 3.0 | 1975 | 1.140 kg |
| 911 | | 1976 | 1.120 kg |
| 911 | Carrera 3.0 | 1976 | 1.120 kg |
| 911 | Turbo 3.0 | 1976 | 1.195 kg |
| 911 | | 1977 | 1.120 kg |
| 911 | Carrera 3.0 | 1977 | 1.120 kg |
| 911 | Turbo 3.0 | 1977 | 1.195 kg |
| 911 | SC | 1978-1979 | 1.160 kg |
| 911 | Turbo 3.3 | 1978-1979 | 1.300 kg |
| 911 | SC | 1980 | 1.160 kg |
| 911 | Turbo 3.3 | 1980 | 1.300 kg |
| 911 | SC | 1981-1983 | 1.160 kg |
| 911 | Turbo 3.3 | 1981-1983 | 1.300 kg |
| 911 | 3.2 Carrera | 1984 | 1.160 kg |
| 911 | Turbo 3.3 | 1984 | 1.300 kg |
| 911 | 3.2 Carrera | 1985-1986 | 1.160 kg |
| 911 | Turbo 3.3 | 1985-1986 | 1.300 kg |
| 911 | 3.2 Carrera | 1987 | 1.210 kg |
| 911 | 3.2 Carrera Club Sport | 1987 | 1.160 kg |
| 911 | Turbo 3.3 | 1987 | 1.335 kg |
| 959 | | 1987 | 1.450 kg |
| 911 | 3.2 Carrera | 1988 | 1.210 kg |
| 911 | Turbo 3.3 | 1988 | 1.335 kg |
| 959 | | 1988 | 1.450 kg |
| 911 | 3.2 Carrera | 1989 | 1.210 kg |
| 911 | 3.2 Carrera (Katalysator) | 1989 | 1.230 kg |
| 911 | 3.2 Carrera Speedster | 1989 | 1.140 kg |
| 911 | Turbo 3.3 | 1989 | 1.335 kg |

Bei den von Porsche angegebenen Zahlen handelt es sich um die DIN-Leergewichte (Deutsches Institut für Normung), die das Gewicht des Fahrzeugs (Leergewicht) einschließlich Flüssigkeiten und 90 Prozent Kraftstoff ohne Fahrer und Gepäck angeben. Das tatsächliche Gewicht des Fahrzeugs ist geringer, mit Standardausrüstung und in fahrbereitem Zustand mit Wasser, Öl und Ersatzrad, aber ohne Kraftstoff und ohne Werkzeug. Das Trockengewicht ist sogar noch niedriger, wenn das Fahrzeug vollkommen leer ist, was dem Versandgewicht entspricht.

Ein Beispiel: Für die Homologation des 911 S im Jahr 1974 gab Porsche ein Gewicht von 990 kg und ein Leergewicht nach DIN 70020 von 1.075 kg an.

**Das Modellprogramm für 1987 (v.l.n.r.): 944 Turbo, 928 S4, 924 S, 911 Turbo 3.3 Coupé, 944 S, 959 und 911 Carrera 3.2 Cabrio**

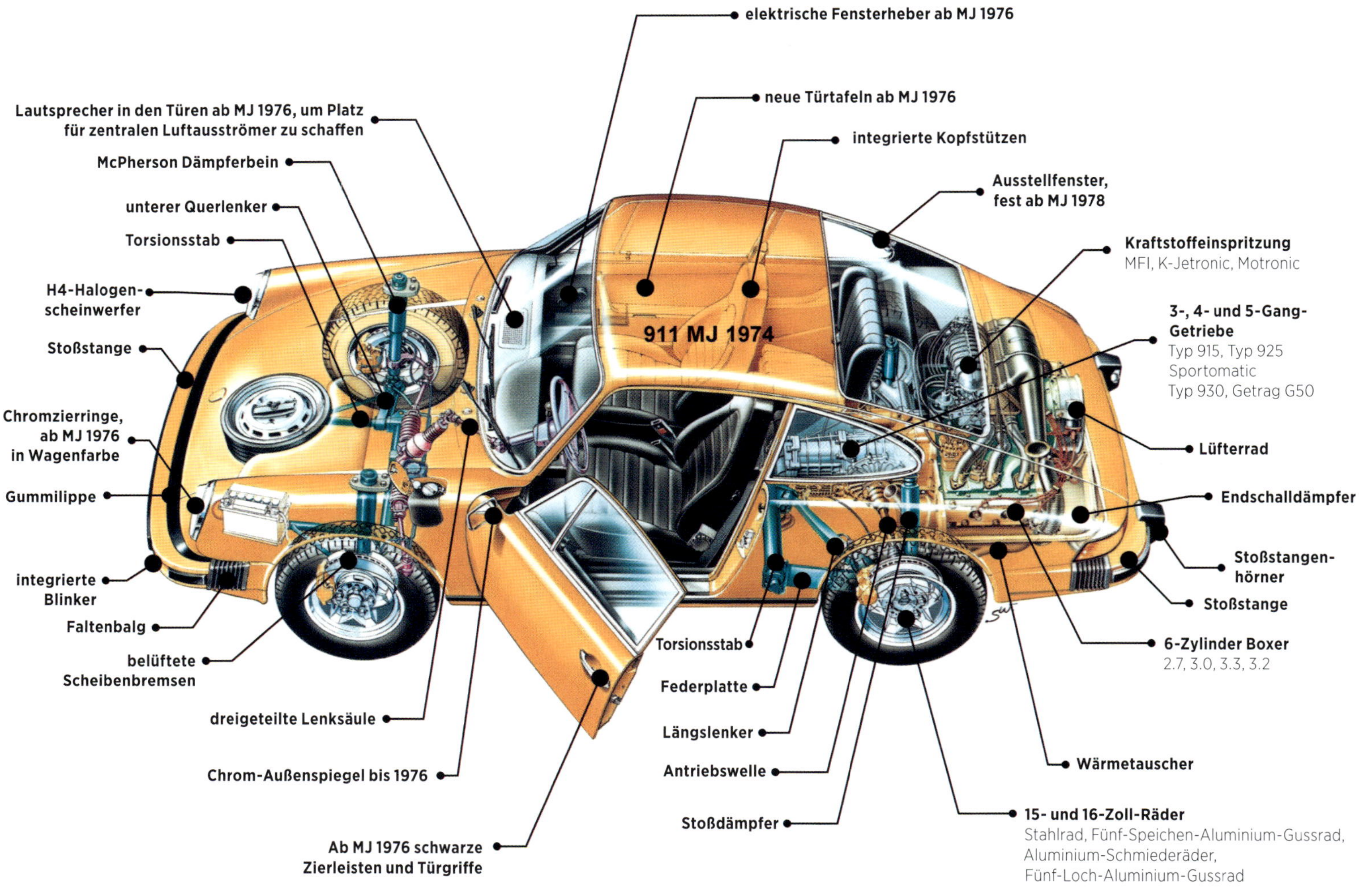
elektrische Fensterheber ab MJ 1976
neue Türtafeln ab MJ 1976
integrierte Kopfstützen
Lautsprecher in den Türen ab MJ 1976, um Platz für zentralen Luftausströmer zu schaffen
McPherson Dämpferbein
unterer Querlenker
Torsionsstab
Ausstellfenster, fest ab MJ 1978
Kraftstoffeinspritzung
MFI, K-Jetronic, Motronic
H4-Halogen-scheinwerfer
911 MJ 1974
3-, 4- und 5-Gang-Getriebe
Typ 915, Typ 925
Sportomatic
Typ 930, Getrag G50
Stoßstange
Chromzierringe, ab MJ 1976 in Wagenfarbe
Lüfterrad
Gummilippe
Endschalldämpfer
integrierte Blinker
Stoßstangen-hörner
Stoßstange
Faltenbalg
belüftete Scheibenbremsen
Torsionsstab
6-Zylinder Boxer
2.7, 3.0, 3.3, 3.2
Federplatte
dreigeteilte Lenksäule
Längslenker
Wärmetauscher
Chrom-Außenspiegel bis 1976
Antriebswelle
15- und 16-Zoll-Räder
Stahlrad, Fünf-Speichen-Aluminium-Gussrad, Aluminium-Schmiederäder, Fünf-Loch-Aluminium-Gussrad
Stoßdämpfer
Ab MJ 1976 schwarze Zierleisten und Türgriffe

## Technische Daten
## 1973 bis 1989

| | | | |
|---|---|---|---|
| **Motortyp** | Typ 911 | 2.7 | |
| | Typ 930 | 3.0, 3.2 | |
| | Typ 930 | 3.0, 3.3 Turbo | |
| | Typ 959 | 2.8 Twin-Turbo | |
| **Bohrung/Hub** | Überquadratisch | | |
| | 90 x 70,4 mm | 2.687 cm³ | 911 |
| | 95 x 70,4 mm | 2.994 cm³ | 911/911 Turbo |
| | 95 x 74,4 mm | 3.164 cm³ | 911 |
| | 97 x 74,4 mm | 3.299 cm³ | 911 Turbo |
| | 95 x 67 mm | 2.848 cm³ | 959 |
| **Zylinder** | 6 Zylinder | horizontal gegenüberliegend | |
| **Kühlung** | Luftgekühlt | riemengetriebener Kühlluftventilator | |
| **Schmierung** | Öl | Trockensumpf | |
| **Motor** | zweiteiliges Kurbelgehäuse | Aluminiumguss | |
| | Kurbelwelle (1) | Stahl, geschmiedet | |
| | Pleuel (6) | Stahl, geschmiedet | |
| | Kolben (6) | Aluminum, geschmiedet | |
| | Zylinder (6) | Aluminium, nikasilbeschichtet | |
| **Zylinderköpfe** | Leichtmetall (6) | 911/911 Turbo | |
| | Leichtmetall, wassergekühlt (2) | 959 | |
| **Nockenwellenlager** | Leichtmetall (2) | | |
| **Nockenwelle** | kettengetrieben | | |
| | eine pro Zylinderreihe, obenliegend | 911/911 Turbo | |
| | zwei obenliegende pro Zylinderreihe | 959 | |
| **Ventile** | oben, v-förmig hängend | | |
| | 1 Einlass/1 Auslass | 911/911 Turbo | |
| | 2 Einlass/2 Auslass | 959 | |
| **Kraftstoffversorgung** | Mechanische Kraftstoffeinspritzung (MFI) | 911 Carrera | 1974 |
| | Bosch K-Jetronic (CIS) | 911 | 1974–1983 |
| | Bosch K-Jetronic (CIS) | 911 Turbo | 1975–1989 |
| | Bosch Motronic (DME) | 911/959 | 1984–1989 |

| | | | |
|---|---|---|---|
| **Turbolader** | einfach, KKK | 911 Turbo 3.0 | 1975–1977 |
| | einfach, KKK mit Ladeluftkühler | 911 Turbo 3.3 | 1978–1989 |
| | doppelt, KKK mit Ladeluftkühlern | 959 | |
| **Elektrik** | 12V | | |
| **Zündfolge** | 1-6-2-4-3-5 | Viertakt | |
| **Getriebe** | Typ 915: 4-/5-Gang | 911 | 1974–1986 |
| | Sportomatic: 3-/4-Gang | 911 | 1974–1981 |
| | Type 930: 4-Gang | 911 Turbo | 1975–1988 |
| | Getrag G50: 5-Gang | 911 | 1987–1989 |
| | Getrag G50: 5-Gang | 911 Turbo | 1989 |
| | Getrag G59: 6-Gang | 959 | 1987–1988 |
| **Antrieb** | Hinterräder | 911/930 | |
| | Allrad PSK | 959 | |
| **Chassis/Karosserie** | zweitürig, selbsttragend | Ganzstahl | |
| **Aufhängung** | Drehstäbe | 911/911 Turbo | |
| | vorn Querlenker unten | 911/911 Turbo | |
| | hinten Längslenker | 911/911 Turbo | |
| | Stoßdämpfer: Koni/Boge/Bilstein | 911/911 Turbo | 1974–1977 |
| | Stoßdämpfer: Boge/Bilstein | 911/911 Turbo | 1978–1989 |
| | Zwei Dreiecksquerlenker | 959 | |
| | Einstellbare Dämpferhärte, Niveauregulierung | 959 | |
| | Federbeine & Schraubenfedern | 959 S | |
| **Bremsen** | Belüftete Scheiben | | |
| | Hydraulisches Zweikreissystem | | |
| | Servounterstützt | | 1977–1989 |
| | 917 Bremsanlage | 911 Turbo | 1978–1989 |
| | 917 Bremsanlage | Turbo-Look | 1984–1989 |
| | ABS | 959 | |
| **Lenkung** | ZF-Zahnstange | | |
| | Servounterstützung | 911 Turbo/959 | |
| **Räder** | Stahl | 911 | |
| | Fuchs-Schmiederad | 911/911 Turbo | |
| | Aluminiumguss (fünf Speichen) | 911 | 1974–1983 |
| | Aluminiumguss (Fünfloch) | 911 | 1984–1989 |
| | Magnesiumguss, hohl | 959 | |

## Modell-Datenbank
## Chassis/VIN

Diese Modelldatenbank wurde aus Informationen der Porsche AG zusammengestellt und enthält die relevanten Spezifikationen für jedes Modell und jeden Typ des 911, der zwischen Modelljahr 1974 und Modelljahr 1989 produziert wurde, einschließlich Typ, Modell, Variante, Modelljahr, Fahrgestellnummer, Motorspezifikation, Motortyp, Motornummer, Leistung, Getriebetyp und Getriebenummer.
Siehe Identifikationsarten und -nummern an anderer Stelle in diesem Buch für die spezifische Fahrgestell- und Motornummerndecodierung.

| Typ | Modell | Variante | cm$^3$ | Land | MJ | ISO | Chassis Nr. | | Motortyp | Leistung kW/PS | | Sportomatic |
|---|---|---|---|---|---|---|---|---|---|---|---|---|
| Modelljahr 1974 bis 1979: 10-stellige Nr. mit Typ, Modelljahr, Motor, Karosserie und fortlaufender Chassis-Nr. | | | | | | | | | | | | |
| **911** | | Coupé | 2.7 | | 74 | 4 | 91141 | 00001>> | 911/92 & 911/97 | 110 kW | 150 PS | SPM |
| **911** | | Targa | 2.7 | | 74 | 4 | 91141 | 10001>> | 911/92 & 911/97 | 110 kW | 150 PS | SPM |
| **911** | S | Coupé | 2.7 | | 74 | 4 | 91143 | 00001>> | 911/93 & 911/98 | 129 kW | 175 PS | SPM |
| **911** | S | Targa | 2.7 | | 74 | 4 | 91143 | 10001>> | 911/93 & 911/98 | 129 kW | 175 PS | SPM |
| **911** | Carrera | Coupé | 2.7 | | 74 | 4 | 91146 | 00001>> | 911/83 | 154 kW | 209 PS | |
| **911** | Carrera | Targa | 2.7 | | 74 | 4 | 91146 | 10001>> | 911/83 | 154 kW | 209 PS | |
| **911** | Carrera | Coupé | 2.7 | (USA)(CDN) | 74 | 4 | 91144 | 00001>> | 911/93 & 911/98 | 129 kW | 175 PS | SPM |
| **911** | Carrera | Targa | 2.7 | (USA)(CDN) | 74 | 4 | 91144 | 10001>> | 911/93 & 911/98 | 129 kW | 175 PS | SPM |
| **911** | Carrera RS | Coupé | 3.0 | | 74 | 4 | 91146 | 09000>> | 911/77 | 170 kW | 231 PS | |
| | | | | | | | | | | | | |
| **911** | | Coupé | 2.7 | | 75 | 5 | 91151 | 00001>> | 911/41 & 911/46 | 110 kW | 150 PS | SPM |
| **911** | | Targa | 2.7 | | 75 | 5 | 91151 | 10001>> | 911/41 & 911/46 | 110 kW | 150 PS | SPM |
| **911** | S | Coupé | 2.7 | | 75 | 5 | 91153 | 00001>> | 911/42 & 911/47 | 129 kW | 175 PS | SPM |
| **911** | S | Targa | 2.7 | | 75 | 5 | 91153 | 10001>> | 911/42 & 911/47 | 129 kW | 175 PS | SPM |
| **911** | Carrera | Coupé | 2.7 | | 75 | 5 | 91156 | 00001>> | 911/83 | 154 kW | 210 PS | |
| **911** | Carrera | Targa | 2.7 | | 75 | 5 | 91156 | 10001>> | 911/83 | 154 kW | 210 PS | |
| **911** | S | Coupé | 2.7 | (USA)(CDN) | 75 | 5 | 91152 | 00001>> | 911/43 & 911/48 | 121 kW | 165 PS | SPM |
| **911** | S | Targa | 2.7 | (USA)(CDN) | 75 | 5 | 91152 | 10001>> | 911/43 & 911/48 | 121 kW | 165 PS | SPM |
| **911** | Carrera | Coupé | 2.7 | (USA)(CDN) | 75 | 5 | 91154 | 00001>> | 911/43 & 911/48 | 121 kW | 165 PS | SPM |
| **911** | Carrera | Targa | 2.7 | (USA)(CDN) | 75 | 5 | 91154 | 10001>> | 911/43 & 911/48 | 121 kW | 165 PS | SPM |
| **911** | S | Coupé | 2.7 | (CAL) | 75 | 5 | 91152 | 00001>> | 911/44 & 911/49 | 118 kW | 160 PS | SPM |
| **911** | S | Targa | 2.7 | (CAL) | 75 | 5 | 91152 | 10001>> | 911/44 & 911/49 | 118 kW | 160 PS | SPM |
| **911** | Carrera | Coupé | 2.7 | (CAL) | 75 | 5 | 91154 | 00001>> | 911/44 & 911/49 | 118 kW | 160 PS | SPM |
| **911** | Carrera | Targa | 2.7 | (CAL) | 75 | 5 | 91154 | 10001>> | 911/44 & 911/49 | 118 kW | 160 PS | SPM |
| **911** | Turbo | Coupé | 3.0 | | 75 | 5 | 93057 | 0001>> | 930/50 | 191 kW | 260 PS | |
| | | | | | | | | | | | | |
| **911** | | Coupé | 2.7 | | 76 | 6 | 91163 | 00001>> | 911/81 & 911/86 | 121 kW | 165 PS | SPM |
| **911** | | Targa | 2.7 | | 76 | 6 | 91163 | 10001>> | 911/81 & 911/86 | 121 kW | 165 PS | SPM |
| **911** | Carrera | Coupé | 2.7 | | 76 | 6 | 91166 | 09001>> | 911/83 | 154 kW | 210 PS | |
| **911** | Carrera | Targa | 2.7 | | 76 | 6 | 91166 | 19001>> | 911/83 | 154 kW | 210 PS | |
| **911** | Carrera 3.0 | Coupé | 3.0 | | 76 | 6 | 91166 | 00001>> | 930/02 & 930/12 | 147 kW | 200 PS | SPM |
| **911** | Carrera 3.0 | Targa | 3.0 | | 76 | 6 | 91166 | 10001>> | 930/02 & 930/12 | 147 kW | 200 PS | SPM |

| Typ | Modell | Variante | cm$^3$ | Land | MJ | ISO | Chassis Nr. | | Motortyp | Leistung kW/PS | | Sportomatic |
|---|---|---|---|---|---|---|---|---|---|---|---|---|
| **912** | E | Coupé | 2.0 | (USA)(CDN) | 76 | 6 | 91260 | 00001>> | 923/02 | 66 kW | 90 PS | |
| **911** | S | Coupé | 2.7 | (USA)(CDN) | 76 | 6 | 91162 | 00001>> | 911/82 & 911/89 | 121 kW | 165 PS | SPM |
| **911** | S | Targa | 2.7 | (USA)(CDN) | 76 | 6 | 91162 | 10001>> | 911/82 & 911/89 | 121 kW | 165 PS | SPM |
| **911** | S | Coupé | 2.7 | (CAL) | 76 | 6 | 91162 | 00001>> | 911/84 | 121 kW | 165 PS | |
| **911** | S | Targa | 2.7 | (CAL) | 76 | 6 | 91162 | 10001>> | 911/84 | 121 kW | 165 PS | |
| **911** | | Coupé | 2.7 | (J) | 76 | 6 | 91161 | 00001>> | 911/41 | 110 kW | 150 PS | |
| **911** | | Targa | 2.7 | (J) | 76 | 6 | 91161 | 10001>> | 911/41 | 110 kW | 150 PS | |
| **911** | S | Coupé | 2.7 | (J) | 76 | 6 | 91163 | 00001>> | 911/81 & 911/86 | 121 kW | 165 PS | SPM |
| **911** | S | Targa | 2.7 | (J) | 76 | 6 | 91163 | 10001>> | 911/81 & 911/86 | 121 kW | 165 PS | SPM |
| **911** | Turbo | Coupé | 3.0 | | 76 | 6 | 93067 | 0001>> | 930/52 | 191 kW | 260 PS | |
| **911** | Turbo | Coupé | 3.0 | (J) | 76 | 6 | 93067 | 0001>> | 930/52 | 191 kW | 260 PS | |
| **911** | Turbo Carrera | Coupé | 3.0 | (USA)(CDN) | 76 | 6 | 93068 | 0001>> | 930/51 | 180 kW | 245 PS | |
| **911** | | Coupé | 2.7 | | 77 | 7 | 91173 | 00001>> | 911/81 & 911/86 | 121 kW | 165 PS | SPM |
| **911** | | Targa | 2.7 | | 77 | 7 | 91173 | 10001>> | 911/81 & 911/86 | 121 kW | 165 PS | SPM |
| **911** | Carrera | Coupé | 3.0 | | 77 | 7 | 91176 | 00001>> | 930/02 & 930/12 | 147 kW | 200 PS | SPM |
| **911** | Carrera | Targa | 3.0 | | 77 | 7 | 91176 | 10001>> | 930/02 & 930/12 | 147 kW | 200 PS | SPM |
| **911** | S | Coupé | 2.7 | (USA)(CDN) | 77 | 7 | 91172 | 00001>> | 911/85 & 911/90 | 121 kW | 165 PS | SPM |
| **911** | S | Targa | 2.7 | (USA)(CDN) | 77 | 7 | 91172 | 10001>> | 911/85 & 911/90 | 121 kW | 165 PS | SPM |
| **911** | S | Coupé | 2.7 | (J) | 77 | 7 | 91173 | 00001>> | 911/94 & 911/99 | 121 kW | 165 PS | SPM |
| **911** | S | Targa | 2.7 | (J) | 77 | 7 | 91173 | 10001>> | 911/94 & 911/99 | 121 kW | 165 PS | SPM |
| **911** | Turbo | Coupé | 3.0 | | 77 | 7 | 93077 | 0001>> | 930/52 | 191 kW | 260 PS | |
| **911** | Turbo | Coupé | 3.0 | (J) | 77 | 7 | 93077 | 0001>> | 930/54 | 180 kW | 245 PS | |
| **911** | Turbo Carrera | Coupé | 3.0 | (USA)(CDN) | 77 | 7 | 93078 | 0001>> | 930/53 | 180 kW | 245 PS | |
| **911** | SC | Coupé | 3.0 | | 78 | 8 | 91183 | 00001>10000 | 930/03 & 930/13 | 132 kW | 180 PS | SPM |
| **911** | SC | Targa | 3.0 | | 78 | 8 | 91183 | 10001>> | 930/03 & 930/13 | 132 kW | 180 PS | SPM |
| **911** | SC | Coupé | 3.0 | (USA)(CDN) (CAL) | 78 | 8 | 91182 | 00001>10000 | 930/04 & 930/06 | 132 kW | 180 PS | SPM |
| **911** | SC | Targa | 3.0 | (USA)(CDN) (CAL) | 78 | 8 | 91182 | 10001>> | 930/04 & 930/06 | 132 kW | 180 PS | SPM |
| **911** | SC | Coupé | 3.0 | (J) | 78 | 8 | 91183 | 09501>19500 | 930/05 & 930/15 | 132 kW | 180 PS | SPM |
| **911** | SC | Targa | 3.0 | (J) | 78 | 8 | 91183 | 19501>> | 930/05 & 930/15 | 132 kW | 180 PS | SPM |
| **911** | Turbo | Coupé | 3.3 | | 78 | 8 | 93087 | 00001>> | 930/60 | 221 kW | 300 PS | |
| **911** | Turbo | Coupé | 3.3 | (USA)(CDN) (CAL) | 78 | 8 | 93088 | 00001>> | 930/61 & 930/63 | 195 kW | 265 PS | |
| **911** | Turbo | Coupé | 3.3 | (J) | 78 | 8 | 93087 | 09501>> | 930/62 | 195 kW | 265 PS | |
| **911** | SC | Coupé | 3.0 | | 79 | 9 | 91193 | 00001>10000 | 930/03 & 930/13 | 132 kW | 180 PS | SPM |
| **911** | SC | Targa | 3.0 | | 79 | 9 | 91193 | 10000>> | 930/03 & 930/13 | 132 kW | 180 PS | SPM |
| **911** | SC | Coupé | 3.0 | (USA)(CDN) (CAL) | 79 | 9 | 91192 | 00001>10000 | 930/04 & 930/06 | 132 kW | 180 PS | SPM |
| **911** | SC | Targa | 3.0 | (USA)(CDN) (CAL) | 79 | 9 | 91192 | 10001>> | 930/04 & 930/06 | 132 kW | 180 PS | SPM |

| Typ | Modell | Variante | $cm^3$ | Land | MJ | ISO | Chassis Nr. | | Motortyp | Leistung kW/PS | | Sportomatic |
|---|---|---|---|---|---|---|---|---|---|---|---|---|
| **911** | SC | Coupé | 3.0 | (J) | 79 | 9 | 91193 | 09501>> | 930/05 & 930/15 | 132 kW | 180 PS | SPM |
| **911** | SC | Targa | 3.0 | (J) | 79 | 9 | 91193 | 19501>> | 930/05 & 930/15 | 132 kW | 180 PS | SPM |
| **911** | Turbo | Coupé | 3.3 | | 79 | 9 | 93097 | 00001>> | 930/60 | 221 kW | 300 PS | |
| **911** | Turbo | Coupé | 3.3 | (USA)(CDN) (CAL) | 79 | 9 | 93098 | 00001>> | 930/64 & 930/63 | 195 kW | 265 PS | |
| **911** | Turbo | Coupé | 3.3 | (J) | 79 | 9 | 93097 | 09501>> | 930/65 | 195 kW | 265 PS | |

Modelljahr 1980: 10-stellige Nummer mit Typ (erste zwei Ziffern), Modelljahr, Herstellerstandort, Typ (letzte Ziffer), Motor und fortlaufender Chassis-Nr. Der Karosserietyp entfiel und beim SC gab es keinen Hinweis auf Coupé oder Targa.

| | | | | | | | | | | | | |
|---|---|---|---|---|---|---|---|---|---|---|---|---|
| **911** | SC | Coupé/ Targa | 3.0 | | 80 | A | 91A01 | 30001>39999 | 930/09 & 930/19 | 138 kW | 188 PS | SPM |
| **911** | SC | Coupé/ Targa | 3.0 | (USA)(CDN) | 80 | A | 91A01 | 40001>49999 | 930/07 | 132 kW | 180 PS | |
| **911** | SC | Coupé/ Targa | 3.0 | (J) | 80 | A | 91A01 | 30001>39999 | 930/08 | 132 kW | 180 PS | |
| **911** | Turbo | Coupé | 3.3 | | 80 | A | 93A00 | 70001>79999 | 930/60 | 221 kW | 300 PS | |
| **911** | Turbo | Coupé | 3.3 | (J) | 80 | A | 93A00 | 70001>79999 | 930/65 | 195 kW | 265 PS | |

Modelljahr 1981 bis 1989: 17-stellige FIN mit Hersteller-Weltcode, USA-spezifischen Codes, Typ (erste zwei Ziffern), Prüfzeichen, Modelljahr, Herstellerstandort, Typ (letzte Ziffer), Karosseriecode und fortlaufender Chassis-Nr.

| | | | | | | | | | | | | |
|---|---|---|---|---|---|---|---|---|---|---|---|---|
| **911** | SC | Coupé | 3.0 | | 81 | B | 91BS1 | 00001>05000 | 930/10 | 150 kW | 204 PS | |
| **911** | SC | Targa | 3.0 | | 81 | B | 91BS1 | 40001>45000 | 930/10 | 150 kW | 204 PS | |
| **911** | SC | Coupé | 3.0 | (USA)(CDN) | 81 | B | 91BS1 | 20001>25000 | 930/16 | 132 kW | 180 PS | |
| **911** | SC | Targa | 3.0 | (USA)(CDN) | 81 | B | 91BS1 | 60001>65000 | 930/16 | 132 kW | 180 PS | |
| **911** | SC | Coupé | 3.0 | (J) | 81 | B | 91BS1 | 29500>29999 | 930/17 | 132 kW | 180 PS | |
| **911** | SC | Targa | 3.0 | (J) | 81 | B | 91BS1 | 69500>69999 | 930/17 | 132 kW | 180 PS | |
| **911** | Turbo | Coupé | 3.3 | | 81 | B | 93BS0 | 00001>02000 | 930/60 | 221 kW | 300 PS | |
| **911** | Turbo | Coupé | 3.3 | (CDN) | 81 | B | 93BS0 | 50001>52000 | 930/60 | 221 kW | 300 PS | |
| | | | | | | | | | | | | |
| **911** | SC | Coupé | 3.0 | | 82 | C | 91CS1 | 00001>05000 | 930/10 | 150 kW | 204 PS | |
| **911** | SC | Targa | 3.0 | | 82 | C | 91CS1 | 40001>45000 | 930/10 | 150 kW | 204 PS | |
| **911** | SC | Coupé | 3.0 | (USA)(CDN) | 82 | C | 91CS1 | 20001>25000 | 930/16 | 132 kW | 180 PS | |
| **911** | SC | Targa | 3.0 | (USA)(CDN) | 82 | C | 91CS1 | 60001>65000 | 930/16 | 132 kW | 180 PS | |
| **911** | SC | Coupé | 3.0 | (J) | 82 | C | 91CS1 | 09500>09999 | 930/17 | 132 kW | 180 PS | |
| **911** | SC | Targa | 3.0 | (J) | 82 | C | 91CS1 | 49500>49999 | 930/17 | 132 kW | 180 PS | |
| **911** | Turbo | Coupé | 3.3 | | 82 | C | 93CS0 | 00001>02000 | 930/60 | 221 kW | 300 PS | |
| **911** | Turbo | Coupé | 3.3 | (CDN) | 82 | C | 93CS0 | 50001>52000 | 930/60 | 221 kW | 300 PS | |
| | | | | | | | | | | | | |
| **911** | SC | Coupé | 3.0 | | 83 | D | 91DS1 | 00001>05000 | 930/10 | 150 kW | 204 PS | |
| **911** | SC | Targa | 3.0 | | 83 | D | 91DS1 | 40001>45000 | 930/10 | 150 kW | 204 PS | |
| **911** | SC | Cabrio | 3.0 | | 83 | D | 91DS1 | 50001>55000 | 930/10 | 150 kW | 204 PS | |
| **911** | SC | Coupé | 3.0 | (USA)(CDN) | 83 | D | 91DS1 | 20001>25000 | 930/16 | 132 kW | 180 PS | |
| **911** | SC | Targa | 3.0 | (USA)(CDN) | 83 | D | 91DS1 | 60001>65000 | 930/16 | 132 kW | 180 PS | |
| **911** | SC | Cabrio | 3.0 | (USA)(CDN) | 83 | D | 91DS1 | 70001>75000 | 930/16 | 132 kW | 180 PS | |

| Typ | Modell | Variante | cm$^3$ | Land | MJ | ISO | Chassis Nr. | | Motortyp | Leistung kW/PS | | Sportomatic |
|---|---|---|---|---|---|---|---|---|---|---|---|---|
| **911** | SC | Coupé | 3.0 | (J) | 83 | D | 91DS1 | 09501>09999 | 930/17 | 132 kW | 180 PS | |
| **911** | SC | Targa | 3.0 | (J) | 83 | D | 91DS1 | 49501>49999 | 930/17 | 132 kW | 180 PS | |
| **911** | SC | Cabrio | 3.0 | (J) | 83 | D | 91DS1 | 59501>59999 | 930/17 | 132 kW | 180 PS | |
| **911** | Turbo | Coupé | 3.3 | | 83 | D | 93DS0 | 00001>02000 | 930/66 | 221 kW | 300 PS | |
| **911** | Turbo | Coupé | 3.3 | (CDN) | 83 | D | 93DS0 | 50001>52000 | 930/66 | 221 kW | 300 PS | |
| | | | | | | | | | | | | |
| **911** | SCRS | Coupé | 3.0 | | 84 | E | 91ES1 | 10001>10021 | 930/18 | 190 kW | 258 PS | |
| **911** | 953 | Coupé 4x4 | 3.2 | | 84 | E | 91ES1 | 00020>00022 | 953/84 | 170 kW | 231 PS | |
| **911** | Carrera | Coupé/ Turbo-Look | 3.2 | | 84 | E | 91ES1 | 00001>05000 | 930/20 | 170 kW | 231 PS | |
| **911** | Carrera | Targa | 3.2 | | 84 | E | 91ES1 | 40001>45000 | 930/20 | 170 kW | 231 PS | |
| **911** | Carrera | Cabrio | 3.2 | | 84 | E | 91ES1 | 50001>55000 | 930/20 | 170 kW | 231 PS | |
| **911** | Carrera | Coupé/ Turbo-Look | 3.2 | (J) | 84 | E | 91ES1 | 09501>09999 | 930/21 | 152 kW | 207 PS | |
| **911** | Carrera | Targa | 3.2 | (J) | 84 | E | 91ES1 | 49501>49999 | 930/21 | 152 kW | 207 PS | |
| **911** | Carrera | Cabrio | 3.2 | (J) | 84 | E | 91ES1 | 59501>59999 | 930/21 | 152 kW | 207 PS | |
| **911** | Carrara | Coupé/ Turbo-Look | 3.2 | (USA)(CDN) | 84 | E | 91ES1 | 20001>25000 | 930/21 | 152 kW | 207 PS | |
| **911** | Carrera | Targa | 3.2 | (USA)(CDN) | 84 | E | 91ES1 | 60001>65000 | 930/21 | 152 kW | 207 PS | |
| **911** | Carrera | Cabrio | 3.2 | (USA)(CDN) | 84 | E | 91ES1 | 70001>75000 | 930/21 | 152 kW | 207 PS | |
| **911** | Turbo | Coupé | 3.3 | | 84 | E | 93ES0 | 00001>01000 | 930/66 | 221 kW | 300 PS | |
| **911** | Turbo | Coupé | 3.3 | (CDN) | 84 | E | 93ES0 | 50001>52000 | 930/66 | 221 kW | 300 PS | |
| | | | | | | | | | | | | |
| **911** | Carrera | Coupé | 3.2 | | 85 | F | 91FS1 | 00001>05000 | 930/20 | 170 kW | 231 PS | |
| **911** | Carrera | Targa | 3.2 | | 85 | F | 91FS1 | 40001>45000 | 930/20 | 170 kW | 231 PS | |
| **911** | Carrera | Cabrio | 3.2 | | 85 | F | 91FS1 | 50001>55000 | 930/20 | 170 kW | 231 PS | |
| **911** | Carrera | Coupé | 3.2 | M298 | 85 | F | 91FS1 | 00001>05000 | 930/21 | 152 kW | 207 PS | |
| **911** | Carrera | Targa | 3.2 | M298 | 85 | F | 91FS1 | 40001>45000 | 930/21 | 152 kW | 207 PS | |
| **911** | Carrera | Cabrio | 3.2 | M298 | 85 | F | 91FS1 | 50001>55000 | 930/21 | 152 kW | 207 PS | |
| **911** | Carrera | Coupé | 3.2 | (AUS)(S)(CH) | 85 | F | 91FS1 | 00001>05000 | 930/26 | 170 kW | 231 PS | |
| **911** | Carrera | Targa | 3.2 | (AUS)(S)(CH) | 85 | F | 91FS1 | 40001>45000 | 930/26 | 170 kW | 231 PS | |
| **911** | Carrera | Cabrio | 3.2 | (AUS)(S)(CH) | 85 | F | 91FS1 | 50001>55000 | 930/26 | 170 kW | 231 PS | |
| **911** | Carrera | Coupé | 3.2 | (J) | 85 | F | 91FS1 | 09501>09999 | 930/21 | 152 kW | 207 PS | |
| **911** | Carrera | Targa | 3.2 | (J) | 85 | F | 91FS1 | 49501>49999 | 930/21 | 152 kW | 207 PS | |
| **911** | Carrera | Cabrio | 3.2 | (J) | 85 | F | 91FS1 | 59501>59999 | 930/21 | 152 kW | 207 PS | |
| **911** | Carrera | Coupé | 3.2 | (USA)(CDN) | 85 | F | 91FS1 | 20001>25000 | 930/21 | 152 kW | 207 PS | |
| **911** | Carrera | Targa | 3.2 | (USA)(CDN) | 85 | F | 91FS1 | 60001>65000 | 930/21 | 152 kW | 207 PS | |
| **911** | Carrera | Cabrio | 3.2 | (USA)(CDN) | 85 | F | 91FS1 | 70001>75000 | 930/21 | 152 kW | 207 PS | |
| **911** | Turbo | Coupé | 3.3 | | 85 | F | 93FS0 | 00001>02000 | 930/66 | 221 kW | 300 PS | |
| **911** | Turbo | Coupé | 3.3 | (CDN) | 85 | F | 93FS0 | 50001>52000 | 930/66 | 221 kW | 300 PS | |

| Typ | Modell | Variante | $cm^3$ | Land | MJ | ISO | Chassis Nr. | Motortyp | Leistung kW/PS | Sportomatic |
|---|---|---|---|---|---|---|---|---|---|---|
| **911** | Carrera | Coupé | 3.2 | | 86 | G | 91GS1 00001>05000 | 930/20 | 170 kW 231 PS | |
| **911** | Carrera | Targa | 3.2 | | 86 | G | 91GS1 40001>45000 | 930/20 | 170 kW 231 PS | |
| **911** | Carrera | Cabrio | 3.2 | | 86 | G | 91GS1 50001>55000 | 930/20 | 170 kW 231 PS | |
| **911** | Carrera | Coupé | 3.2 | M298 | 86 | G | 91GS1 00001>05000 | 930/21 | 152 kW 207 PS | |
| **911** | Carrera | Targa | 3.2 | M298 | 86 | G | 91GS1 40001>45000 | 930/21 | 152 kW 207 PS | |
| **911** | Carrera | Cabrio | 3.2 | M298 | 86 | G | 91GS1 50001>55000 | 930/21 | 152 kW 207 PS | |
| **911** | Carrera | Coupé | 3.2 | (S)(CH) | 86 | G | 91GS1 00001>05000 | 930/26 | 170 kW 231 PS | |
| **911** | Carrera | Targa | 3.2 | (S)(CH) | 86 | G | 91GS1 40001>45000 | 930/26 | 170 kW 231 PS | |
| **911** | Carrera | Cabrio | 3.2 | (S)(CH) | 86 | G | 91GS1 50001>55000 | 930/26 | 170 kW 231 PS | |
| **911** | Carrera | Coupé | 3.2 | (J) | 86 | G | 91GS1 09501>09999 | 930/21 | 152 kW 207 PS | |
| **911** | Carrera | Targa | 3.2 | (J) | 86 | G | 91GS1 49501>49999 | 930/21 | 152 kW 207 PS | |
| **911** | Carrera | Cabrio | 3.2 | (J) | 86 | G | 91GS1 59501>59999 | 930/21 | 152 kW 207 PS | |
| **911** | Carrera | Coupé | 3.2 | (USA)(CDN) | 86 | G | 91GS1 20001>25000 | 930/21 | 152 kW 207 PS | |
| **911** | Carrera | Targa | 3.2 | (USA)(CDN) | 86 | G | 91GS1 60001>65000 | 930/21 | 152 kW 207 PS | |
| **911** | Carrera | Cabrio | 3.2 | (USA)(CDN) | 86 | G | 91GS1 70001>75000 | 930/21 | 152 kW 207 PS | |
| **911** | Turbo | Coupé | 3.3 | | 86 | G | 93GS0 00001>02000 | 930/66 | 221 kW 300 PS | |
| **911** | Turbo | Coupé | 3.3 | (CDN) | 86 | G | 93GS0 55001>57000 | 930/66 | 221 kW 300 PS | |
| **911** | Turbo | Coupé | 3.3 | (USA) | 86 | G | 93GS0 50001>52000 | 930/68 | 210 kW 286 PS | |
| | | | | | | | | | | |
| **911** | Carrera | Coupé | 3.2 | | 87 | H | 91HS1 00001>05000 | 930/20 | 170 kW 231 PS | |
| **911** | Carrera | Club Sport | 3.2 | | 87 | H | 91HS1 05001>05300 | 930/20 | 170 kW 231 PS | |
| **911** | Carrera | Targa | 3.2 | | 87 | H | 91HS1 40001>45000 | 930/20 | 170 kW 231 PS | |
| **911** | Carrera | Cabrio | 3.2 | | 87 | H | 91HS1 50001>55000 | 930/20 | 170 kW 231 PS | |
| **911** | Carrera | Coupé | 3.2 | (J) | 87 | H | 91HS1 09501>09999 | 930/25 | 160 kW 218 PS | |
| **911** | Carrera | Targa | 3.2 | (J) | 87 | H | 91HS1 49501>49999 | 930/25 | 160 kW 218 PS | |
| **911** | Carrera | Cabrio | 3.2 | (J) | 87 | H | 91HS1 59501>59999 | 930/25 | 160 kW 218 PS | |
| **911** | Carrera | Coupé | 3.2 | (USA)(CDN) | 87 | H | 91HS1 20001>25000 | 930/25 | 160 kW 218 PS | |
| **911** | Carrera | Club Sport | 3.2 | (USA)(CDN) | 87 | H | 91HS1 25001>25300 | 930/25 | 160 kW 218 PS | |
| **911** | Carrera | Targa | 3.2 | (USA)(CDN) | 87 | H | 91HS1 60001>65000 | 930/25 | 160 kW 218 PS | |
| **911** | Carrera | Cabrio | 3.2 | (USA)(CDN) | 87 | H | 91HS1 70001>75000 | 930/25 | 160 kW 218 PS | |
| **911** | Turbo | Coupé | 3.3 | | 87 | H | 93HS0 00001>02000 | 930/66 | 221 kW 300 PS | |
| **911** | Turbo | Targa | 3.3 | | 87 | H | 93HS0 10001>12000 | 930/66 | 221 kW 300 PS | |
| **911** | Turbo | Cabrio | 3.3 | | 87 | H | 93HS0 20001>22000 | 930/66 | 221 kW 300 PS | |
| **911** | Turbo | Coupé | 3.3 | (USA) | 87 | H | 93HS0 50001>55000 | 930/68 | 210 kW 286 PS | |
| **911** | Turbo | Targa | 3.3 | (USA) | 87 | H | 93HS0 60001>62000 | 930/68 | 210 kW 286 PS | |
| **911** | Turbo | Cabrio | 3.3 | (USA) | 87 | H | 93HS0 70001>72000 | 930/68 | 210 kW 286 PS | |
| **911** | Turbo | Coupé | 3.3 | (CDN) | 87 | H | 93HS0 55001>57000 | 930/66 | 221 kW 300 PS | |
| **911** | Turbo | Targa | 3.3 | (CDN) | 87 | H | 93HS0 65001>67000 | 930/66 | 221 kW 300 PS | |
| **911** | Turbo | Cabrio | 3.3 | (CDN) | 87 | H | 93HS0 75001>77000 | 930/66 | 221 kW 300 PS | |

| Typ | Modell | Variante | cm³ | Land | MJ | ISO | Chassis Nr. | | Motortyp | Leistung kW/PS | | Sportomatic |
|---|---|---|---|---|---|---|---|---|---|---|---|---|
| **959** | 959 | Coupé | 2.8 | | 87 | H | 95HS9 | 00001>01000 | 959/50 | 330 kW | 450 PS | |
| **959** | 959 S | Coupé | 2.8 | | 87 | H | 95HS9 | 05001> | 959/50 | 379 kW | 515 PS | |
| | | | | | | | | | | | | |
| **911** | Carrera | Coupé | 3.2 | | 88 | J | 91JS1 | 00001>05000 | 930/20 | 170 kW | 231 PS | |
| **911** | Carrera | Club Sport | 3.2 | | 88 | J | 91JS1 | 05001>05300 | 930/20 | 170 kW | 231 PS | |
| **911** | Carrera | Targa | 3.2 | | 88 | J | 91JS1 | 40001>45000 | 930/20 | 170 kW | 231 PS | |
| **911** | Carrera | Cabrio | 3.2 | | 88 | J | 91JS1 | 50001>55000 | 930/20 | 170 kW | 231 PS | |
| **911** | Carrera | Coupé | 3.2 | (J) | 88 | J | 91JS1 | 09501>09999 | 930/25 | 160 kW | 218 PS | |
| **911** | Carrera | Targa | 3.2 | (J) | 88 | J | 91JS1 | 49501>49999 | 930/25 | 160 kW | 218 PS | |
| **911** | Carrera | Cabrio | 3.2 | (J) | 88 | J | 91JS1 | 59501>59999 | 930/25 | 160 kW | 218 PS | |
| **911** | Carrera | Coupé | 3.2 | (USA)(CDN) | 88 | J | 91JS1 | 20001>25000 | 930/25 | 160 kW | 218 PS | |
| **911** | Carrera | Club Sport | 3.2 | (USA)(CDN) | 88 | J | 91JS1 | 25001>25300 | 930/25 | 160 kW | 218 PS | |
| **911** | Carrera | Targa | 3.2 | (USA)(CDN) | 88 | J | 91JS1 | 60001>65000 | 930/25 | 160 kW | 218 PS | |
| **911** | Carrera | Cabrio | 3.2 | (USA)(CDN) | 88 | J | 91JS1 | 70001>75000 | 930/25 | 160 kW | 218 PS | |
| **911** | Turbo | Coupé | 3.3 | | 88 | J | 93JS0 | 00001>02000 | 930/66 | 221 kW | 300 PS | |
| **911** | Turbo | Targa | 3.3 | | 88 | J | 93JS0 | 10001>12000 | 930/66 | 221 kW | 300 PS | |
| **911** | Turbo | Cabrio | 3.3 | | 88 | J | 93JS0 | 20001>22000 | 930/66 | 221 kW | 300 PS | |
| **911** | Turbo | Coupé | 3.3 | (USA)(CDN) | 88 | J | 93JS0 | 50001>55000 | 930/68 | 210 kW | 286 PS | |
| **911** | Turbo | Targa | 3.3 | (USA)(CDN) | 88 | J | 93JS0 | 60001>62000 | 930/68 | 210 kW | 286 PS | |
| **911** | Turbo | Cabrio | 3.3 | (USA)(CDN) | 88 | J | 93JS0 | 70001>72000 | 930/68 | 210 kW | 286 PS | |
| **959** | 959 | Coupé | 2.8 | | 88 | J | 95JS9 | 00001>01000 | 959/50 | 330 kW | 450 PS | |
| **959** | 959 S | Coupé | 2.8 | | 88 | J | 95HS9 | 05001> | 959/50 | 379 kW | 515 PS | |
| | | | | | | | | | | | | |
| **911** | Carrera | Coupé/ Club Sport | 3.2 | | 89 | K | 91KS1 | 00001>05000 | 930/20 | 170 kW | 231 PS | |
| **911** | Carrera | Targa | 3.2 | | 89 | K | 91KS1 | 40001>45000 | 930/20 | 170 kW | 231 PS | |
| **911** | Carrera | Cabrio/ Speeds-ter | 3.2 | | 89 | K | 91KS1 | 50001>55000 | 930/20 | 170 kW | 231 PS | |
| **911** | Carrera | Coupé/ Club Sport | 3.2 | (USA)(CDN) | 89 | K | 91KS1 | 20001>25000 | 930/25 | 160 kW | 218 PS | |
| **911** | Carrera | Targa | 3.2 | (USA)(CDN) | 89 | K | 91KS1 | 60001>65000 | 930/25 | 160 kW | 218 PS | |
| **911** | Carrera | Cabrio/ Speeds-ter | 3.2 | (USA)(CDN) | 89 | K | 91KS1 | 70001>75000 | 930/25 | 160 kW | 218 PS | |
| **911** | Turbo | Coupé | 3.3 | | 89 | K | 93KS0 | 00001>02000 | 930/66 | 221 kW | 300 PS | |
| **911** | Turbo | Targa | 3.3 | | 89 | K | 93KS0 | 10001>12000 | 930/66 | 221 kW | 300 PS | |
| **911** | Turbo | Cabrio | 3.3 | | 89 | K | 93KS0 | 20001>22000 | 930/66 | 221 kW | 300 PS | |
| **911** | Turbo | Coupé | 3.3 | (USA)(CDN) | 89 | K | 93KS0 | 50001>55000 | 930/68 | 210 kW | 286 PS | |
| **911** | Turbo | Targa | 3.3 | (USA)(CDN) | 89 | K | 93KS0 | 60001>62000 | 930/68 | 210 kW | 286 PS | |
| **911** | Turbo | Cabrio | 3.3 | (USA)(CDN) | 89 | K | 93KS0 | 70001>72000 | 930/68 | 210 kW | 286 PS | |

## Modell-Datenbank
## Motoren

| Typ | Modell | Land | Motor-Typ | MJ | ISO | Motor-Nr. | Spezifikation | Zyl./Hubr./kW | Sportomatic |
|---|---|---|---|---|---|---|---|---|---|
| **911** | | | 911/92 | 74 | 4 | 614 | 0001>> | 6 Zyl/2.7 L/110 kW | |
| **911** | | | 911/97 | 74 | 4 | 614 | 9001>> | 6 Zyl/2.7 L/110 kW | SPM |
| **911** | S | | 911/93 | 74 | 4 | 634 | 0001>> | 6 Zyl/2.7 L/129 kW | |
| **911** | S | | 911/98 | 74 | 4 | 634 | 9001>> | 6 Zyl/2.7 L/129 kW | SPM |
| **911** | Carrera | | 911/83 | 74 | 4 | 664 | 0001>> | 6 Zyl/2.7 L/154 kW | |
| **911** | Carrera | (USA)(CDN) | 911/93 | 74 | 4 | 634 | 0001>> | 6 Zyl/2.7 L/129 kW | |
| **911** | Carrera | (USA)(CDN) | 911/98 | 74 | 4 | 634 | 9001>> | 6 Zyl/2.7 L/129 kW | SPM |
| | | | | | | | | | |
| **911** | | | 911/41 | 75 | 5 | 615 | 0001>> | 6 Zyl/2.7 L/110 kW | |
| **911** | | | 911/46 | 75 | 5 | 615 | 9001>> | 6 Zyl/2.7 L/110 kW | SPM |
| **911** | S | | 911/42 | 75 | 5 | 635 | 0001>> | 6 Zyl/2.7 L/129 kW | |
| **911** | S | | 911/47 | 75 | 5 | 635 | 9001>> | 6 Zyl/2.7 L/129 kW | SPM |
| **911** | Carrera | | 911/83 | 75 | 5 | 665 | 0001>> | 6 Zyl/2.7 L/154 kW | |
| **911** | S/Carrera | (USA)(CDN) | 911/43 | 75 | 5 | 645 | 0001>> | 6 Zyl/2.7 L/121 kW | |
| **911** | S/Carrera | (USA)(CDN) | 911/48 | 75 | 5 | 645 | 9001>> | 6 Zyl/2.7 L/121 kW | SPM |
| **911** | S/Carrera | (CAL) | 911/44 | 75 | 5 | 655 | 0001>> | 6 Zyl/2.7 L/118 kW | |
| **911** | S/Carrera | (CAL) | 911/49 | 75 | 5 | 655 | 9001>> | 6 Zyl/2.7 L/118 kW | SPM |
| **911** | Turbo | | 930/50 | 75 | 5 | 675 | 0001>> | 6 Zyl/3.0 L/191 kW | |
| | | | | | | | | | |
| **911** | | | 911/81 | 76 | 6 | 636 | 0001>> | 6 Zyl/2.7 L/121 kW | |
| **911** | | | 911/86 | 76 | 6 | 636 | 9001>> | 6 Zyl/2.7 L/121 kW | SPM |
| **911** | Carrera | | 911/83 | 76 | 6 | 666 | 8001>> | 6 Zyl/2.7 L/154 kW | |
| **911** | Carrera 3.0 | | 930/02 | 76 | 6 | 666 | 0001>> | 6 Zyl/3.0 L/147 kW | |
| **911** | Carrera 3.0 | | 930/12 | 76 | 6 | 666 | 9001>> | 6 Zyl/3.0 L/147 kW | SPM |
| **912** | E | | 923/02 | 76 | 6 | 406 | 0001>> | 4 Zyl/2.0 L/66 kW | |
| **911** | S | (USA)(CDN) | 911/82 | 76 | 6 | 646 | 0001>> | 6 Zyl/2.7 L/121 kW | |
| **911** | S | (USA)(CDN) | 911/89 | 76 | 6 | 656 | 9001>> | 6 Zyl/2.7 L/121 kW | SPM |
| **911** | S | (CAL) | 911/84 | 76 | 6 | 656 | 0001>> | 6 Zyl/2.7 L/121 kW | |
| **911** | | (J) | 911/41 | 76 | 6 | 616 | 0001>> | 6 Zyl/2.7 L/110 kW | |
| **911** | S | (J) | 911/81 | 76 | 6 | 636 | 0001>> | 6 Zyl/2.7 L/121 kW | |
| **911** | S | (J) | 911/86 | 76 | 6 | 636 | 9001>> | 6 Zyl/2.7 L/121 kW | SPM |
| **911** | Turbo | | 930/50 | 76 | 6 | 676 | 0001>> | 6 Zyl/3.0 L/191 kW | |
| **911** | Turbo | (J) | 930/52 | 76 | 6 | 676 | 0301>> | 6 Zyl/3.0 L/191 kW | |
| **911** | Turbo Carrera | (USA)(CDN) | 930/51 | 76 | 6 | 686 | 0001>> | 6 Zyl/3.0 L/180 kW | |
| | | | | | | | | | |
| **911** | | | 911/81 | 77 | 7 | 637 | 0001>> | 6 Zyl/2.7 L/121 kW | |
| **911** | | | 911/86 | 77 | 7 | 637 | 9001>> | 6 Zyl/2.7 L/121 kW | SPM |
| **911** | Carrera | | 930/02 | 77 | 7 | 667 | 0001>> | 6 Zyl/3.0 L/147 kW | |
| **911** | Carrera | | 930/12 | 77 | 7 | 667 | 9001>> | 6 Zyl/3.0 L/147 kW | SPM |
| **911** | S | (USA)(CDN) | 911/85 | 77 | 7 | 627 | 0001>> | 6 Zyl/2.7 L/121 kW | |
| **911** | S | (USA)(CDN) | 911/90 | 77 | 7 | 627 | 9001>> | 6 Zyl/2.7 L/121 kW | SPM |
| **911** | S | (J) | 911/94 | 77 | 7 | 617 | 0001>> | 6 Zyl/2.7 L/121 kW | |
| **911** | S | (J) | 911/99 | 77 | 7 | 617 | 9001>> | 6 Zyl/2.7 L/121 kW | SPM |
| **911** | Turbo | | 930/52 | 77 | 7 | 677 | 0001>> | 6 Zyl/3.0 L/191 kW | |
| **911** | Turbo Carrera | (USA)(CDN) | 930/53 | 77 | 7 | 687 | 0001>> | 6 Zyl/3.0 L/180 kW | |
| **911** | Turbo | (J) | 930/54 | 77 | 7 | 677 | 2001>> | 6 Zyl/3.0 L/180 kW | |
| | | | | | | | | | |
| **911** | SC | | 930/03 | 78 | 8 | 638 | 0001>9000 | 6 Zyl/3.0 L/132 kW | |
| **911** | SC | | 930/13 | 78 | 8 | 638 | 9001>> | 6 Zyl/3.0 L/132 kW | SPM |

| Typ | Modell | Land | Motor-Typ | MJ | ISO | Motor-Nr. | Spezifikation | Zyl./Hubr./kW | Sportomatic |
|---|---|---|---|---|---|---|---|---|---|
| **911** | SC | (USA)(CDN) | 930/04 | 78 | 8 | 628 | 0001>> | 6 Zyl/3.0 L/132 kW | |
| **911** | SC | (CAL) | 930/06 | 78 | 8 | 658 | 0001>> | 6 Zyl/3.0 L/132 kW | SPM |
| **911** | SC | (J) | 930/05 | 78 | 8 | 618 | 0001>9000 | 6 Zyl/3.0 L/132 kW | |
| **911** | SC | | 930/15 | 78 | 8 | 618 | 9001>> | 6 Zyl/3.0 L/132 kW | SPM |
| **911** | Turbo | | 930/60 | 78 | 8 | 678 | 0001>> | 6 Zyl/3.3 L/221 kW | |
| **911** | Turbo | (USA)(CDN) | 930/61 | 78 | 8 | 688 | 0001>> | 6 Zyl/3.3 L/195 kW | |
| **911** | Turbo | (CAL) | 930/63 | 78 | 8 | 688 | 1001>> | 6 Zyl/3.3 L/195 kW | SPM |
| **911** | Turbo | (J) | 930/62 | 78 | 8 | 678 | 2001>> | 6 Zyl/3.3 L/195 kW | |
| | | | | | | | | | |
| **911** | SC | | 930/03 | 79 | 9 | 639 | 0001>9000 | 6 Zyl/3.0 L/132 kW | |
| **911** | SC | | 930/13 | 79 | 9 | 639 | 9001>> | 6 Zyl/3.0 L/132 kW | SPM |
| **911** | SC | (USA)(CDN) | 930/04 | 79 | 9 | 629 | 0001>> | 6 Zyl/3.0 L/132 kW | |
| **911** | SC | (CAL) | 930/06 | 79 | 9 | 659 | 0001>> | 6 Zyl/3.0 L/132 kW | SPM |
| **911** | SC | (J) | 930/05 | 79 | 9 | 619 | 0001>9000 | 6 Zyl/3.0 L/132 kW | |
| **911** | SC | | 930/15 | 79 | 9 | 619 | 9001>> | 6 Zyl/3.0 L/132 kW | SPM |
| **911** | Turbo | | 930/60 | 79 | 9 | 679 | 0001>> | 6 Zyl/3.3 L/221 kW | |
| **911** | Turbo | (USA)(CDN) | 930/64 | 79 | 9 | 689 | 0001>> | 6 Zyl/3.3 L/195 kW | |
| **911** | Turbo | (CAL) | 930/63 | 79 | 9 | 689 | 1001>2000 | 6 Zyl/3.3 L/195 kW | |
| **911** | Turbo | (J) | 930/65 | 79 | 9 | 679 | 1001>2000 | 6 Zyl/3.3 L/195 kW | |
| | | | | | | | | | |
| **911** | SC | | 930/09 | 80 | A | 630 | 0001>8000 | 6 Zyl/3.0 L/138 kW | SPM |
| **911** | SC | | 930/19 | 80 | A | 630 | 9001>9999 | 6 Zyl/3.0 L/138 kW | |
| **911** | SC | (USA)(CDN) | 930/07 | 80 | A | 640 | 0001>9999 | 6 Zyl/3.0 L/132 kW | |
| **911** | SC | (J) | 930/08 | 80 | A | 630 | 8001>9000 | 6 Zyl/3.0 L/132 kW | |
| **911** | Turbo | | 930/60 | 80 | A | 670 | 0001>1000 | 6 Zyl/3.3 L/221 kW | |
| **911** | Turbo | (J) | 930/65 | 80 | A | 670 | 8001>9000 | 6 Zyl/3.3 L/195 kW | |
| | | | | | | | | | |
| **911** | SC | | 930/10 | 81 | B | 631 | 0001>8000 | 6 Zyl/3.0 L/150 kW | |
| **911** | SC | (USA)(CDN) | 930/16 | 81 | B | 641 | 0001>9999 | 6 Zyl/3.0 L/132 kW | |
| **911** | SC | (J) | 930/17 | 81 | B | 631 | 8001>9000 | 6 Zyl/3.0 L/132 kW | |
| **911** | Turbo | | 930/60 | 81 | B | 671 | 0001>1000 | 6 Zyl/3.3 L/221 kW | |
| **911** | Turbo | (CDN) | 930/60 | 81 | B | 671 | 0001>1000 | 6 Zyl/3.3 L/221 kW | |
| | | | | | | | | | |
| **911** | SC | | 930/10 | 82 | C | 63C | 0001>8000 | 6 Zyl/3.0 L/150 kW | |
| **911** | SC | (USA)(CDN) | 930/16 | 82 | C | 64C | 0001>9999 | 6 Zyl/3.0 L/132 kW | |
| **911** | SC | | 930/17 | 82 | C | 63C | 8001>9000 | 6 Zyl/3.0 L/132 kW | |
| **911** | Turbo | | 930/60 | 82 | C | 67C | 0001>1000 | 6 Zyl/3.3 L/221 kW | |
| **911** | Turbo | (CDN) | 930/60 | 82 | C | 67C | 0001>1000 | 6 Zyl/3.3 L/221 kW | |
| | | | | | | | | | |
| **911** | SC | | 930/10 | 83 | D | 63D | 0001>8000 | 6 Zyl/3.0 L/150 kW | |
| **911** | SC | (USA)(CDN) | 930/16 | 83 | D | 64D | 0001>9999 | 6 Zyl/3.0 L/132 kW | |
| **911** | SC | (J) | 930/17 | 83 | D | 63D | 8001>9000 | 6 Zyl/3.0 L/132 kW | |
| **911** | Turbo | | 930/66 | 83 | D | 67D | 0001>1000 | 6 Zyl/3.3 L/221 kW | |
| **911** | Turbo | (CDN) | 930/66 | 83 | D | 67D | 0001>1000 | 6 Zyl/3.3 L/221 kW | |
| | | | | | | | | | |
| **911** | Carrera | | 930/20 | 84 | E | 63E | 00001>10000 | 6 Zyl/3.2 L/170 kW | |
| **911** | Carrera | (USA)(CDN)(J) | 930/21 | 84 | E | 64E | 00001>10000 | 6 Zyl/3.2 L/152 kW | |
| **911** | Turbo | | 930/66 | 84 | E | 67E | 00001>01000 | 6 Zyl/3.3 L/221 kW | |
| | | | | | | | | | |
| **911** | Carrera | | 930/20 | 85 | F | 63F | 00001>10000 | 6 Zyl/3.2 L/170 kW | |
| **911** | Carrera | (USA)(CDN)(J)/ M298 | 930/21 | 85 | F | 64F | 00001>10000 | 6 Zyl/3.2 L/152 kW | |
| **911** | Carrera | (AUS)(S)(CH) | 930/26 | 85 | F | 63F | 10001>11000 | 6 Zyl/3.2 L/170 kW | |
| **911** | Turbo | | 930/66 | 85 | F | 67F | 00001>01000 | 6 Zyl/3.3 L/221 kW | |

| Typ | Modell | Land | Motor-Typ | MJ | ISO | Motor-Nr. | Spezifikation | Zyl./Hubr./kW | Sportomatic |
|---|---|---|---|---|---|---|---|---|---|
| **911** | Carrera | | 930/20 | 86 | G | 63G | 00001>10000 | 6 Zyl/3.2 L/170 kW | |
| **911** | Carrera | (USA)(CDN)(J)<br>(AUS)/M298 | 930/21 | 86 | G | 64G | 00001>10000 | 6 Zyl/3.2 L/152 kW | |
| **911** | Carrera | (S)(CH) | 930/26 | 86 | G | 63G | 10001>11000 | 6 Zyl/3.2 L/170 kW | |
| **911** | Turbo | | 930/66 | 86 | G | 67G | 00001>02000 | 6 Zyl/3.3 L/221 kW | |
| **911** | Turbo | (USA) | 930/68 | 86 | G | 68G | 00001>02000 | 6 Zyl/3.3 L/210 kW | |
| **911** | Carrera | | 930/20 | 87 | H | 63H | 00001>10000 | 6 Zyl/3.2 L/170 kW | |
| **911** | Carrera | Katalysator | 930/25 | 87 | H | 64H | 00001>10000 | 6 Zyl/3.2 L/160 kW | |
| **911** | Carrera | (S) | 930/26 | 87 | H | 63H | 10001>11000 | 6 Zyl/3.2 L/170 kW | |
| **911** | Turbo | | 930/66 | 87 | H | 67H | 00001>05000 | 6 Zyl/3.3 L/221 kW | |
| **911** | Turbo | (USA) | 930/68 | 87 | H | 68H | 00001>05000 | 6 Zyl/3.3 L/210 kW | |
| **959** | Coupé | | 959/50 | 87 | H | 65H | 00001-01000 | 6 Zyl/2.8 L/330 kW | |
| **911** | Carrera | | 930/20 | 88 | J | 63J | 00001>10000 | 6 Zyl/3.2 L/170 kW | |
| **911** | Carrera | Katalysator | 930/25 | 88 | J | 64J | 00001>10000 | 6 Zyl/3.2 L/160 kW | |
| **911** | Carrera | (S) | 930/26 | 88 | J | 63J | 10001>11000 | 6 Zyl/3.2 L/170 kW | |
| **911** | Turbo | | 930/66 | 88 | J | 67J | 00001>05000 | 6 Zyl/3.3 L/221 kW | |
| **911** | Turbo | (USA) | 930/68 | 88 | J | 68J | 00001>05000 | 6 Zyl/3.3 L/210 kW | |
| **959** | Coupé | | 959/50 | 88 | J | 65H | 00001-01000 | 6 Zyl/2.8 L/330 kW | |
| **911** | Carrera | | 930/20 | 89 | K | 63K | 00001>10000 | 6 Zyl/3.2 L/170 kW | |
| **911** | Carrera | Katalysator | 930/25 | 89 | K | 64K | 00001>10000 | 6 Zyl/3.2 L/160 kW | |
| **911** | Turbo | | 930/66 | 89 | K | 67K | 00001>05000 | 6 Zyl/3.3 L/221 kW | |
| **911** | Turbo | (USA)(CDN) | 930/68 | 89 | K | 68K | 00001>05000 | 6 Zyl/3.3 L/210 kW | |

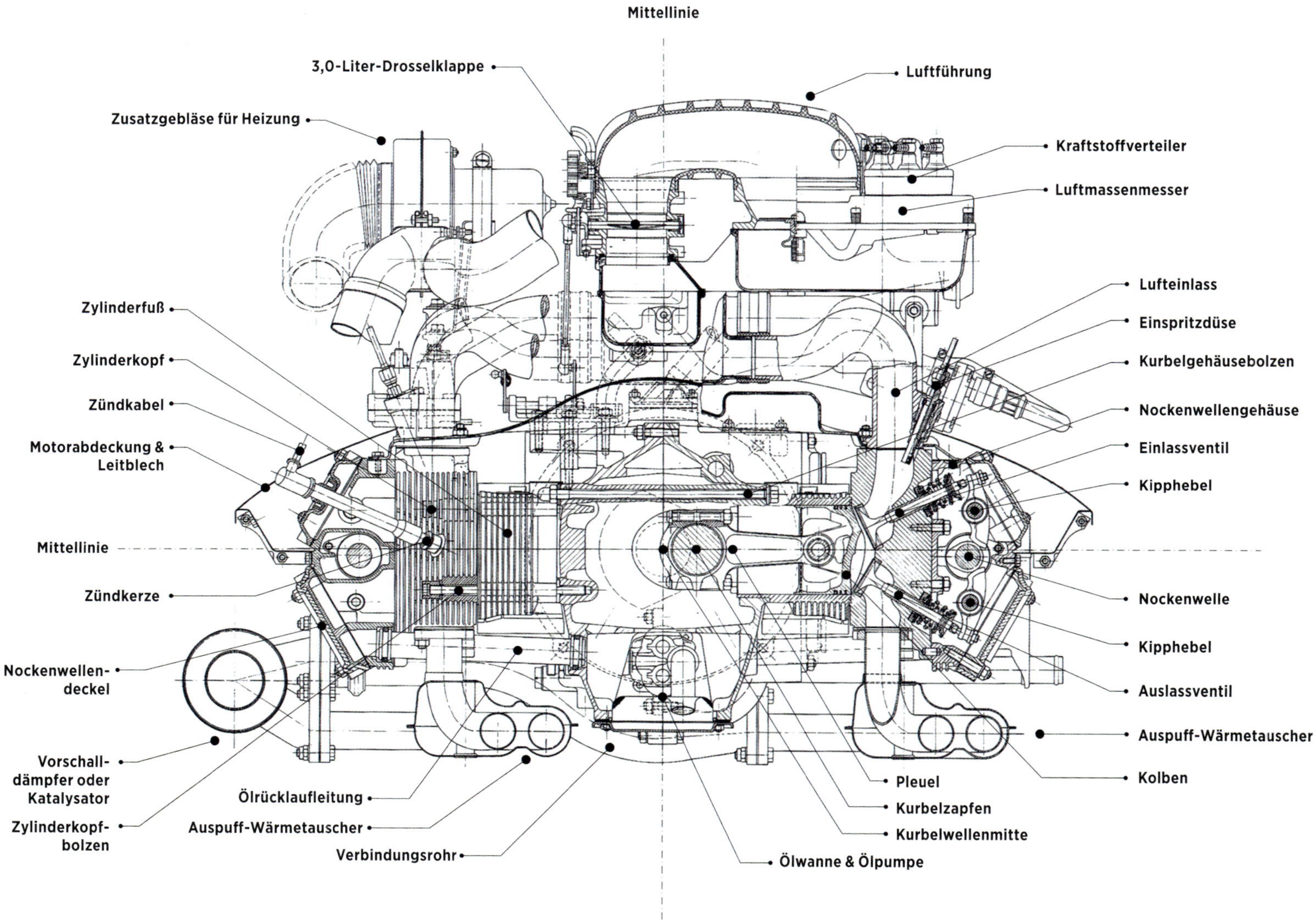


**Querschnitt eines Sechszylinder-Boxers vom Typ 930 mit drei Litern Hubraum**

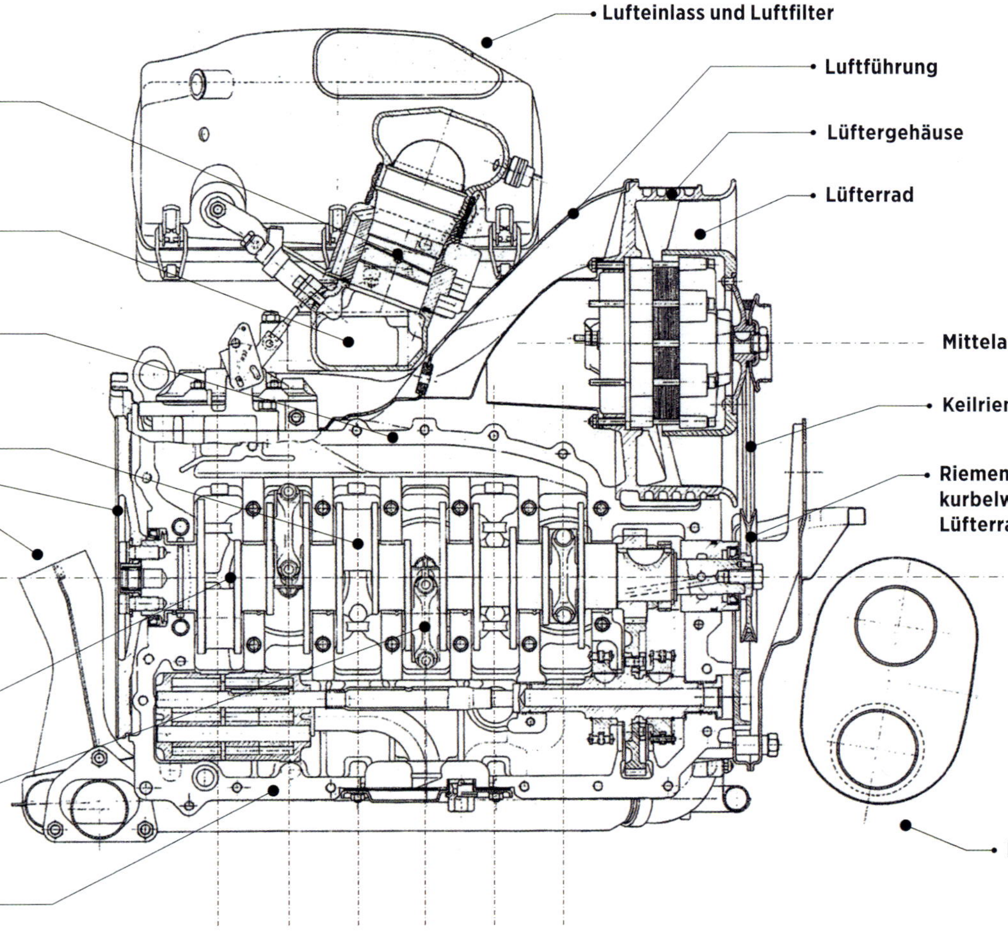


Längsschnitt eines Sechszylinder-Boxermotors vom Typ 930 mit drei Litern Hubraum

## Modell-Datenbank
## Getriebe

| Typ | Modell | Land | Ganganzahl | Sportomatic | Typ | MJ | ISO | Getriebe-Nr. |
|---|---|---|---|---|---|---|---|---|
| **911** | 911/911 S/Carrera | | 4 | | 915.16 | 74 | 4 | 724 0001>> |
| **911** | 911/911 S/Carrera | | 5 | | 915.06 | 74 | 4 | 734 0001>> |
| **911** | 911/911 S/Carrera | | 4 | SPM | 925.02 | 74 | 4 | 764 0001>> |
| | | | | | | | | |
| **911** | 911 | | 4 | | 915.48 | 75 | 5 | 745 0001>> |
| **911** | 911 | | 5 | | 915.43 | 75 | 5 | 725 0001>> |
| **911** | S | | 4 | | 915.45 | 75 | 5 | 735 0001>> |
| **911** | S | | 5 | | 915.40 | 75 | 5 | 715 0001>> |
| **911** | 911/911 S | | 4 | SPM | 925.02 | 75 | 5 | 765 2001>> |
| **911** | Carrera 2.7 | | 4 | | 915.16 | 75 | 5 | 785 5001>> |
| **911** | Carrera 2.7 | | 5 | | 915.06 | 75 | 5 | 785 0001>> |
| **911** | Carrera | (USA)(CDN)(CAL) | 4 | | 915.45 | 75 | 5 | 735 0001>> |
| **911** | Carrera | (USA)(CDN)(CAL) | 5 | | 915.40 | 75 | 5 | 715 0001>> |
| **911** | 911 S/Carrera | (USA)(CDN)(CAL) | 3 | SPM | 925.10 | 75 | 5 | 765 0001>> |
| **911** | Turbo | | 4 | | 930.30 | 75 | 5 | 775 0001>> |
| | | | | | | | | |
| **911** | 911 | | 4 (mech. Tacho) | | 915.45 | 76 | 6 | 726 1001>> |
| **911** | 911 | | 5 (mech. Tacho) | | 915.40 | 76 | 6 | 716 7001>> |
| **911** | Carrera 2.7/911 | (J) | 5 | | 915.43 | 76 | 6 | 716 9501>> |
| **911** | 911/Carrera 3.0/911 S | (J) | 4 (el. Tacho) | | 915.49 | 76 | 6 | 726 0001>> |
| **911** | 911/Carrera 3.0/911 S | | 5 (el. Tacho) | | 915.44 | 76 | 6 | 716 0001>> |
| **911** | 911 | | 3 (mech. Tacho) | SPM | 925.09 | 76 | 6 | 766 2001>> |
| **911** | 911/911 S | | 3 (el. Tacho) | SPM | 925.12 | 76 | 6 | 766 0001>> |
| **911** | Carrera 3.0 | | 3 | SPM | 925.13 | 76 | 6 | 766 1001>> |
| **912** | 912 E | | 5 | | 923.05 | 76 | 6 | 506 0001>> |
| **911** | Turbo | | 4 | | 930.30 | 76 | 6 | 776 0001>> |
| **911** | Turbo | (J) | 4 | | 930.32 | 76 | 6 | 776 1001>> |
| **911** | Turbo Carrera | (USA)(CDN) | 4 | | 930.30 | 76 | 6 | 776 0001>> |
| | | | | | | | | |
| **911** | 911/911 S | | 4 (ohne Kupplungsfeder) | | 915.65 | 77 | 7 | 727 0001>> |
| **911** | 911/911 S | | 5 (ohne Kupplungsfeder) | | 915.60 | 77 | 7 | 707 0001>> |
| **911** | 911/911 S/Carrera 3.0 | | 4 (mit Kupplungsfeder) | | 915.66 | 77 | 7 | 727 1001>> |
| **911** | 911/911 S/Carrera 3.0 | | 5 (mit Kupplungsfeder) | | 915.61 | 77 | 7 | 717 0001>> |
| **911** | 911 | | 3 | SPM | 925.15 | 77 | 7 | 767 0001>> |
| **911** | Carrera 3.0 | | 3 | SPM | 925.16 | 77 | 7 | 767 1001>> |
| **911** | S | (USA)(CDN)(J) | 3 | SPM | 925.17 | 77 | 7 | 767 0501>> |
| **911** | Turbo | | 4 | | 930.33 | 77 | 7 | 777 0001>> |
| **911** | Turbo Carrera | (USA)(CDN) | 4 | | 930.33 | 77 | 7 | 777 0001>> |
| | | | | | | | | |
| **911** | SC | | 5 | | 915.61 | 78 | 8 | 718 0001>> |
| **911** | SC | | 3 | SPM | 925.16 | 78 | 8 | 768 0001>> |
| **911** | Turbo | | 4 | | 930.34 | 78 | 8 | 778 0001>> |
| | | | | | | | | |
| **911** | SC | | 5 | | 915.61 | 79 | 9 | 719 0001>> |
| **911** | SC | | 3 | SPM | 925.16 | 79 | 9 | 769 0001>> |
| **911** | Turbo | | 4 | | 930.34 | 79 | 9 | 779 0001>> |
| | | | | | | | | |
| **911** | SC | | 5 | | 915.62 | 80 | A | 730 0001>9999 |
| **911** | SC | | 3 | SPM | 925.16 | 80 | A | 760 0001>2000 |
| **911** | SC | (USA)(CDN) | 5 | | 915.63 | 80 | A | 740 0001>9999 |
| **911** | SC | (J) | 5 | | 915.62 | 80 | A | 730 0001>9999 |
| **911** | Turbo | | 4 | | 930.34 | 80 | A | 770 0001>2000 |

| Typ | Modell | Land | Ganganzahl | Sportomatic | Typ | MJ | ISO | Getriebe-Nr. |
|---|---|---|---|---|---|---|---|---|
| **911** | SC | | 5 | | 915.62 | 81 | B | 731 0001>9999 |
| **911** | SC | (USA)(CDN) | 5 | | 915.63 | 81 | B | 741 0001>9999 |
| **911** | Turbo | | 4 | | 930.34 | 81 | B | 771 0001>2000 |
| | | | | | | | | |
| **911** | SC | | 5 | | 915.62 | 82 | C | 73C 0001>9999 |
| **911** | SC | (USA)(CDN)(J) | 5 | | 915.63 | 82 | C | 74C 0001>9999 |
| **911** | Turbo | | 4 | | 930.34 | 82 | C | 77C 0001>2000 |
| | | | | | | | | |
| **911** | SC | | 5 | | 915.62 | 83 | D | 73D 0001>9999 |
| **911** | SC | (USA)(CDN)(J) | 5 | | 915.63 | 83 | D | 74D 0001>9999 |
| **911** | Turbo | | 4 | | 930.34 | 83 | D | 77D 0001>2000 |
| | | | | | | | | |
| **911** | Carrera | | 5 | | 915.67 | 84 | E | 73E 00001>10000 |
| **911** | Carrera Turbo-Look | | 5 | | 915.69 | 84 | E | 73E 10001>11000 |
| **911** | Carrera | (USA)(CDN)(J) | 5 | | 915.68 | 84 | E | 74E 00001>10000 |
| **911** | Carrera Turbo-Look | (USA)(CDN)(J) | 5 | | 915.70 | 84 | E | 74E 10001>11000 |
| **911** | Turbo | | 4 | | 930.34 | 84 | E | 77E 00001>02000 |
| | | | | | | | | |
| **911** | Carrera | | 5 | | 915.72 | 85 | F | 73F 00001>10000 |
| **911** | Carrera | (USA)(CDN)(J) | 5 | | 915.68 | 85 | F | 74F 00001>10000 |
| **911** | Carrera | (USA)(CDN)(J)/ M298 | 5 | | 915.73 | 85 | F | 74F 00001>10000 |
| **911** | Turbo | | 4 | | 930.36 | 85 | F | 77F 00001>02000 |
| **911** | Turbo | (CH) | 4 | | 930.67 | 85 | F | 77F 00001>02000 |
| | | | | | | | | |
| **911** | Carrera | | 5 | | 915.72 | 86 | G | 73G 00001>10000 |
| **911** | Carrera | (USA)(CDN)(J) (AUS)/M298 | 5 | | 915.73 | 86 | G | 74G 00001>10000 |
| **911** | Turbo | | 4 | | 930.36 | 86 | G | 77G 00001>02000 |
| **911** | Turbo | (CH) | 4 | | 930.37 | 86 | G | 77G 00001>02000 |
| | | | | | | | | |
| **911** | Carrera | | 5 | | G50.00 | 87 | H | 73H 00001>20000 |
| **911** | Carrera | (USA)(CDN)(AUS) (J) | 5 | | G50.01 | 87 | H | 74H 00001>20000 |
| **911** | Carrera | (CH) | 5 | | G50.02 | 87 | H | 73H 20001>25000 |
| **911** | Turbo | | 4 | | 930.36 | 87 | H | 77H 00001>10000 |
| **959** | Coupé | | 6 | | G59.01 | 87 | H | 75H 00001-01000 |
| | | | | | | | | |
| **911** | Carrera | | 5 | | G50.00 | 88 | J | G5000 1J00001>1J10000 |
| **911** | Carrera | M220 | 5 | | G50.00 | 88 | J | G5000 2J10001>2J20000 |
| **911** | Carrera | (USA)(CDN)(AUS) (J) | 5 | | G50.01 | 88 | J | G5001 1J00001>1J10000 |
| **911** | Carrera | (USA)(CDN)(AUS) (J)/M220 | 5 | | G50.01 | 88 | J | G5001 2J10001>2J20000 |
| **911** | Carrera | (CH) | 5 | | G50.02 | 88 | J | G5002 1J00001>1J10000 |
| **911** | Carrera | (CH)/M220 | 5 | | G50.02 | 88 | J | G5002 2J10001>2J20000 |
| **911** | Turbo | | 4 | | 930.36 | 88 | J | 93036 1J00001>1J10000 |
| **911** | Turbo | M220 | 4 | | 930.36 | 88 | J | 93036 2J10000>2J20000 |
| **959** | Coupé | | 6 | | G59.01 | 88 | J | 75H 00001-01000 |

| Typ | Modell | Land | Ganganzahl | Sportomatic | Typ | MJ | ISO | Getriebe-Nr. |
|---|---|---|---|---|---|---|---|---|
| **911** | Carrera | | 5 | | G50.50 | 89 | K | G5000 1K00001>1K10000 |
| **911** | Carrera | M220 | 5 | | G50.50 | 89 | K | G5000 2K00001>2K20000 |
| **911** | Carrera | (USA)(CDN)(AUS)(J) | 5 | | G50.01 | 89 | K | G5001 1K00001>1K10000 |
| **911** | Carrera | (USA)(CDN)(AUS)(J)/M220 | 5 | | G50.01 | 89 | K | G5001 1K00001>2K20000 |
| **911** | Carrera | (CH) | 5 | | G50.02 | 89 | K | G5002 1K00001>1K10000 |
| **911** | Carrera | (CH)/M220 | 5 | | G50.02 | 89 | K | G5002 2K00001>2K20000 |
| **911** | Turbo | | 5 | | G50.50 | 89 | K | G5050 1K00001>1K10000 |
| **911** | Turbo | M220 | 5 | | G50.50 | 89 | K | G5050 2K00001>2K20000 |

Informationen gemäß Porsche AG

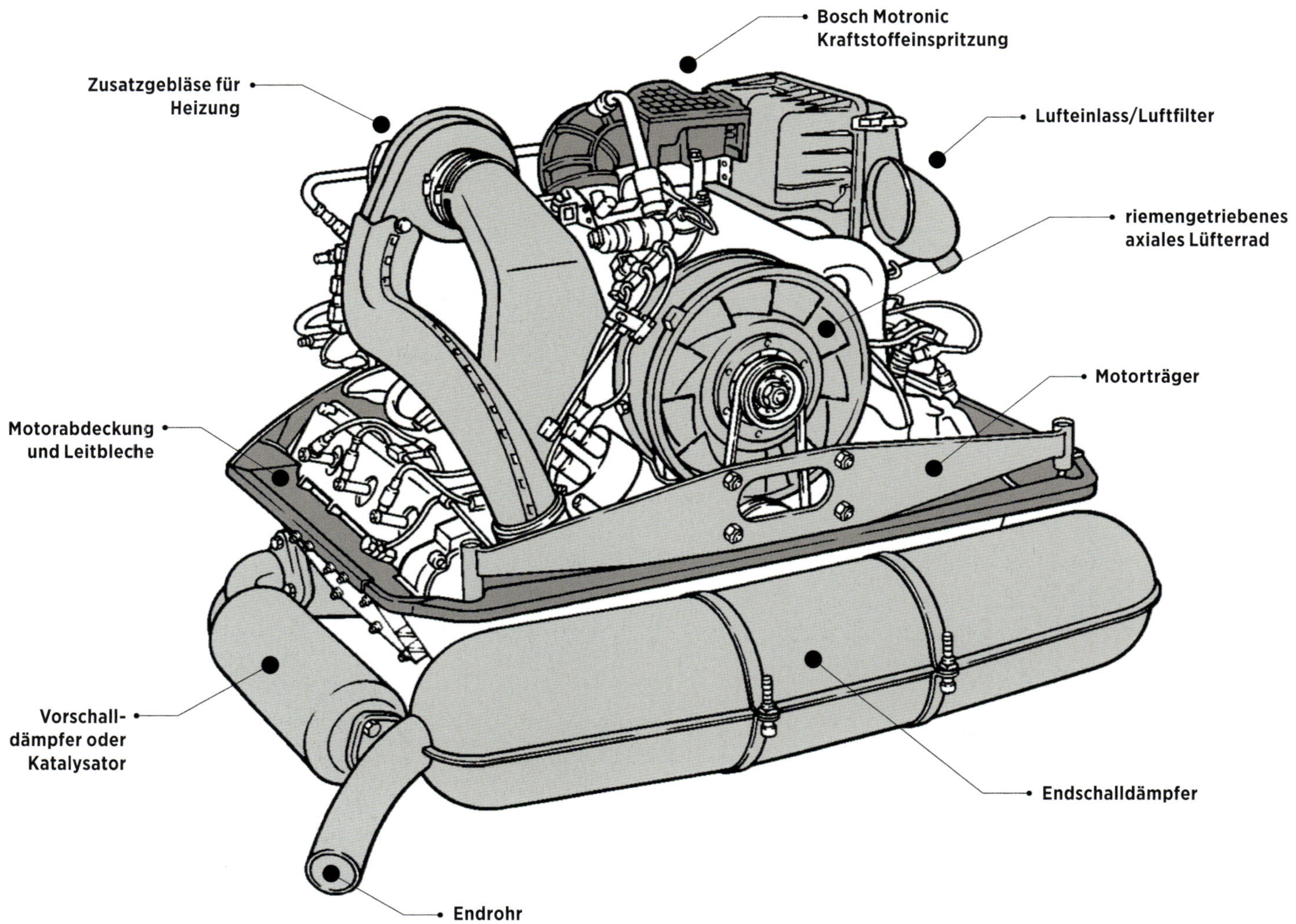


**Typischer Aufbau des Sechszylinder-Boxermotors vom Typ 930 im Carrera 3.2**

Turbo

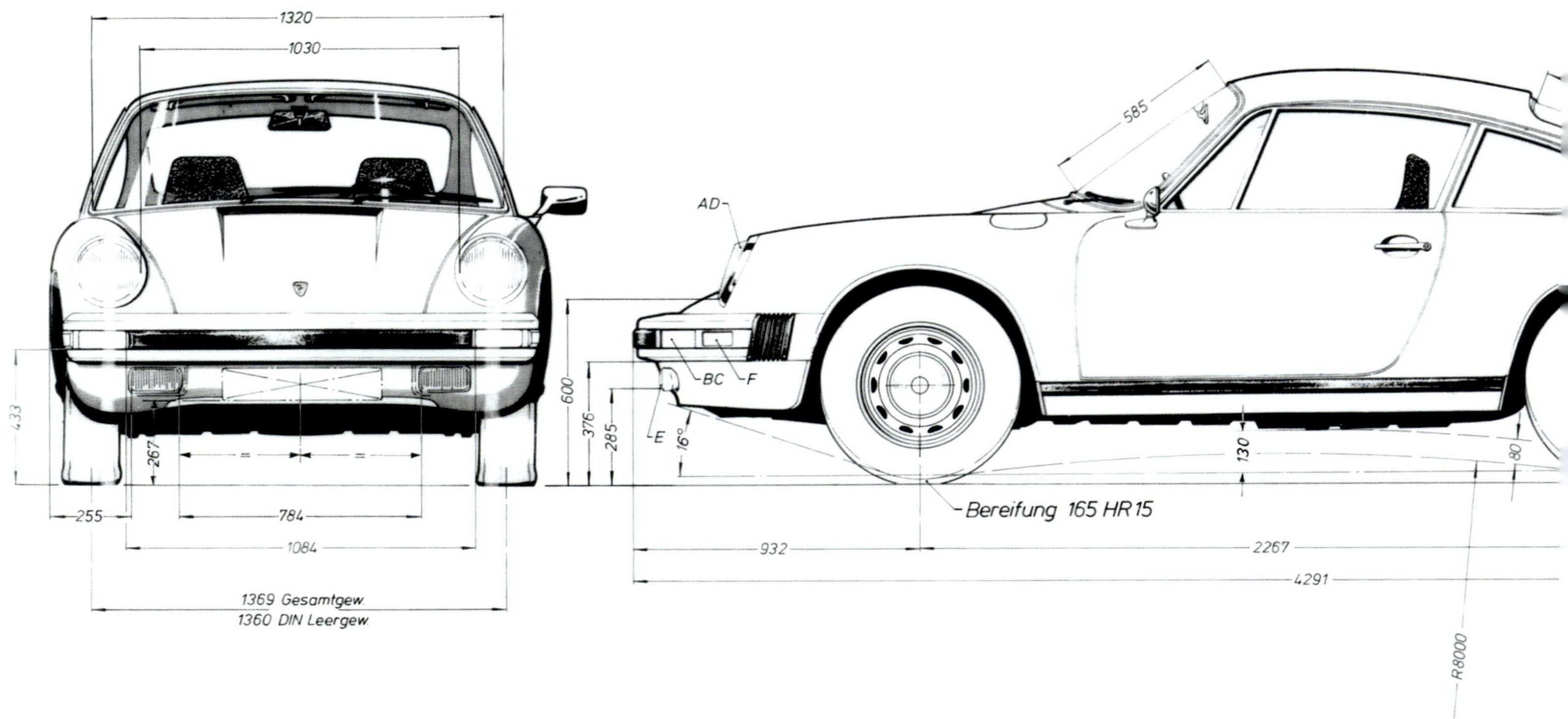


A Begrenzungs-Leuchte (ausser USA und Canada)
BC Blinkleuchte (USA und Canada gleichzeitig mit A)
D Scheinwerfer
E Nebel-Scheinwerfer
F Zusatzblinkleuchte
V Kennzeichenleuchte
W Brems-Schlussleuchte
X Rückstrahler
Y Rückfahr-Scheinwerfer
Z Blinkleuchte hinten

Transparentkörper der Leuchten:

| | | |
|---|---|---|
| Inland u. | ADEY | farblos |
| Europa | BCZ | gelb |
| | WX | rot |

davon abweichend:

| | | |
|---|---|---|
| Übersee | A | gelb |
| | Z | rot |
| Italien | BC | farblos |
| | F | gelb |
| Frankreich | ADE | gelb |

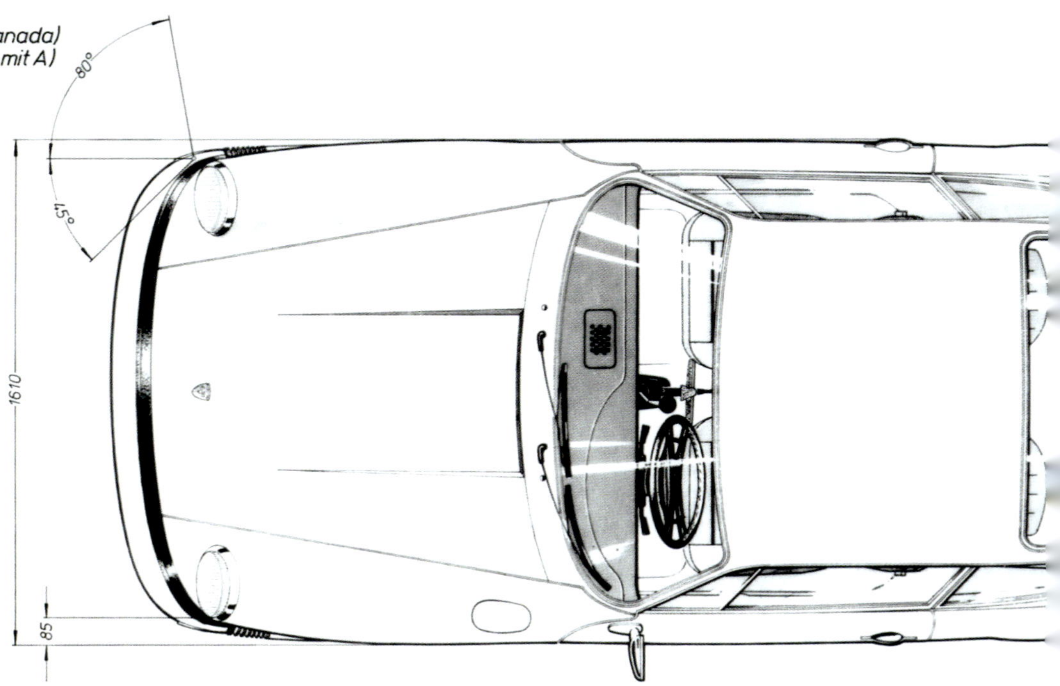


Böschungswinkel, Bauch- und Bodenfreiheit, Spurweite und Radstand bei Gesamtgewicht nach DIN 70 020

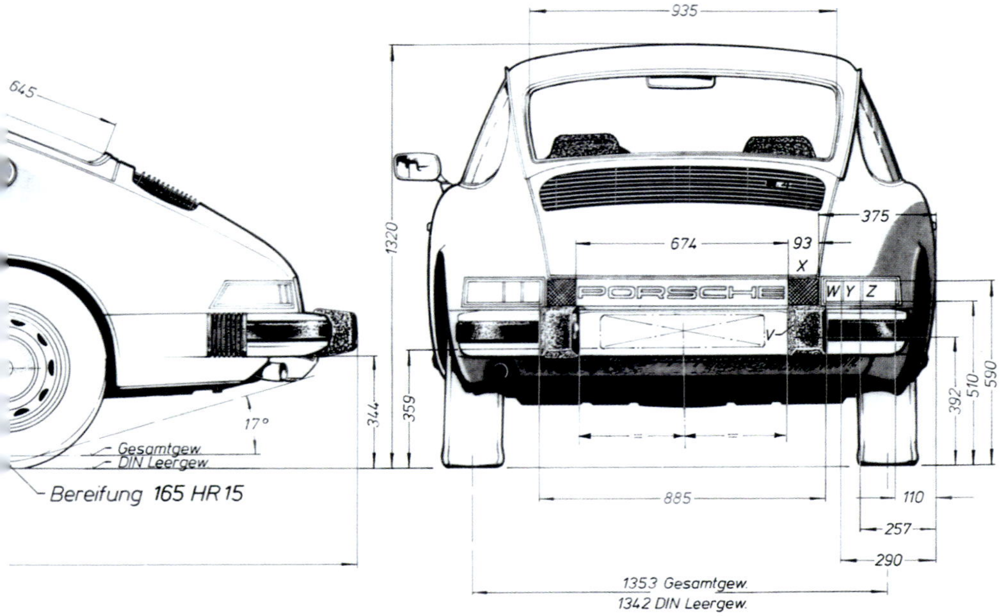

| | | |
|---|---|---|
| | Typprüfzeichen auf Leuchten und Scheinwerfern | |
| | Alle Länder, nicht für USA und Canada gültig | |
| A | Rechtsverkehr | A E4 6 R7 |
| | Linksverkehr | A E1 7 096 R7 |
| BC | | 1 E1 32 686 R6 |
| | Italien | 1 E1 32 695 R6 (1) |
| D | Rechtsverkehr | HCR E4 6 R20 |
| | Linksverkehr | HCR E1 7 096 R20 |
| E | Hella | ∿∿∿ K 8 304 II B E4 908 R19 |
| | Bosch | B E4 909 R19 |
| F | Dänemark, Italien, Japan, Norwegen | 5 E1 32 697 R6 |
| V | | E1 12 992 R4 |
| W | | R-S1 E1 43 299 R7 |
| X | | I E1 21 343 R3 |
| Y | | AR E6 23 003 R23 |
| Z | | 2a E1 43 299 R6 |

## 911 2.7 Coupé (1974)

**Werkszeichnung mit Typprüfzeichen-Tabelle der Leuchten und Scheinwerfer für alle Länder außer USA und Kanada, außerdem Maßangaben für Böschungswinkel, Bodenfreiheit, Spurweite und Radstand sowie Gesamtgewicht nach DIN 70 020. Man beachte den Lautsprecher oben auf dem Armaturenbrett und die 15 Zoll Stahlfelgen.**

**N.B.: Der Radstand beträgt nicht wie angegeben 2.267 mm, sondern 2.272 mm.**

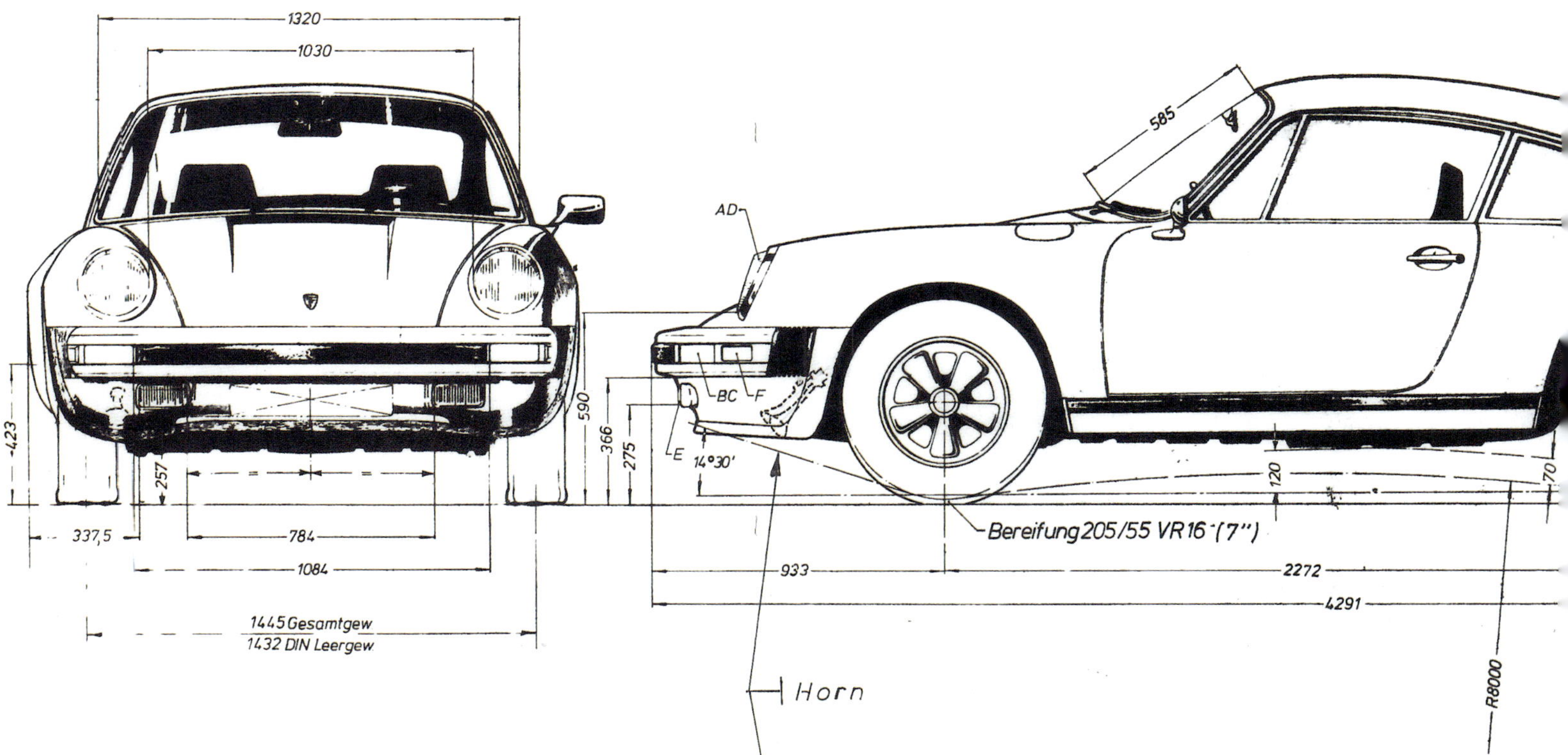


A Begrenzungs-Leuchte (ausser USA und Canada)
BC Blinkleuchte (USA und Canada gleichzeitig mit A)
D Scheinwerfer
E Nebel-Scheinwerfer
F Zusatzblinkleuchte
V Kennzeichenleuchte
W Brems-Schlussleuchte
X Rückstrahler
Y Rückfahr-Scheinwerfer
Z Blinkleuchte hinten

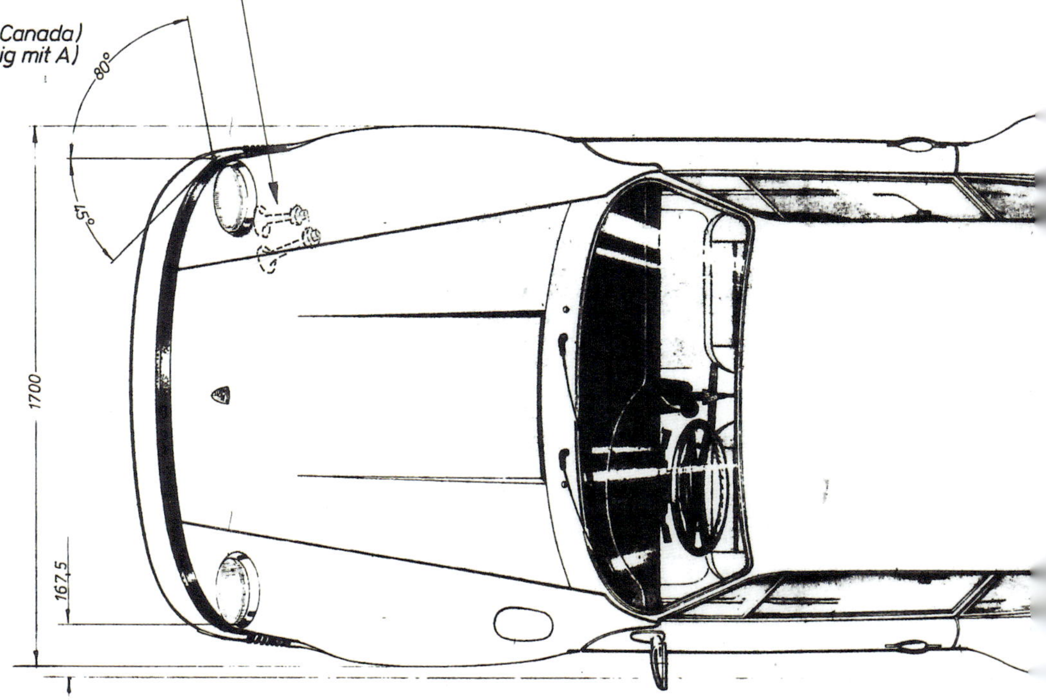


Transparentkörper der Leuchten:

| | | |
|---|---|---|
| Inland u. | ADEY | farblos |
| Europa | BCZ<br>WX | gelb<br>rot |

davon abweichend:

| | | |
|---|---|---|
| Übersee | A<br>Z | gelb<br>rot |
| Italien | BC<br>F | farblos<br>gelb |
| Frankreich | ADE | gelb |

Böschungswinkel, Bauch- und Bodenfreiheit, Spurweite und Radstand bei Gesamtgewicht nach DIN 70 020

Kennzeichen-Befestigung vorn siehe Nr. 911. 505. 001. 10
Kennzeichen-Befestigung hinten siehe Nr. 911. 701. 050. 00

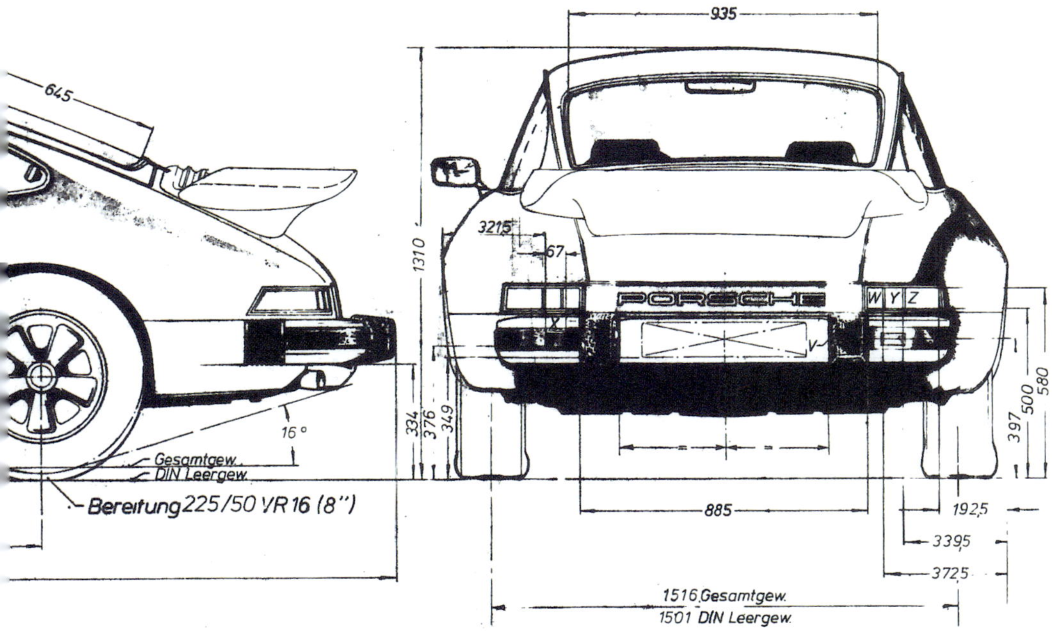


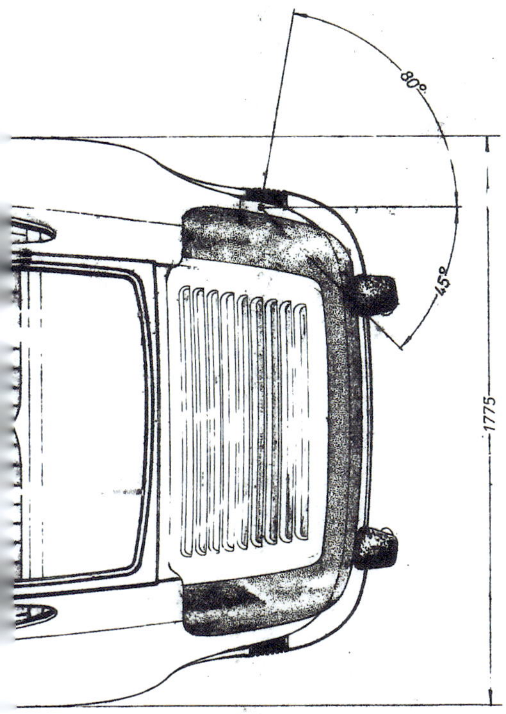


| | Typprüfzeichen auf Leuchten und Scheinwerfern<br>Alle Länder, nicht für USA und Canada gültig | |
|---|---|---|
| A | Rechtsverkehr | A E4 6 R7 |
| | Linksverkehr | A E1 7 096 R7 |
| BC | | 1 E1 32 686-R6 |
| | Italien | 1 E1 32 695 R6 |
| D | Rechtsverkehr | HCR E4 6 R20 |
| | Linksverkehr | HCR E1 7096 R20 |
| E | Hella | K 8 304 II B E4 908 R19 |
| | Bosch | B E4 909 R19 |
| F | Dänemark, Italien, Japan, Norwegen | 5 E1 32 697 R6 |
| V | | E1 12 992 R4 |
| W | | R-S1 E1 43 299 R7 |
| X | | I E1 21 327 R3 |
| Y | | AR E6 23 003 R23 |
| Z | | 2a E1 43 299 R6 |

0.003.902.04
03

...nhohenmaße ist eine Toleranz von ±5% zulässig

| Oberflächenbehandlung | Werkstoff | | |
|---|---|---|---|
| Alle Rechte an dieser Zeichnung verbleiben uns. Weitergabe an Dritte oder Vervielfältigung ohne unsere Genehmigung ist unzulässig. Dr. Ing. h. c. F. Porsche Aktiengesellschaft Stuttgart-Zuffenhausen | S | Benennung | Coupé TYP 930<br>Modelljahr 1978/79 (L und M-Programm) |
| Gezeichnet / Geprüft / Normgepr / Gesehen<br>Tag 16.5.77<br>Name | Maßstab | Z Nr | 930. 003. 902. 02 |
| Ersatz für | | | |
| Ersetzt durch | | | |

0813-01-2000-08-76

## 911 Turbo 3.3 Coupé (1978)

**Werkszeichnung mit Typprüfzeichen-Tabelle der Leuchten und Scheinwerfer für alle Länder außer USA und Kanada, außerdem Maßangaben für Böschungswinkel, Bodenfreiheit, Spurweite und Radstand sowie Gesamtgewicht nach DIN 70 020. Man beachte den einzelnen Außenspiegel an der Fahrertür und die 16 Zoll Fuchs-Leichtmetallfelgen.**

## Geburt einer Legende

Auf der IAA in Frankfurt wurde 1963 der Porsche 901 als Nachfolger des 356 präsentiert. Der ursprüngliche 2-Liter Boxer wuchs in den Folgejahren auf 2,2 und 2,4, schließlich 2,7 Liter Hubraum an, bevor zum Modelljahr 1974 die zweite Generation des Elfers mit den markanten Faltenbälgen erschien.

Carrera

## Coupé

**Das Coupé ist die Karosserieform mit der längsten Tradition und steht in direkter Verbindung zum 901, der aus der Feder von F.A. »Butzi« Porsche stammte. Die Grundform ist sogar noch weiter zurückzuverfolgen, über den 356 bis hin zum Typ 64, dem Berlin-Rom-Wagen.**

M KS 3340H

## Targa

**Schon 1963 sollte vom 911 ein Cabrio entstehen, aber strengere Sicherheitsvorschriften in den USA machten die Aussichten zweifelhaft. Kurzerhand installierte man in Stuttgart also einen Überrollbügel und erfand das »Sicherheitscabriolet«. Zum Glück rückte man auch von der ursprünglich vorgesehenen Namensgebung »911 Flori« ab und schuf den bis heute ikonischen »Targa«.**

PORSCHE MUSEUM

## Cabriolet

Erst zwei Jahrzehnte nach den ersten Cabrio-Prototypen schaffte es diese Karosserieform in die Serie, war dann aber vom Fleck weg beliebt. Entscheidend für den Erfolg war sicher auch, dass das 911 Cabrio sowohl offen als geschlossen eine gute Figur machte.

C113 NGK

### Fahrwerk und Aerodynamik

1931 erfand und patentierte Ferdinand Porsche eine Radaufhängung mit Torsionsstäben. Bei allen 911 waren die Torsionsstäbe vorn längs und hinten quer angeordnet, mit McPherson-Dämpferbeinen vorn und Längslenkern und Stoßdämpfern hinten.

An der ursprünglichen Form des 911 wurden im Laufe der Jahre verschiedene aerodynamische Hilfsmittel angebracht, um den Abtrieb zu erhöhen und Turbulenzen am Unterboden zu verringern. Der Heckspoiler durchlief eine Reihe von Veränderungen, vom ursprünglichen »Entenbürzel« bis hin zum späteren »Tablett«-Design.

## Heckspoiler

**Nichts wurde so sehr zum Markenzeichen des 911 Turbo wie der ausladende Heckspoiler, hier die Variante der Modelljahre 74 bis 78. Ein Konstrukt aus Stahl-Motorhaube, Fiberglas-Aufsatz und umlaufender Lippe aus Polyurethan. Im Gegensatz zum Entenbürzel stand die angeströmte Fläche annähernd waagerecht.**

turbo
PORSCHE
TAW 714R

## Qualität und Langlebigkeit

**Dem 911 sieht man die Qualität von Konzept und Produktion förmlich an. Vom den Spaltmaßen bis hin zur Leistungscharakteristik ist dieser Sportwagen über jeden Zweifel erhaben.**

**Bei allen ab 1975 produzierten 911 wurde die gesamte Karosserie sowie die Türen und Hauben feuerverzinkt. Damit wurde das Korrosionsproblem nahezu beseitigt.**

## Ergonomie

Das Cockpit des 911 war gut ausgestattet und ergonomisch durchdacht, um dem Fahrer optimale Kontrolle zu ermöglichen. Der mittig platzierte, große Drehzahlmesser war dafür das beste Beispiel.

Sowohl der 3-Liter- als auch der 3,3-Liter-Turbo besaßen ein deutlich spürbares Turboloch im unteren Drehzahlbereich. Für Turbo-Piloten wurde die Ladedruckanzeige so zum wichtigsten Instrument.

1/min
×1000
2
3
4
5
6
7
0
0,4
0,8
1
bar

## Carrera

**Die Bezeichnung Carrera wurde für den 911 verwendet, um ein hohes Maß an Sportlichkeit zu signalisieren und die Abstammung zu kennzeichnen. Straßentaugliche Carreras wurden mithin zum Synonym für schnelle 911. Fünf Serien-Elfer trugen von 1972 bis 1989 den Carrera-Namen: Carrera RS 2.7, 2.7 Carrera, Carrera 3.0, Turbo Carrera und 3.2 Carrera. Zwischen dem Carrera 3.0 und dem 3.2 Carrera gab es den 911 SC, was zwar für Super Carrera stand, von Porsche aber nie offiziell aufgelöst wurde.**

## Turbo

**Der 911 Turbo war der erste Hochleistungssportwagen mit Turboaufladung – und Porsche damit der Konkurrenz weit enteilt. Mit dieser reinrassigen Rennsporttechnik war man Marktführer und setzte ein Ausrufezeichen bei der Serienproduktion.**

**Hochtechnologie**

**Mit seinem Feuerwerk an neuen Technologien bot der 959 einen Blick in die Zukunft des Sportwagens. Trotz Biturbo-Motor, Allradantrieb und Aerodynamik-Feintuning blieb er im Herzen aber Teil der 911-Baureihe. Mit seinen überschaubaren Stückzahlen und aberwitzigen Fahrleistungen setzte er zum Ende der G-Serie ein deutliches Ausrufezeichen.**

PORSCHE
S-HK 4783

**Sonderwunschabteilung**

Schon früh bemühte man sich bei Porsche, auch ausgefallene Kundenwünsche zu erfüllen. Ab 1978 gab es dafür dann die Sonderwunschabteilung, die heute »Porsche Exclusive Manufaktur« heißt. Das gezeigte Auto gehört Tilman Brodbeck, dem Designer des »Entenbürzels«, der sich für seinen dunkelblauen Werkswagen türkise Akzente und einen türkisen Innenraum wünschte.

# WIDMUNG

Gewidmet Peter W. Schutz, Vorstandsvorsitzender der Porsche AG von 1981 bis 1987

Peter schrieb das Vorwort zu meinem ersten Porsche-Buch, *The Last of the Evolution*. Darin erzählte er, wie er mit Helmuth Bott, dem Leiter der Abteilung Technik und Entwicklung, auf ein Diagramm an der Wand starrte, auf dem nur drei Produktlinien zu sehen waren, die in die Zukunft reichten. Das 911-Programm sollte Ende 1981 einstellt werden. Peter nahm einen schwarzen Filzmarker und verlängerte die Lebenslinie des 911 bis zum Ende der Tabelle. Bott gab seine uneingeschränkte Zustimmung, und Peter meinte, er wisse, dass er das Richtige getan habe. Der Porsche 911, die Ikone des Unternehmens, war gerettet, und Peter war fest davon überzeugt, dass er damit auch das Unternehmen gerettet hatte.

Als ich dieses Buch schrieb, nach Peters Tod, hatte ich das Privileg, mit seiner Frau Sheila, seiner Tochter Lori und ihrem Mann Rick Riley zusammenzuarbeiten. Sie gaben mir einen großartigen Einblick in die Zeit, in der Peter CEO bei Porsche war, und in die Beziehung zu seinen Kollegen. Er besaß die bemerkenswerte Fähigkeit, Menschen zusammenzubringen und bei allen, mit denen er arbeitete, Begeisterung zu wecken. Innerhalb weniger Wochen nach seiner Ankunft als »Außenseiter«-Chef hatte er sich mit Ferry Porsche darauf geeinigt, einen 911 mit Stoffverdeck zu bauen, und während derselben entscheidenden Diskussion die Lebensdauer des 911 zu verlängern.

**Unter Schutz stiegen die Verkäufe von 28.000 Fahrzeugen in den Jahren 1980/81 auf 53.000 Fahrzeuge im Jahr 1986. Gleichzeitig wuchs der Umsatz von 850 Mio. auf 3,7 Mrd. DM.**

Peter W. Schutz, der in Deutschland geborene amerikanische Diesel-Ingenieur, wurde von Ferry Porsche abgeworben und im September 1980 eingestellt. Schutz trat am 7. Januar 1981 in die Porsche AG ein und nahm sofort zwei wichtige Änderungen vor. Er erhielt ein großes Büro in Zuffenhausen, das er in zwei Räume teilte und von denen er einen Ferry Porsche überließ. So rückte der Firmenchef wieder ins operative Zentrum. Außerdem verlegte Schutz die Personalabteilung auf seine Etage. Beide Veränderungen betrachtete er als lebenswichtig für das Unternehmen und seine Belegschaft.

Mit der Wiederauferstehung des 911 brachte er Begeisterung und Enthusiasmus in das Werk zurück, indem er ihn weiter und weiter entwickelte. Der Außenseiter hatte sich rasch einen Namen gemacht, und man liebte ihn dafür. Sein Team stand schnell ganz fest hinter ihm, denn es brauchte nicht viel, um

die gesamte Belegschaft wieder zu begeistern. Schutz erkannte sofort, wie wichtig der 911 nicht nur für den Erfolg des Unternehmens, sondern auch für seine Mitarbeiter war. Seine Politik der offenen Tür sorgte dafür, dass sein Team sich immer willkommen fühlte und sogar ermutigt wurde, mit ihm zu sprechen.

Kurz nach seinem Amtsantritt wurde er mit dem von Porsche für Le Mans 1981 entwickelten und eher unauffälligen 924 GT konfrontiert. Man sagte ihm, dass das Auto zwar Klassensieger, aber nicht Gesamtsieger werden könnte. Schutz missfiel diese Haltung und er sagte, man werde nicht nach Le Mans gehen, wenn kein Gesamtsieg möglich sei. Ob Porsche ein Auto habe, das Le Mans gewinnen könne, fragte er. Ihm wurde vorgeschlagen, dass der veraltete 936, ein früherer Le-Mans-Sieger, den 924 ersetzen könnte. Er stimmte sofort zu, und in den Händen von Jacky Ickx und Derek Bell gewann dieser Wagen das 24-Stunden-Rennen von Le Mans 1981. Der 936/81 lief die gesamten 24 Stunden und »niemand legte

**Peter Schutz mit Tochter Lori im »Schutz Speedster« 640 Roadster, aufgenommen im Illinois Institute of Technology in Chicago, 1987.**

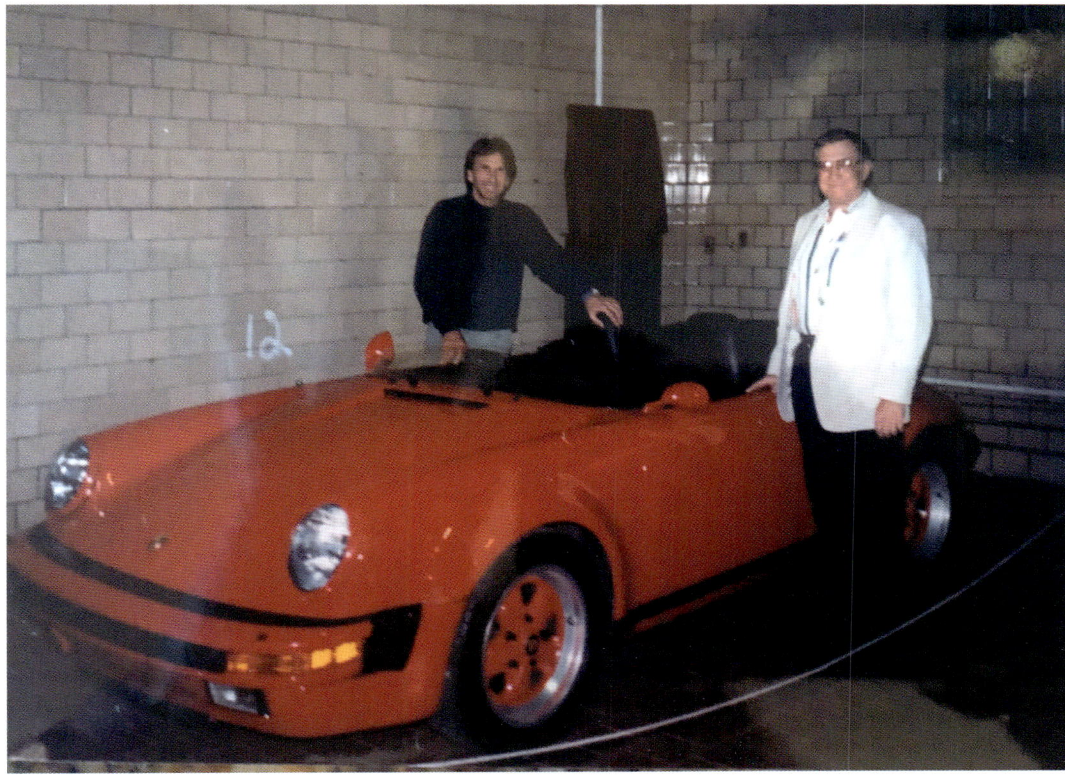


**Derek Bell (l.) und Peter Schutz mit dem 640 Roadster. Schutz entwickelte den 911 Speedster persönlich und folgte dabei dem Konzept von Helmuth Bott.**

einen Schraubenschlüssel an. Alles, was er brauchte, waren Kraftstoff, Öl und Bremsbeläge«. Dies führte in den folgenden Jahren zu beispiellosen Erfolgen in der Gruppe C mit dem 956 und dem 962. Peter galt später als Verantwortlicher für die Rückkehr von Porsche nach Le Mans. Er war der Meinung, dass dies 1981 ein Wendepunkt für die Marke einläutete, da Porsche wieder zu den Gewinnern gehörte.

Unter der Führung von Schutz steigerte die Porsche AG innerhalb weniger Jahre den Umsatz und die Produktionskapazitäten erheblich, indem die Zukunft des 911 gesichert wurde und die Firma neue Modelle in die Produktpalette aufnahm. Immer den Blick nach vorn gerichtet, förderte und unterstützte er den 959, entwickelte einen Flugmotor und war maßgeblich an der aerodynamischen Gesamtkonzeption des 964 und der Konstruktion des ausfahrbaren Heckflügels beteiligt. Nach sechs Sportwagen-Weltmeisterschaften, drei Formel-1-Weltmeisterschaften und sieben profitablen Jahren sagte Peter, dass es an der Zeit sei, weiterzuziehen und sich anderen Dingen zu widmen. Er verließ Porsche Ende 1987. Während seiner sieben Jahre als CEO wurde er von seiner Frau Sheila bedingungslos unterstützt. Sie trug in vielerlei Hinsicht zum Erfolg bei, unter anderem durch ihre Überzeugung, dass sich das Dach des 911 Cabriolet auf Knopfdruck elektrisch öffnen und schließen lassen sollte. Sie betonte mir gegenüber die Dynamik zwischen Ferry Porsche und ihrem Mann sowie seine starke und verbindliche Beziehung zu Helmuth Bott.

Bevor er zu Porsche kam und noch bei Klöckner Humboldt Deutz (KHD) arbeitete, fragte ein Journalist Peters Sekretärin, was Herr Schutz den ganzen Tag über mache. Sie antwortete: »Er hat Besprechungen und er telefoniert.« Das bringt ihn auf den Punkt: ein Kommunikator. Er war entweder mit Menschen zusammen oder sprach mit ihnen. Ein wahrer Mann des Volkes, der ein bleibendes Vermächtnis hinterlassen hat, das nie vergessen werden sollte.

*Vielen Dank, Peter, wir verdanken Dir viel, und das wissen wir sehr zu schätzen.*

# IMPRESSUM

Bibliografische Information der Deutschen Nationalbibliothek; Die Deutsche Nationalbibliothek verzeichnet diese Publikation in der Deutschen Nationalbibliografie; detaillierte bibliografische Daten sind im Internet über http://dnb.dnb.de abrufbar.

1. Auflage
ISBN 978-3-667-12851-5


Text: Tony Corlett, www.tonycorlett.com
Aus dem Englischen von: Lars Döhmann
Lektorat: Hanno Vienken
Einbandgestaltung, Layout und Lithografie:
Ralf Reiche, Weusthoff & Reiche Design, Köln
Gesamtherstellung: Couleurs Print & More, Köln
Printed in Slovenia 2024



Delius Klasing Verlag GmbH, Siekerwall 21
D – 33602 Bielefeld
Tel.: 0521/559-0, Fax: 0521/559-115
E-Mail: info@delius-klasing.de
www.delius-klasing.de

**Bildquellen**

Stephan Lindloff: Umschlagvorderseite, S. 144, 211, 216/217; Bonhams Cars Auctioneers: S. 2, 109, 112, 113, 116, 117, 174/175, 176/177, 188/189, 198/199, 234/235, 293, 314/315; Gabriella Corlett: S. 7; Tony Corlett: S. 8 (Brief), 26, 138, 139, 197, 222, 232, 240, 241, 243, 245, 246, 248, 253, 254, 255; Veloce Publishing: S. 8 (Umschlag); Unternehmensarchiv der Dr. Ing. h.c. F. Porsche AG: S. 10, 13, 16, 19, 23, 24, 27, 28, 30, 32/33, 36, 38, 40, 41, 42, 45, 46/47, 49, 52, 54, 59, 60, 61, 64, 66/67, 70 u., 78, 79, 80/81, 84, 86, 87, 90, 104/105, 107, 108, 111, 114, 118/119, 122, 123, 126/127, 128/129, 131, 132, 149, 151, 155, 156, 158, 159, 162, 164, 165, 166, 169, 170/171, 200/201, 202/203, 204/205, 212, 214/215, 218, 221, 228, 237, 244, 259, 265, 275, 276, 288, 289, 292, 294 – 297, 320/321, 324/325; Heiko Simayer: S. 11, 226/227; Markus Bolsinger: S. 14/15, 50, 70, 304/305, 322/323; Porsche Klassik/Jan Bürgermeister: S. 21; Porsche Klassik/Andreas Lindlahr: S. 22, Umschlagrückseite; Fabian Mechtel: S. 35, 152, 209, 210, 250/251, 298/299; Phil Hindley: S. 43, 56, 57, 70 M., 89, 95, 135, 137, 310/311; Porsche Klassik/Bart Kuykens: S. 63; Zoltan Himer: S. 68, 92, 93 u., 94, 98, 100 l., 102/103, 180/181, 186/187, 252, 312/313; www.we-shoot-it.com: S. 72/73; Esko Tuomisto: S. 75, 316/317; Andre Sena Nunes: S. 76, 82/83, 154, 308/309; Julien Sumner: S. 77, 172, 179, 182/183, 184/185, 190 – 195, 230, 238/239; Piero Poli: S. 91, 93 o., 96/97; Hans Mezger Archiv: S. 100 r.; Berlin Motor Books: S. 101; Porsche Klassik/Theodor Barth: S. 110; Derrick Chia: S. 115; Roman Rätzke: S. 120; Porsche Klassik/Bernhard Huber: S. 124; Valère Guillet: S. 141, 318/319; Lux Sport: S. 143; Georg Konradsheim: S: 146, 147, 206; Stefan Bogner: S. 161, 302/303; Mike Chadwick: S. 300/301; Gordon McKay: S. 306/307; Familienarchiv Schutz/Rick Riley: S. 326, 327.